冲击地压工程学

○ 主　编　潘一山
○ 副主编　齐庆新　窦林名　姜福兴

U0185347

中国教育出版传媒集团

高等教育出版社·北京

内容提要

　　冲击地压工程学是一门研究冲击地压特征和影响因素,建立其发生和破坏过程理论,通过实施预测、防治及管理等工程手段,指导冲击地压灾害实现可防可控的应用科学。 本书基于理论、技术及工程实际相融合的理念,结合现行国家行业法规、标准及理论、技术、装备的最新进展编写而成。

　　本书系统地介绍了冲击地压的发生理论、基本概念与分类及其影响因素、监测预警技术、防治方法、冲击地压巷道支护以及冲击地压管理等。 全书包括 10 章内容:绪论,冲击地压特征、影响因素和分类,冲击地压发生和破坏过程理论,冲击地压危险性评价,冲击地压监测预警,冲击地压区域防治,冲击地压局部防治,冲击地压巷道防冲支护,冲击地压复合灾害,冲击地压矿井管理。 本书章节安排有思考与练习、现场真实问题思考,以及通过二维码链接的拓展阅读知识和现场真实问题思考提示等。

　　本书可作为矿业类、力学类等专业的本科生、研究生的教材,也可作为从事冲击地压防治的工程技术人员的参考用书。

图书在版编目(C I P)数据

　　冲击地压工程学 / 潘一山主编. -- 北京:高等教育出版社,2022.8
　　ISBN 978-7-04-058943-6

　　Ⅰ.①冲… Ⅱ.①潘… Ⅲ.①煤矿-冲击地压-教材 Ⅳ.①TD324

　　中国版本图书馆 CIP 数据核字(2022)第 116466 号

CHONGJIDIYA GONGCHENGXUE

| 策划编辑　毛红斌 | 责任编辑　毛红斌 | 封面设计　张申申 | 版式设计　张　杰 |
| 责任绘图　邓　超 | 责任校对　高　歌 | 责任印制　赵义民 | |

出版发行	高等教育出版社	网　　址	http://www.hep.edu.cn
社　　址	北京市西城区德外大街4号		http://www.hep.com.cn
邮政编码	100120	网上订购	http://www.hepmall.com.cn
印　　刷	北京盛通印刷股份有限公司		http://www.hepmall.com
开　　本	787mm×1092mm　1/16		http://www.hepmall.cn
印　　张	14.5		
字　　数	330 千字	版　　次	2022 年 8 月第 1 版
购书热线	010-58581118	印　　次	2022 年 8 月第 1 次印刷
咨询电话	400-810-0598	定　　价	37.40 元

本书如有缺页、倒页、脱页等质量问题,请到所购图书销售部门联系调换

冲击地压工程学

1 计算机访问http://abook.hep.com.cn/1264631,或手机扫描二维码、下载并安装 Abook 应用。

2 注册并登录,进入"我的课程"。

3 输入封底数字课程账号(20位密码,刮开涂层可见),或通过 Abook 应用扫描封底数字课程账号二维码,完成课程绑定。

4 单击"进入课程"按钮,开始本数字课程的学习。

冲击地压工程学

主 编 潘一山
副主编 齐庆新 窦林名 姜福兴

冲击地压工程数字课程与纸质教材一体化设计,紧密配合。数字课程配置丰富的数字资源,内容涵盖拓展阅读、现场真实问题思考提示及部分彩图等,充分运用多种形式媒体资源,极大地丰富了知识的呈现形式,拓展了教材内容。

课程绑定后一年为数字课程使用有效期。受硬件限制,部分内容无法在手机端显示,请按提示通过计算机访问学习。

如有使用问题,请发邮件至 abook@hep.com.cn。

扫描二维码
下载 Abook 应用

http://abook.hep.com.cn/1264631

配套数字资源索引表

序号	资源名称	资源格式	页码
1	2-1 拓展阅读 煤厚变异区开采冲击地压发生力学机制	文本	18
2	2-2 拓展阅读 某矿 1103 工作面"见方"区域微震显现规律	文本	22
3	2-3 现场真实问题思考提示	文本	26
4	3-1 拓展阅读 巷道冲击地压发生临界条件理论分析	文本	35
5	3-2 现场真实问题思考提示	文本	45
6	4-1 拓展阅读 地质动力区划法	文本	46
7	4-2 拓展阅读 数量化理论评价法	文本	46
8	4-3 拓展阅读 动态权重评价法	文本	46
9	5-1 拓展阅读 井-地联合微震监测技术	文本	70
10	5-2 插图 5-6 301 工作面微震事件分布	图形	72
11	5-3 拓展阅读 震动波被动 CT 监测案例分析	文本	76
12	5-4 拓展阅读 震动波双震源一体化 CT 监测案例分析	文本	76
13	5-5 插图 5-12 16302C 工作面主动 CT 主动波速反演结果	图形	77
14	5-6 插图 5-13 震动波波速异常确定的冲击地压危险结果	图形	77
15	5-7 拓展阅读 地音监测指标计算方法	文本	90
16	5-8 拓展阅读 冲击地压多参量综合监测预警	文本	101
17	5-9 现场真实问题思考提示	文本	102
18	6-1 拓展阅读 高位厚硬顶板地面水力压裂技术	文本	137
19	6-2 现场真实问题思考提示	文本	137
20	7-1 拓展阅读 煤层钻孔高压射流卸压技术	文本	153
21	7-2 拓展阅读 爆破断顶封孔新工艺	文本	155
22	7-3 拓展阅读 顶板高压定向水力致裂技术	文本	160
23	7-4 现场真实问题思考提示	文本	162
24	10-1 拓展阅读 防冲技术分析案例	文本	202
25	拓展阅读 其他参考文献	文本	212

序

　　煤炭作为我国最主要能源,长期以来在能源消耗比例中一直保持在 56.8% 以上;随着我国的现代化进程和"碳中和"国家战略的实施,对我国煤炭资源的开发利用提出更高的要求,也将面临更大的挑战。在未来的几十年,以煤为主的能源体系仍然不可改变,我国能源安全的兜底保障责任非煤莫属。煤的低碳安全高效生产,特别是煤矿安全是国家能源安全和社会稳定的基石,改革开放以来我国煤矿安全生产工作取得了举世瞩目的伟大成就。全国煤矿事故年死亡人数由最高时的近万人下降到 2019 年的 316 人,百万吨死亡率由 10 以上下降到 0.083,有力促进了经济发展和社会进步,为新时代煤炭工业高质量发展奠定了坚实的基础。

　　依靠科学管理和科技进步,我国煤矿安全生产取得历史性成就,但依然面临诸多问题与挑战。我国探明煤炭埋深 1000m 以下资源量占 53%,浅部资源枯竭,煤炭采深以平均每年 10~25m 的速度增加。随着开采深度不断增加,深部冲击地压等动力灾害威胁更大,我国近 10% 的煤炭产量来自冲击地压矿井,90% 的冲击地压发生在巷道中,近 10 年冲击地压造成巷道破坏累计达 15000m,冲击地压灾害严重制约煤矿安全生产。冲击地压孕育过程复杂,破坏形式多样,具有突发性,进入深部开采后,冲击地压发生强度更大、破坏影响范围更广、空间位置分布更加分散、发生更突然、冲击地压复合灾害增多,防控难度陡增。因此,在矿井安全开采技术中冲击地压灾害防治工作具有重要的意义。近 30 多年来,为解决煤矿冲击地压问题,国内大专院校、科研院所及煤炭企业在冲击地压防治技术方面做了大量的研究与实践工作,分别在机理、预测与防治方面取得了长足的发展,使得行业对冲击地压发生及防治思路逐步明朗。

　　我很高兴看到在潘一山教授的积极策划下,由长期从事采矿工程、冲击地压防治、岩石力学、地球物理的教学、科研及安全生产管理工作的 30 余名编者合力编写的《冲击地压工程学》作为教材即将出版。《冲击地压工程学》以扰动响应失稳理论为主线,抓住包括采动应力、地应力在内的煤体应力、煤岩冲击倾向等对冲击地压孕育发生起到控制作用的本质因素,将冲击地压的基本概念、分类及其影响因素、监测预警技术与装备、区域与局部防治方法、复合灾害与工程管理等有机地结合在一起,将研究成果、治灾经验与工程实践有机地联系起来,对冲击地压工程学知识体系、理论方法和主要内容进行了系统阐述。冲击地压工程学源于煤矿开采实践,是一门专业性、实践性很强的课程,以解决复杂的工程技术难题为生命力,强化了理论知识在解决不同工程实际问题中的普适性,结合具体工程实践条件给出了防治方法选择及防治参数设计的原则,既能指导现场技术人员进行工程实践,又能提升学生解决复杂问题的综合能力和高级思维,具有较强的实操性与高阶性。我深信《冲击地压工程学》的出版,必将推动我国煤矿冲击地压防治工作的深入开展,提升我国煤矿冲击地压治理水平,在人才培养及推动技术进步方面将会发挥显著的作用。

国务院学位委员会委员

教育部科学技术委员会主任

国务院学位委员会学科评议组召集人

原煤炭工业部科技教育司司长

中国矿业大学和中国矿业大学(北京校区)原校长

四川大学原校长

谢和平

2022 年 5 月

前 言

　　冲击地压一直是困扰我国煤矿安全开采的主要动力灾害之一,我国从 20 世纪 60 年代初开始相关研究,在冲击地压发生理论及预测防治技术与装备方面均取得了一定的研究成果,冲击地压灾害得到了一定的控制,但是随着我国煤矿开采深度与开采强度的增加,冲击地压灾害日益严重。我国冲击地压矿井严重缺乏相关专业管理人员、技术人员,专业人才的数量及专业知识的普及程度不能满足新形势下我国煤矿冲击地压灾害治理的需求。培养基础扎实、知识面宽、综合素质高、实践能力强的应用型人才,打造内容正确、全面,适用于采矿工程、安全工程领域,并反映当前我国冲击地压发展水平的专业课教材,是学科发展的迫切需求,也是有效调动学生学习积极性及全面提升教学效果的基础保障,更是落实习近平总书记关于强化冲击地压治理的重要指示批示精神,提高我国煤矿冲击地压专业人才素质,实现冲击地压矿井安全开采的重要举措。

　　迄今为止,我国还没有一本专门的冲击地压教材,而大部分国内外有关冲击地压的专著,因作者的认识及侧重不同,对新理论、新技术、新装备覆盖的全面性及深浅度不同,也与实践衔接得不够紧密。作为一门新兴的与工程实践紧密结合的工程学科,冲击地压工程学是研究不同地质和采矿条件下,冲击地压孕育、发生、发展过程的理论及有效防治技术和工程实践的应用科学,是多个学科的交叉和融合。《冲击地压工程学》作为我国首部高等教育专业教材,是一本由"理论研究+室内实验+工程实践"组成的具有专业性与工程实践性特色的教材。本教材的 35 位编写人员长期从事采矿工程、冲击地压预测与控制、岩石力学、地球物理的教学、科研及安全生产管理工作,不但拥有丰富的教学与工程实践经验,而且对行业的新进展也有深刻的理解。教材以全面、系统的视角,综合分析了课程知识点的逻辑关系与教学需求,梳理出了冲击地压工程学的整体架构,理清了各教学章节的内在关联性。教材编写过程中着重考虑了以下 4 个方面。

　　1. 新颖性

　　煤矿开采实践的需求引领了冲击地压工程学的深入发展,冲击地压工程学的发展也同时为工程实践提供了理论基础与指导。近 30 年来,以我国为代表的煤炭生产大国,煤矿开采的技术与装备不断更新,众多复杂的岩石力学难题被一一攻克,一次又一次刷新了冲击地压研究的深度和广度,新技术、新装备、新理论的应用有力促进了冲击地压防治技术的深化与发展。经广泛调研与讨论,把已经成熟并被理论界、工程技术界认可的相关内容写入教材,主要包括冲击地压危险性评价、冲击地压监测预警、冲击地压区域防治、冲击地压局部防治及冲击地压巷道支护理论与技术等多方面内容。

　　2. 系统性

　　冲击地压治理涉及采矿、地质、安全、力学、实验技术、地球物理等多个专业领域。在体系结构方面,该教材更好地研读吸收了国内外传统相关教材体系的优点,以扰动响应失稳理论为主线,抓住包括采动应力、地应力在内的煤体应力、煤岩冲击倾向等对冲击地压孕育发生起到控制作用的本质因素,将冲击地压的基本概念、分类及其影响因素、监测预警技术与装备、区域与局部防治方法、复合灾害与工程管理等有机地结合在一起,力图将基本理论与工程应用方面的主要内容、研究成果、治灾经验与工程实践有机地联系起来,使得读者在有限的学时中对冲击地压工程学知识体系、理论方法和主要内容有一个全景式的认知与掌握,并在此基础上能从事与冲击地压治理有关的科学研究与工程实践。

3. 准确性

教材的根本目的是将学生教育成才,让学生掌握正确的知识并了解最新的知识动态,同时使学生在学习过程中获得知识更加规范化和系统化,也是理论与实际相联系的基本途径与最佳方式。因此,内容准确性高与语言逻辑性强是教材的基本要求。本教材在充分借鉴国内外众多相关专著的基础上,结合国家行业法规、标准等资料,对冲击地压相关基本概念、冲击危险性的综合指数法使用的原则、冲击地压监测预警技术与方法、冲击地压区域与局部防治方法进行了详细阐述。此外,在编写方法上大量采用图表、案例及拓展资源等,以加强学生对抽象知识的理解和对复杂条件下的冲击地压防治的动态把握。

4. 高阶性

我国煤矿地质条件复杂,随着开采深度与开采强度的不断增加,冲击地压灾害孕育发生的条件多变,冲击地压发生机理更为复杂,冲击地压预测的准确性及防治手段的可靠性亟待进一步提高,重视和强化冲击地压的工程实践性,提高学生分析、判断、解决工程问题的能力尤为重要。本教材在编写过程中,强化了相关理论知识在解决不同环境、不同条件的工程实际问题中的普适性,加强了冲击地压影响因素、发生案例的剖析,在预测与防治中结合具体工程实践条件给出了防治方法选择及防治参数设计的原则与具体应用实例,突出基础理论与基础知识的同时,强化了设计原理与设计方法的介绍,在此基础上设计了现场真实问题思考内容,引导学生思考实际工程问题,达到知识能力素质的有机融合,提升学生解决复杂问题的综合能力和高级思维。同时在教材中通过二维码链接增加及丰富教材内容,扩大学生的学习视野。

本教材由潘一山任主编,齐庆新、窦林名、姜福兴任副主编,全书由潘一山统稿。具体编写分工为:第1~3章、第8章由辽宁大学潘一山、刘军,北方工业大学宋义敏,湖南科技大学李青锋,河北工程大学李新旺、孙利辉编写;第4章由中国矿业大学窦林名、王恩元,西安科技大学朱广安,安徽理工大学李志华编写;第5章由山东能源集团张修峰,山东科技大学赵同彬,中国矿业大学巩思园,河南理工大学刘少伟,中国矿业大学(北京)王春来编写;第6章由北京科技大学姜福兴、朱斯陶,辽宁大学王爱文,黑龙江科技大学肖福坤,国家矿山安全监察局山东局肖自义编写;第7章由中国煤炭科工集团齐庆新,辽宁工程技术大学韩军、唐巨鹏,中国矿业大学(北京)张俊文,华北科技学院欧阳振华编写;第9章由辽宁大学罗浩、徐连满,太原理工大学连清旺,重庆大学蒋长宝,贵州理工大学徐佑林编写;第10章由辽宁大学肖永惠、王岗、代连朋,华北理工大学张嘉勇,新疆工程学院陈国颜编写。

本教材由张铁岗院士审阅,并提出了宝贵的修改意见。具有丰富教学经验与丰硕科研成果的谢和平院士、彭苏萍院士、袁亮院士、蔡美峰院士、何满潮院士、顾大钊院士、武强院士、康红普院士、王国法院士、王双明院士、赵阳升院士等对本教材也提出了非常中肯的意见和建议,在此一并致以诚挚的感谢。

在本教材编写过程中,参阅了大量的国内外文献和现场资料及案例,在此谨向文献作者和现场工程技术人员表示由衷的感谢。

编者倾尽学力,然沧海一粟。谨希望本教材的出版可为促进我国煤矿冲击地压防治水平的提升及新工科建设做出一点贡献,为在校师生及煤矿冲击地压防治一线工程技术人员提供一些帮助。由于编者水平有限,教材中难免存在不足之处,诚恳希望各位读者不吝赐教,批评指正,以便重印或再版时修正和完善。

编者

2022 年 4 月

目　　录

第1章 >>>

绪　　论

学习目标

> 1. 了解冲击地压工程学发展历程及冲击地压工程学研究方法。
> 2. 掌握冲击地压及相关概念。

重点及难点

> 1. 冲击地压及相关概念。
> 2. 冲击地压工程学研究方法。

1.1　冲击地压基本概念 >>>

1.1.1　冲击地压现象及相关概念

冲击地压(也称为冲击矿压,英文文献一般表示为"Rockburst""Coal Burst"或"Coal Bump"等)是井巷或工作面周围煤(岩)体,由于弹性应变能的瞬时释放而产生的突然、剧烈破坏的动力现象,常伴有煤岩体抛出、巨响及气浪等现象。

冲击地压发生时,井下巷道、采掘工作面或设备被迅猛破坏,破坏时间仅几秒到十几秒,破坏范围可从几米到几百米,抛射出的煤炭可从几吨到几百吨。冲击地压还可能造成人员伤亡,诱发煤与瓦斯突出,造成瓦斯、煤尘爆炸等次生灾害,严重时造成地面建筑物破坏。冲击地压是世界范围内井工煤矿开采过程中最为严重的灾害之一,是国内外学术界和工程界公认的世界性难题。

煤层或岩层具有积聚应变能并产生冲击破坏的性质称为冲击倾向性,冲击倾向性是煤岩的固有力学属性,反映煤岩材料产生冲击破坏的能力,是冲击地压发生的内因。

发生冲击地压的可能性或危险程度称为冲击地压危险性(或冲击危险性),除与煤岩冲击倾向性外,还与矿山地质和开采条件相关,如采深、煤岩层厚度、煤岩体受力条件等。

在矿井井田范围内发生过冲击地压现象的煤层或者经鉴定煤层(或者其顶底板岩层)具有冲击倾向性且评价具有冲击危险性的煤层为冲击地压煤层。有冲击地压煤层的矿井为冲击地压矿井。

1.1.2　冲击地压相关的岩爆、矿震现象

岩爆是高地应力条件下地下工程开挖过程中,硬脆性围岩由开挖卸荷导致储存于岩体中的弹性应变能突然释放,产生爆裂松脱、剥落、弹射甚至抛掷的一种动力现象。岩爆多发生在金属矿山、水电工程、岩石硐室和煤矿井巷工程中的岩石巷道中,岩爆发

生时通常伴有明显的声响特征,且因岩爆的规模大小不同,声响亦不同;岩爆引起的岩石破坏以片状弹射为显著特征,通常情况下,岩爆引起的岩石弹射距离通常在5 m以下,较大岩爆的弹射距离可达10 m以上;岩爆的破坏位置与构造应力方向具有密切关系。

矿震是采矿活动引起的一种诱发地震,是矿区内在区域应力场和采矿活动作用下,使采场及周围应力场处于失稳的异常状态,在局部地区积累一定能量后以冲击或重力等作用方式释放出来而产生的岩层震动。矿震不等同于冲击地压,较小矿震不会对井巷或采掘工作面产生破坏,较大矿震可能诱发冲击地压等灾害,有时地面震感强烈。矿震主要发生在地质构造比较复杂、构造应力较大、断裂活动显著、厚硬顶板等矿区。冲击地压与矿震基本关系为冲击地压是矿震事件集合之一,是岩体震动集合的子集,每一次冲击地压的发生都与岩体震动有关,但并非每一次岩体震动都会引发冲击地压。本书内容主要讲述冲击地压。

1.2　国内外冲击地压发生概况　▶▶▶

1.2.1　国内冲击地压发生概况

1933年抚顺胜利煤矿发生了我国首例冲击地压,此后北京市门头沟矿、城子矿、房山矿等,抚顺市龙凤矿和老虎台矿,枣庄市陶庄矿、八一矿,唐山市开滦矿,阜新市高德矿、五龙矿以及四川省天池矿等发生了冲击地压。1985年我国发生过冲击地压的矿井达32处,1998年上升至68处,2012年达到142处,截至2022年3月我国共有冲击地压矿井154处(不包括已关闭矿井),如图1-1所示。

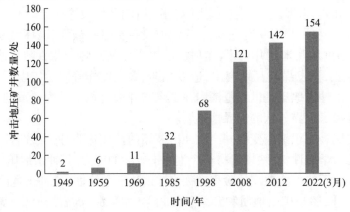

图1-1　我国冲击地压矿井数量统计

从分布区域来看,20世纪80年代我国冲击地压矿井主要分布在四川省、北京市、河北省、辽宁省等地质构造比较复杂的老矿区,之后增加了山东省、河南省、黑龙江省等地质复杂矿区,近十年又发展到陕西省、内蒙古自治区、新疆维吾尔自治区、甘肃省等新矿区,同时贵州省、云南省、江西省等省份也开始有冲击地压显现,我国冲击地压矿井分布范围更加广泛。以下从冲击地压矿井数量、产能、开采深度、生产状态、事故方面进行介绍。

1. 冲击地压矿井数量

截至 2022 年 3 月,我国井工煤矿共有 4069 处,其中冲击地压矿井 154 处,占全国煤矿总数的 3.78%,主要分布在 15 个产煤省(自治区),如表 1-1 所示。

表 1-1 主要产煤省(自治区)冲击地压矿井数量统计

序号	省(自治区)	冲击地压矿井数/处	序号	省(自治区)	冲击地压矿井数/处
1	河北省	1	9	山东省	41
2	山西省	5	10	河南省	3
3	内蒙古自治区	16	11	贵州省	10
4	辽宁省	8	12	云南省	1
5	吉林省	3	13	陕西省	22
6	黑龙江省	13	14	甘肃省	13
7	江苏省	5	15	新疆维吾尔自治区	12
8	江西省	1			

2. 冲击地压矿井产能

截至 2022 年 3 月,我国煤矿产能共有 $4.437×10^9$ t,其中 154 处冲击地压矿井产能为 $3.99×10^8$ t,占全国煤炭总产能的 8.99%,平均每处冲击地压矿井产能为 $2.59×10^6$ t,冲击地压矿井 50% 以上煤炭用于冶金和化工,三分之二分布在煤炭净调入省份。其中,陕西省、山东省、内蒙古自治区、甘肃省、黑龙江省、新疆维吾尔自治区、辽宁省、江苏省 8 个省(自治区)冲击地压矿井产能超过 $1.0×10^7$ t,各省(自治区)冲击地压矿井产能如表1-2所示。

表 1-2 冲击地压矿井产能

序号	省(自治区)	冲击地压矿井产能/10^4 t	占比/%	序号	省(自治区)	冲击地压矿井产能/10^4 t	占比/%
1	陕西省	9265	23.18	6	新疆维吾尔自治区	2379	5.95
2	山东省	8521	21.32	7	辽宁省	1390	3.48
3	内蒙古自治区	8360	20.92	8	江苏省	1044	2.61
4	甘肃省	3790	9.48	9	其他	2785	6.97
5	黑龙江省	2435	6.09				

3. 冲击地压矿井开采深度

如图 1-2 所示,我国冲击地压矿井煤层平均开采深度为 655 m,其中河北省冲击地压矿井煤层平均开采深度最大,为 903 m;山西省冲击地压矿井煤层平均开采深度最小,为 379 m。

4. 冲击地压矿井生产状态及产能

截至 2022 年 3 月,我国冲击地压矿井的生产状态及产能情况如表 1-3 所示。

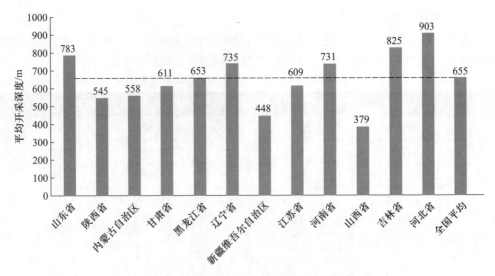

图1-2 冲击地压矿井煤层平均开采深度

表1-3 冲击地压矿井生产状态及产能

矿井生产状态	数量/处	数量占比/%	产能/10⁴ t	产能占比/%
正常生产矿井	122	79.22	32343	80.92
正常建设矿井	11	7.14	4580	11.46
停产矿井	6	3.90	1630	4.08
停建矿井	12	7.79	1380	3.45
正在实施关闭和拟建矿井	3	1.95	36	0.09

5. 冲击地压事故

近10年我国发生冲击地压事故间隔天数如图1-3所示,从图中可以看出我国每年均有零星冲击地压事故发生,其中2020年陕西省孟村煤矿"5.24"冲击地压后至2021年黑龙江省鸡西鹿山煤矿"10.7"冲击地压,全国连续保持了501天未发生冲击地压事故记录,创造近10年来最高水平。

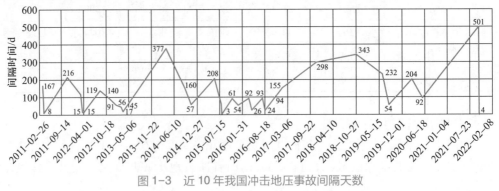

图1-3 近10年我国冲击地压事故间隔天数

如表1-4所示,近年来我国发生的241次冲击地压破坏中,埋深<600 m的矿井共

发生冲击地压 85 次,造成巷道破坏 5701 m,伤亡 74 人;600 m>埋深>1000 m 的矿井共发生冲击地压 142 次,造成巷道破坏 7926 m,伤亡 309 人;埋深>1000 m 的矿井共发生冲击地压 14 次,造成巷道破坏 1719 m,伤亡 42 人。

表 1-4　不同埋深下冲击地压破坏情况

统计指标	埋深<600 m	600 m<埋深<1000 m	埋深>1000 m
冲击地压次数/次	85	142	14
巷道破坏长度/m	5701	7926	1719
伤亡人数/人	74	309	42

我国"十三五"时期共发生冲击地压事故 11 起,造成 67 人死亡;进入"十四五"时期以来,2021 年发生了 2 起冲击地压事故,造成 7 人死亡。

1.2.2　国外冲击地压发生概况

1738 年英国报道了世界上首例冲击地压现象,迄今为止已有 20 多个国家和地区发生了冲击地压。

苏联首例冲击地压事故于 1944 年发生在吉泽洛夫矿区,此后在库兹巴斯矿区、顿巴斯矿区及沙岭等矿区发生了多次冲击地压。冲击地压始发深度大多为 180~400 m,自 1947—1979 年共计发生冲击地压 675 次,具有冲击倾向的煤层共 700 层(至 1980 年),遍布约 9 个矿区。俄罗斯有 13 个冲击地压危险矿井,煤层厚度为 0.5~20.0 m,在各种倾角、各个煤种、各种采煤方法、各种顶板管理方法条件下都有冲击地压发生。2016 年 2 月 25 日俄罗斯北方煤矿 780 m 深处发生冲击地压事故,并造成瓦斯爆炸,岩体崩落,随后起火。28 日救援队伍施救时再次发生爆炸,共造成 36 人死亡,其中包括 31 名矿工和 5 名救援人员。

波兰是产煤大国,开采条件复杂,冲击地压是波兰煤矿的重大灾害之一。20 世纪 90 年代,全国 67 处煤矿中 36 处煤矿具有冲击地压危险,大约 50% 的煤炭产量来自冲击危险煤层。波兰 20 世纪 40 年代煤矿发生的冲击地压最多,1949 年发生了 350 次冲击地压。从 1950—1960 年期间,平均每年发生 226 次;1961—1965 年平均每年发生 88 次;1966—1970 年平均每年发生 29 次;以后每年大约发生 20 次冲击地压。1949—1982 年,共发生破坏性冲击地压 3097 次,死亡 401 人,井巷破坏 $1.2×10^5$ m。

1933 年,美国西弗吉尼亚州、肯塔基州东部、弗吉尼亚州就有冲击地压发生,1933—1990 年冲击地压曾是威胁美国煤矿安全生产的主要灾害之一。自 1978—1982 年,共发生冲击地压 73 次,其中 25% 造成伤亡事故。美国矿井出现冲击地压问题的主要根源是广泛采用房柱式开采法,冲击地压大多发生在煤柱或残柱区,同时煤层赋存多在山区地带及海拔高度为 2000 m 的麦斯艾弗德上白垩纪地层。1989—1996 年肯塔基州的长壁工作面开采经历了严重的冲击地压灾害。美国国家能源局公布的数据显示,67.6% 的冲击地压都发生在煤柱附近。2007 年 8 月 6 日,Crandall Canyon 煤矿在回收煤柱时发生冲击地压,当即造成了 6 人死亡,在援救过程中又一次发生了冲击地压,导致 3 名救护人员死亡和 6 人受伤。

澳大利亚从 20 世纪 90 年代开始有冲击地压显现。1996—1998 年,澳大利亚西部矿区发生了 3 起顶板断裂型冲击地压。2014 年 4 月 15 日澳大利亚 Austar 煤矿在掘进巷道时发生一次冲击地压事故,造成巷道左帮突出,导致 2 名正在进行锚杆施工的工人死亡,发生冲击地压地点埋深 550 m,附近有断层和采空区影响。

捷克有 200 多年的采矿历史,煤矿主要集中在其东北部的 Ostrava-Karvina 煤田。第一次冲击地压发生在 1912 年,随着采掘深度的增加,冲击地压灾害较为严重。1990—2010 年,Ostrava-Karvina 煤田共发生冲击地压 2000 余次。研究发现当捷克煤矿开采深度大于 600 m 时,冲击地压较为频繁,近年来采取了一系列防治措施后,冲击地压灾害得到一定程度控制。

1.3 冲击地压工程学发展历程 ▶▶▶

在冲击地压研究的百年发展历史进程中,专家学者与工程技术人员共同努力,先后提出了一系列冲击地压防治方法,并经工程实践反复验证、优化,形成了冲击地压工程学。冲击地压工程学是研究不同地质和采矿条件下,冲击地压孕育—启动—停止全过程的理论及有效防治技术和工程实践的应用科学,其发展与人类的采矿活动紧密相关。总体来说冲击地压工程学的发展经历了以下六个阶段。

1.3.1 起步认识阶段

全球有记载的第一次冲击地压发生在 1738 年英国的南史塔福(South Stanford)煤田,此后的近 200 年里,西欧等国家采煤过程中,发生了越来越多的冲击地压。1906 年美国密西根一处矿井发生冲击地压并产生冲击气流,巷道被完全毁坏,采矿科技工作者和工人们认识到冲击地压的危害,但有记录的冲击地压研究很少。

1.3.2 经验理论阶段

1915 年南非成立了专门的冲击地压研究机构,标志着冲击地压研究的开始。1937 年,德国卡姆波斯论证了德国鲁尔区冲击地压的特点,发现了与波兰上西里西亚煤田冲击地压的区别,他指出鲁尔区冲击地压是作用于工作面煤壁附近的支承压力使煤壁破坏所形成的。1955 年,苏联阿维尔申认为冲击地压是煤或岩石突然被抛出或者两者一起突然被抛出的现象,这种现象和装在煤或岩石里的大量炸药爆炸时的现象一样。

随着人们对冲击地压认识的不断深化,苏联、波兰、德国、法国和日本等国家也相继成立了冲击地压研究机构,人们对冲击地压的认识不断加深。

早期提出的冲击地压理论包括强度理论、刚度理论、能量理论、冲击倾向性理论,这些理论虽然具有局限性和片面性,存在一些不足,但都从不同侧面部分地揭示了冲击地压发生的机理,为冲击地压防治技术的探索提供了指导。

1.3.3 防治技术探索阶段

1977 年国际岩石力学学会成立了冲击地压研究组,该组由德国、印度、波兰、苏联、捷克和法国等国代表组成,由于该研究组的积极活动,在防治冲击地压方面制定了统一原则,将收集到的有关冲击地压实践资料和数据填表建卡,整理编写了《1900—1979 年冲击地压注释资料》一书,还发布了冲击地压预警设备目录,并经常组织学术会议交流各国防治冲击地压方面的经验,对探索研究冲击地压防治技术起到了重要作用。

这一时期在有冲击地压危险的煤层中,采矿工作者主要针对监测和防治两种措施开展研究。监测措施主要指观测岩层特性或特征,并以此作为评价是否有冲击危险的依据,包括煤粉钻孔法、震动测值法、岩层移动法等。防治措施主要指合理开拓方式、保护层开采、爆破法、煤体高压注水法等。

20世纪60年代德国和苏联学者开展了煤粉钻孔法(现称为钻屑法)理论研究和最初试验,于1963年在德国申报了专利保护。该方法是在煤体中施工钻孔,同时测量煤粉量、声响、钻孔冲击、钻进阻力和煤粉粒度,根据检测值判断煤体应力特别是冲击危险的存在。这一方法得到广泛应用,特别是苏联和波兰相继开始这一方法的试验研究,实验室条件下模拟出了钻孔效应,完成了一项短期试验计划,给出了实验室条件下钻孔效应与煤样应力状态间的关系。

1959年苏联第一次提出将煤层注水作为防治冲击地压措施,并在吉谢罗夫矿区试用,得出湿润时煤的强度和弹性模量平均降低20%~25%,且泊松比增大40%。20世纪50年代末,很多采煤国家均把煤层注水纳入煤炭安全开采的有关手册中,苏联、波兰等国家在冲击地压煤层安全开采规程中分别制订了不同用途的煤层注水技术规范。

1965年起苏联将爆破法作为一种卸压措施对煤体卸载使用,主要用于巷道掘进,进一步发展到急倾斜煤层,通过合理布置炮孔、装药量和引爆量,使煤体松动卸压,从而消除导致冲击危险的应力集中。

总的来看,煤粉钻孔法、煤体高压注水和爆破卸载是这一时期的工作重点,这些方法在煤矿现场进行了大量而长期的试验,试验研究取得的成果成为各国家制定冲击地压防治规程的基础。

1.3.4　理论完善、监测装备有效与防治技术成熟阶段

冲击地压工程学的形成首先来自冲击地压发生理论的突破。我国关于冲击地压研究开始的标志是1966年中国科学院矿冶研究所胡克智等在《科学通讯》第9期发表的《煤矿的冲击地压》。此后在传统强度理论、刚度理论、能量理论、冲击倾向性理论基础上,我国学者相继提出了"三准则"理论、"三因素"理论、扰动响应失稳理论、应力控制理论、动静载叠加理论、冲击启动理论,使我国的冲击地压理论研究处于世界领先地位。

冲击地压监测技术的发展促进了冲击地压工程学的形成。最初的冲击地压监测主要是矿压监测法、流动地音法和钻屑法,伴随波兰地音监测系统和微震监测系统的开发及在各国家应用,冲击地压监测进入了系统化发展道路。进入21世纪以后,随着我国经济的持续增长,煤炭市场向好,煤矿和科研单位加大了对冲击地压监测技术与装备的投入力度,在引进波兰微震监测系统、地音监测系统和加拿大微震监测系统基础上,我国自主研发了煤矿顶板与冲击地压监测系统、微震监测系统、采动应力监测系统等装备,相继投入到实际冲击地压监测应用中。

冲击地压防治技术的发展促进了冲击地压工程学的形成并使得冲击地压可防可控。20世纪80年代到90年代末,冲击地压防治的方法主要有合理开采布置、保护层开采、煤层注水、煤层卸载爆破、宽巷掘进等,顶板深孔爆破等技术由于受钻机等条件的限制,实际工程应用较少。进入21世纪,煤矿冲击地压防治方法与技术一方面学习煤与瓦斯突出区域与局部相结合的防治方法,另一方面由于钻机等装备与技术的提升,使得顶板深孔爆破技术、顶板水压致裂和顶板定向水压致裂技术等得到了迅速发展并推广应用。

1.3.5　巷道支护理论和技术突破阶段

　　巷道支护技术的发展将冲击地压的研究由"孕育—启动"阶段研究扩展到"孕育—启动—停止"全过程。1996 年《岩石力学与工程学报》发表的《冲击地压失稳理论的解析分析》,首次理论分析了支护应力对冲击地压的影响,提出了加强支护是防治冲击地压的重要措施。这一时期首次将液压支架引入到巷道防冲支护技术,提出了吸能耦合支护防冲力学模型,研制了系列吸能防冲支架,提高了巷道围岩抗冲击的能力;研发了吸能锚杆索、吸能 O 型棚、吸能液压支架等吸能支护装备,利用吸能构件的结构及功能互补特性建立了三级吸能支护体系,实现了冲击地压巷道三维立体吸能支护。研究成果在义马矿区、抚顺矿区、鹤岗矿区、鄂尔多斯矿区等推广应用,取得了良好效果,成功避免了人员伤亡事故的发生,保障了冲击地压矿井的安全生产。

1.3.6　法规标准普及阶段

　　这一阶段从源头治理措施深入研究冲击地压灾害,冲击地压法规标准不断完善,冲击地压国家治理能力不断增强,形成了具有中国特色的冲击地压防治法规标准体系。如图 1-4 所示,该体系涵盖了国家部门规章和规范性文件、地方部门规章和规范性文件,与 14 部国家标准相互补充、相互支撑,煤矿企业技术与装备在法规标准体系约束下得到了进一步完善和提升,冲击地压工程学得到进一步完善。

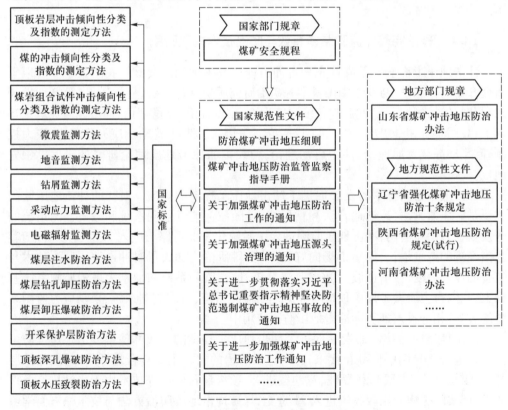

图 1-4　国家冲击地压防治法规标准体系

　　在国家部门规章和规范性文件方面,以《煤矿安全规程》为基础,2016 年国家修订的《煤矿安全规程》单独将冲击地压列为一章,并于 2022 年进一步修订实施。2018 年出台了首部《防治煤矿冲击地压细则》,替代了 1987 年煤炭工业部颁布实施的《冲击地压煤层安全开采暂行规定》《冲击地压预测和防治试行规范》,标志着我国冲击地压管理工作进入有章可循的新阶段。2020 年首次制定了《煤矿冲击地压防治监管监察指导手册(试行)》,为冲击地压监管监察提供了指导依据,同时国务院安全生产委员会、应急管理部、国家发展和改革委员会、国家能源局、国家矿山安全监察局研究制定出台了系列规范性文件。

在地方部门规章和规范性文件方面,山东省以地方政府令的方式发布《山东省煤矿冲击地压防治办法》(省政府令第 325 号),辽宁省出台《辽宁省强化煤矿冲击地压防治十条规定》,陕西省出台《陕西省煤矿冲击地压防治规定(试行)》,河南省出台《河南省煤矿冲击地压防治办法》。

在国家标准方面,2010—2021 年国家市场监督管理总局、中国国家标准化管理委员会发布冲击地压测定、监测与防治方法系列国家标准 14 部。包括顶板岩层冲击倾向性分类及指数的测定方法、煤的冲击倾向性分类及指数的测定方法、煤岩组合试件冲击倾向性分类及指数的测定方法、微震监测方法、地音监测方法、电磁辐射监测方法、钻屑监测方法、采动应力监测方法、煤层注水防治方法、煤层钻孔卸压防治方法、煤层卸压爆破防治方法、开采保护层防治方法、顶板深孔爆破防治方法、顶板水压致裂防治方法。

1.4　冲击地压工程学研究内容　>>>

本教材系统介绍了冲击地压工程学基本理论、试验方法、工程技术应用等知识,各章节内容架构关系如图 1-5 所示。

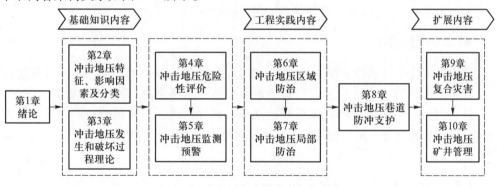

图 1-5　本教材各章节内容架构关系

第 1 章为绪论部分,重点叙述冲击地压及工程学基本概念、发展历程、研究内容和研究方法。

冲击地压工程学的基础知识内容为第 2~3 章:第 2 章介绍了发生冲击地压的显现特征、影响冲击地压发生的因素以及冲击地压的分类方法;第 3 章为冲击地压发生和破坏过程理论,重点介绍了三因素理论、动静载叠加诱冲理论和扰动响应失稳理论的基本原理及内涵,为指导冲击地压防治技术研发奠定基础。

冲击地压工程学的工程实践内容为第 4~8 章:第 4 章为冲击地压危险性评价,介绍了综合指数法、应力指数法、可能性指数法用于冲击危险性评价和危险区域划分及工程实践;第5章为冲击地压监测预警,基于岩石力学和地球物理方法,叙述了区域微震监测、震动波CT监测和地表沉降监测,以及局部钻屑法监测、采动应力监测、地音监测、电磁辐射监测、电荷感应监测等局部监测技术与工程实践;第6章为冲击地压区域防治,介绍了包括开拓方式与开采布置、开采保护层、合理选择采煤方法、优化巷道布置、合理留设煤柱等防治冲击地压原理、原则和工程实践;第7章为冲击地压局部防治,介绍了包括煤层钻孔卸压、煤层卸压爆破、煤层注水、顶板深孔爆破、顶板水压致裂、底煤断底卸压等防冲原理、参数设计和工程实践;第8章为冲击地压巷道防冲支护,重点介绍了包括巷道冲击地压破坏特征、支护破坏特征、防冲支护原理、三级防冲支护方法、吸能支护装置和装备以及工程实践。

冲击地压工程学扩展内容为第9~10章:第9章重点叙述了冲击地压复合灾害基本概念,以及冲击地压与瓦斯突出、冒顶、自然发火、突水复合灾害的工程实例、发生特征、灾害分类、监测预警和防治方法;第10章为冲击地压矿井管理,介绍了包括防治机构及管理制度、安全防护和应急管理及培训等内容。

1.5 冲击地压工程学主要研究方法 »»»

冲击地压工程学研究方法主要包括工程类比、理论分析、数值模拟、室内试验、现场测试等方法。

1.5.1 工程类比

发生过冲击地压的矿井都积累了一些经验教训,工程类比方法主要是对以往经验教训做出规律性总结,并用于指导相似条件的其他冲击地压矿井进行类比研究,该方法是一种定性研究方法,不足之处是难以定量化。

1.5.2 理论分析

理论分析法是在感性认识的基础上,通过理性思维认识冲击地压的本质及其规律的一种科学分析方法。冲击地压理论分析包括简化现场问题,构建力学模型,根据边界条件、初始条件和判别准则,最后理论推导得到冲击地压发生的解析解。通过冲击地压理论分析解释冲击地压现象,指导现场实践,并在现场实践中使理论分析结果得到验证。

1.5.3 数值模拟

数值模拟方法是通过建立采场围岩的结构和力学模型,进而分析冲击地压易发采场在开采作用下的应力、变形演化规律和稳定性。冲击地压模拟过程广泛使用的力学模型包括弹性模型、塑性模型、弹塑性力学模型、流变力学模型、断裂力学模型、损伤力学模型等;广泛使用的数值模拟方法包括有限单元法、边界元法、离散元法、无界元法、非连续变形分析法等。

1.5.4 室内试验

室内试验一般为小尺度岩块实验或相似模拟试验,主要用来测定煤岩物理力学性质、加载方式、声光热电磁等现象用于冲击地压理论验证、监测和防治,冲击倾向性鉴定属于室内试验;相似模拟试验主要采用相似材料,按照几何相似、时间相似、强度相似,模拟真实开采环境,再现开采过程进行研究。室内试验是冲击地压工程学重要的研究手段。

1.5.5 现场测试

现场测试是针对冲击地压监测、防治、支护等技术和装备进行的现场试验,测试人员制定详细的试验方案,测试后对测试结果进行总结分析,验证技术和装备的适用性和不足,通过不断改进提升技术和装备水平,现场测试为冲击地压理论研究及工程应用提供了有效手段。

思考与练习

习题1-1 简述冲击地压、冲击地压煤层、冲击地压矿井、冲击倾向性及冲击危险性概念。

习题1-2 冲击地压工程学发展历程主要分为哪几个阶段?

习题1-3 简述我国冲击地压防治法规标准体系。

习题1-4 简述冲击地压工程学的研究内容。

习题1-5 冲击地压工程学研究方法有哪些?

第 2 章 »»»

冲击地压特征、影响因素和分类

学习目标

1. 了解冲击地压特征。
2. 掌握冲击地压影响因素及分类。

重点及难点

1. 冲击地压影响因素分析。
2. 基于能量释放主体和载荷类型的冲击地压分类。

2.1 冲击地压特征 »»»

通过统计我国冲击地压案例,对冲击地压发生后的现场进行调查和数据分析,总结得到以下冲击地压特征。

1. 突发性

冲击地压发生前往往没有明显前兆,不同于瓦斯突出前伴随瓦斯异常涌出,矿井突水前伴随"挂红""水叫"等前兆现象。冲击地压是煤岩体应力集中弹性能突然释放的结果,应力本身看不见,摸不着,因而增加了应用煤岩变形破坏过程物理信息来预测预警冲击地压发生的困难。

2. 延迟性

大量现场观测表明,冲击地压往往是在工作面割煤、巷道掘进、放炮和移架等作业后延迟一段时间发生,表现出明显的时间效应。对某矿巷道掘进中放炮诱发的 55 次冲击地压统计分析发现,78.2% 的冲击地压发生在放炮后 60 min 以内,16.4% 的冲击地压发生在放炮后 60~120 min 以内,5.4% 的冲击地压发生在放炮后 120 min 以外;某矿一次冲击地压发生在工作面采煤机割煤后 10 min。

3. 冲击性

冲击地压发生时,巷道或工作面围岩剧烈震动并伴有破坏煤岩体冲向自由空间,煤岩的冲击速度可达几米每秒,甚至接近 10 m/s。

4. 短暂性

冲击地压持续破坏过程短暂,冲击地压发生时地面监测到的震动波持续时间从几秒到几十秒。统计发现,冲击源位于煤层时冲击地压持续时间一般小于 6 s,位于顶底板岩层时冲击地压持续时间一般为 5~30 s,位于断层时冲击地压持续时间一般大于 30 s。如图 2-1 所示,某矿冲击地压发生时井下微震系统监测到的震动波持续时间为 2.031 s。

5. 波动性

冲击地压发生时,从破裂点以震动应力波形式释放应变能,传播到巷道或工作面,

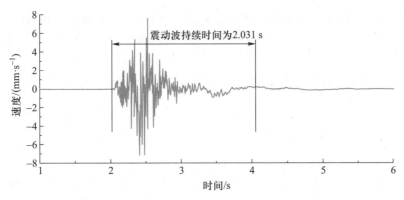

图 2-1　某矿井下微震系统监测到的震动波持续时间

甚至地面会有明显震感。统计发现,冲击源位于煤层时震动主频率为 12~18 Hz,位于顶底板岩层时震动主频率为 3~18 Hz,位于断层时震动主频率为 1~5 Hz。

6. 破坏性

冲击地压发生时,煤岩系统储存的弹性能瞬间释放,并伴随巨大声响、气浪等,煤岩体被抛向采掘空间,井下几米到几百米的巷道或采煤工作面被瞬间摧毁,抛射出的煤炭可从几吨到几百吨,释放能量为 $1 \times 10^3 \sim 1 \times 10^8$ J,严重冲击地压释放能量可达 1×10^9 J。冲击地压破坏典型特征有掉渣、煤壁片帮,顶板下沉、底板鼓起,煤与顶板间出现裂缝,煤体发生整体移动(一般为 0.5~1.0 m),巷道收缩(一般收缩率为 60%~80%,严重时巷道完全闭合),锚杆锚索脱锚、断裂,U 型钢支架弯折、扭曲,液压支架立柱弯曲、折断和顶底梁变形损坏等。冲击地压发生后,往往矿井须停产,全面修复后才能继续组织生产。

7. 区域性

统计发现,断层区域、火成岩侵入区域、向背斜轴部及附近区域、煤厚及夹矸层厚度急剧变化区域、相变带区域等易于发生冲击地压。从整个采场看,大多数冲击地压发生在巷道,采煤工作面几乎不发生冲击地压,因此冲击地压的发生具有区域性。据统计,30%的冲击地压发生在断层附近,其中 62%的冲击地压发生在工作面接近断层处。

8. 局部性

实验研究表明煤岩材料破坏是局部现象。冲击地压发生后,工作面或巷道并不是所有地方都被破坏,而是局限于某一范围,因此从冲击地压破坏范围看冲击地压发生具有局部性。如表 2-1 所示,不同冲击源部位冲击地压破坏长度和破坏半径均局限在一定范围。

表 2-1　冲击地压破坏

冲击源部位	煤层	顶底板	断层
破坏长度/m	≥20	≥40	≥150
破坏半径/m	≤50	20~150	≥50

9. 复合性

通过数据统计,截至 2022 年 3 月我国现有的 154 处冲击地压矿井,其中包含高瓦斯和突出矿井 66 处,自燃和容易自燃煤层矿井 138 处,水文地质复杂和极复杂矿井 41 处。浅部开采条件下,冲击地压、煤与瓦斯突出、自然发火、矿井突水等灾害单一发生,进入深部开采,冲击地压和冒顶、煤与瓦斯突出、自然发火、矿井突水等灾害复合发生。这些矿井冲击地压复合灾害发生的门槛降低,灾害发生强度更大、更猛烈,其发生机理更为复杂,治理难度加大。

2.2　冲击地压影响因素　>>>

冲击地压是煤矿开采诱发的动力灾害,造成这一灾害发生的因素称为影响因素,分析煤矿冲击地压影响因素,对于研究冲击地压发生机理,预测防治冲击地压具有重要意义。影响冲击地压发生的因素可分为内因和外因,内因主要为煤岩具有冲击倾向性;外因主要为岩体应力。影响冲击地压发生的因素也可分为地质因素和开采因素。以下从影响冲击地压发生的煤岩冲击倾向性、岩体应力、开采深度、地质构造、顶板岩层、开采布局及开采扰动等因素进行论述。

2.2.1　煤岩冲击倾向性

煤岩的冲击倾向性指标有 4 个,包括单轴抗压强度、动态破坏时间、弹性能量指数和冲击能量指数。煤岩的冲击倾向性测定采用电液伺服试验机或刚性试验机。

1. 单轴抗压强度 σ_{c}

单轴抗压强度(σ_{c})是在实验室条件下,煤的标准试件在单轴压缩状态下承受的破坏载荷与其承压面面积的比值,如图 2-2 所示。其计算如下:

$$\sigma_{c} = \frac{F}{S} \tag{2-1}$$

式中,σ_{c} 为单轴抗压强度,Pa;F 为试件破坏载荷,N;S 为试件初始承压面面积,m^{2}。

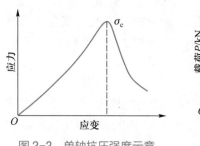
图 2-2　单轴抗压强度示意

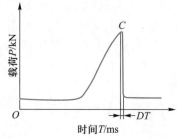
图 2-3　动态破坏时间示意

2. 动态破坏时间 DT

动态破坏时间(DT)是指煤的标准试件在单轴压缩状态下,从极限载荷到完全破坏所经历的时间,如图 2-3 所示。其计算如下:

$$DT = \frac{1}{n} \sum_{i=1}^{n} DT_{i} \tag{2-2}$$

式中,DT 为平均动态破坏时间,ms;DT_{i} 为第 i 个试件的动态破坏时间,ms;n 为每组试件个数。

3. 弹性能量指数 W_{ET}

弹性能量指数(W_{ET})是指煤的标准试件在单轴压缩状态下,当受力达到某一值时(破坏前)卸载,其弹性应变能与塑性应变能之比,如图 2-4 所示。其计算如下:

$$W_{ET} = \frac{\phi_{SE}}{\phi_{SP}} \qquad (2-3)$$

$$W_{ETS} = \frac{1}{n} \sum_{i=1}^{n} W_{ETi} \qquad (2-4)$$

式中,W_{ET} 为弹性能量指数;ϕ_{SE} 为弹性应变能,其值为卸载曲线下的面积,如图 2-4 中画斜线部分;ϕ_{SP} 为塑性应变能,其值为加载曲线和卸载曲线所包络的面积;W_{ETS} 为弹性能量指数平均值;W_{ETi} 为第 i 个试件的弹性能量指数;n 为试件个数。

4. 冲击能量指数 K_E

冲击能量指数(K_E)是指煤的标准试件在单轴压缩状态下,在应力应变全过程曲线中,峰值前积蓄的应变能与峰值后耗损的应变能之比,如图 2-5 所示。其计算如下:

$$K_E = \frac{A_S}{A_X} \qquad (2-5)$$

$$K_{ES} = \frac{1}{n} \sum_{i=1}^{n} K_{Ei} \qquad (2-6)$$

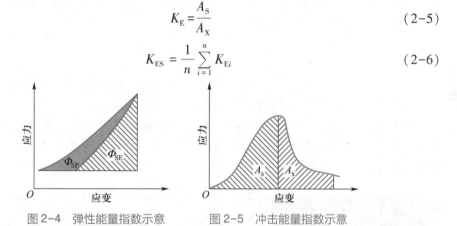

图 2-4　弹性能量指数示意　　图 2-5　冲击能量指数示意

式中,K_E 为冲击能量指数;A_S 为峰值前积聚的应变能;A_X 为峰值后消耗的应变能,如图 2-5 所示;K_{ES} 为冲击能量指数平均值;K_{Ei} 为第 i 个试件的冲击能量指数;n 为试件个数。

根据上述四个指标进行综合衡量,将煤的冲击倾向性分为无冲击倾向性、弱冲击倾向性和强冲击倾向性,如表 2-2 所示。

表 2-2　煤的冲击倾向性分类及指数

类别	I 类	II 类	III 类
冲击倾向性	无	弱	强
动态破坏时间 DT/ms	>500	50<~500	≤50
弹性能量指数	<2	2~<5	≥5
冲击能量指数	<1.5	1.5~<5	≥5
单轴抗压强度 σ_c/MPa	<7	7~<14	≥14

顶板岩层冲击倾向性指标是弯曲能量指数,可根据抗拉强度、视密度、弹性模量和

上覆岩层载荷计算得到。

（1）上覆岩层载荷计算。上覆岩层载荷自煤层顶板起，自下而上，其计算式如下：

$$q = 10^{-6} \frac{E_1 h_1^3 g (\rho_1 h_1 + \rho_2 h_2 + \cdots + \rho_n h_n)}{E_1 h_1^3 + E_2 h_2^3 + \cdots + E_n h_n^3} \qquad (2-7)$$

式中，$E_i (i=1,2,\cdots,n)$ 为上覆各岩层的弹性模量，MPa；$h_i (i=1,2,\cdots,n)$ 为上覆各岩层的厚度，m；$\rho_i (i=1,2,\cdots,n)$ 为上覆各岩层的块体密度，kg/m³；g 为重力加速度，m/s² （N/kg）。当第 $n+1$ 层对第 1 层载荷小于第 n 层对第 1 层的载荷时，计算终止，取第 n 层的计算结果。

（2）单一岩层弯曲能量指数，其计算式如下：

$$U_{WQ} = 102.6 \frac{(R_t)^{\frac{5}{2}} \cdot h^2}{E q^{\frac{1}{2}}} \qquad (2-8)$$

式中，U_{WQ} 为单一岩层弯曲能量指数，kJ；R_t 为岩石试件的抗拉强度，MPa；h 为单一岩层厚度，m；E 为岩石试件的弹性模量，MPa；q 为单位宽度上覆岩层载荷，MPa。

（3）复合顶板弯曲能量指数，其计算如下：

$$U_{WQS} = \sum_{i=1}^{n} U_{WQi} \qquad (2-9)$$

式中，U_{WQS} 为复合顶板弯曲能量指数；U_{WQi} 为第 i 层弯曲能量指数；n 为顶板分层数，复合顶板厚度一般取至煤层上顶板 30 m；当 $n=1$ 时，$U_{WQS}=U_{WQ}$。

根据顶板弯曲能量指数进行综合衡量，将顶板岩层冲击倾向性分为无冲击倾向性、弱冲击倾向性和强冲击倾向性，如表 2-3 所示。底板岩层冲击倾向性测定参考顶板岩层冲击倾向性测定。

表 2-3   顶板岩层冲击倾向性分类

类别	Ⅰ类	Ⅱ类	Ⅲ类
冲击倾向性	无	弱	强
弯曲能量指数 U_{WQS}/kJ	≤15	15<~120	>120

2.2.2 岩体应力

岩体应力包括原岩应力和采动应力。原岩应力是在漫长的地质年代里，地质构造运动等因素使地壳物质产生的内应力效应，它是地壳应力的统称（也称地应力）。原岩应力是存在于地壳中未受工程扰动的原始地应力，主要由自重应力和构造应力组成。自重应力是岩体内由自身重量引起的应力；构造应力是在各种地壳构造运动作用力的影响下，地壳中所产生的应力。采动应力是指在煤矿开采中，不同的开采布局和采煤方法，形成了井下巷道、煤柱、采煤工作面及采空区，同时在采煤工作面及采空区上方直至地表形成覆岩空间结构，从而改变未开采前的原岩应力场，形成了由开采扰动引起的采动应力场。原岩应力和采动应力构成了岩体应力，作用在巷道、煤柱及采煤工作面，导致发生冲击地压。

地应力测量是实现冲击地压预测的重要途径，进行地应力分析对划分冲击地压危险区域、评价冲击地压危险等级以及制定防冲措施具有重要意义，目前常用的地应力测量方法主要是应力解除法和水力压裂法。

2017年1月17日,某矿4203综采工作面进风巷转载机前方发生顶板事故。该矿4203工作面超前支承压力、已采4202工作面侧向固定支承压力和9202工作面后方支承压力叠加后形成高应力带,叠加的高应力作用到4203工作面进风巷后诱发冲击地压,致使近200 m巷道顶底板和两帮煤体瞬间遭到破坏,局部巷道大量锚杆锚索同时断裂失效,引起局部冒顶和垮帮。

2.2.3 开采深度

煤层在自然状态三向应力条件(无采动影响)下,对于开采深度为H的煤层,煤体所承受的应力如下:

$$\sigma_1 = \gamma H \tag{2-10}$$

$$\sigma_2 = \sigma_3 = \frac{\upsilon}{1-\upsilon}\gamma H \tag{2-11}$$

式中,γ为煤层上覆岩层的平均容重;υ为泊松比;σ_2和σ_3为水平面内两个坐标方向上的应力。

由此可见,地应力随着开采深度的增大呈增大趋势。因此冲击地压的发生与开采深度直接相关,开采深度越大,地应力越高。统计分析表明,开采深度越大,冲击地压发生的可能性也越大。在一定的开采技术条件下,具有冲击倾向性的煤层都存在一个冲击地压发生的临界开采深度,即煤层开采水平处于地表以下的深度小于此值时,冲击地压几乎不发生;大于此深度时,冲击地压频繁发生,且强度越来越大。我国部分矿井发生冲击地压的临界开采深度如表2-4所示。国外矿井发生冲击地压的临界开采深度如表2-5所示。

表2-4 我国部分矿井发生冲击地压的临界开采深度

矿井名称	门头沟矿	天池矿	抚顺矿、大同矿	城子矿	大台矿	陶庄矿	房山矿	唐山矿
临界深度/m	200	240	250~300	330	460	480	520	540

表2-5 国外矿井发生冲击地压的临界开采深度

国别	南非	美国	加拿大	波兰	德国	英国
临界深度/m	120~300	240	180	240	300	600

2.2.4 地质构造

冲击地压发生的地质构造因素包括断层、褶曲、煤层厚度及变化、火成岩侵入等。

1. 断层

统计资料表明,当采掘工作面接近断层时,冲击地压发生的次数明显上升,强度加大。在龙凤矿记录的50次冲击地压中,有36次与断层有关,占72%。北票台吉矿是我国断层影响下冲击地压发生最为严重的矿井,从1971年到1986年6月共发生1550次断层冲击地压。

某矿在接近F16逆冲大断层附近时,发生多次冲击地压,如图2-6所示;某矿在SF28断层附近回采时,发生了两次冲击地压,如图2-7所示。

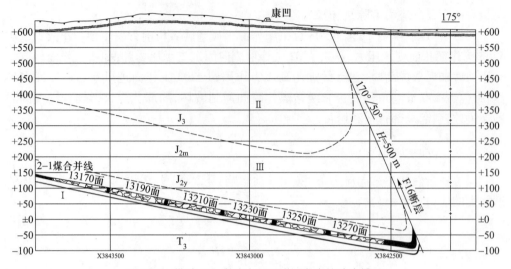

图 2-6 某矿 F16 逆冲大断层附近发生的冲击地压

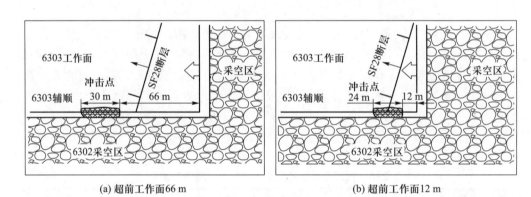

(a) 超前工作面 66 m   (b) 超前工作面 12 m

图 2-7 某矿 6303 工作面小断层附近发生的冲击地压

2. 褶曲

岩层在水平应力挤压下形成褶曲,向斜轴部、背斜轴部、褶曲翼部最易产生冲击地压。天池矿、房山矿和门头沟矿,在次一级向背斜构造的轴部,倾角大于 45° 的翼部及其转折部位,发生冲击地压最多。

某矿在地质构造带中发生冲击地压共 28 次,其中在次一级向背斜构造带中就有 20 次,占 71%,有 5 次是构造应力型的冲击地压;其余 3 次发生在主向斜的翼部。某矿一号井 -340 m 采区向斜轴附近曾发生一次强烈冲击地压,造成溜子道及开切眼内大部分支护被摧毁,造成人员死亡。某矿在向斜附近工作面回采时也发生了多次冲击地压。

3. 煤层厚度及变化

统计表明,煤层厚度越厚,越容易发生冲击地压,冲击破坏越强烈。在煤层厚度突然变薄或者变厚的地方、煤层的分叉或者合并的区域,由于构造应力的作用,这些区域的地应力异常,应力集中程度高,往往容易发生冲击地压。

据波兰资料统计,厚 4~6 m 的煤层比厚 1~2 m 的煤层发生冲击地压的次数多 6 倍。某矿开采厚煤层,煤厚一般为 18~32 m,最大达到 35.12 m,开采过程中,工作面发

2-1 拓展阅读 煤厚变异区开采冲击地压发生力学机制

生多次冲击地压现象。某矿开采四号煤层和六号煤层,四号煤层厚度6.5 m,六号煤层厚度1.2 m,发生在六号煤层的冲击地压次数仅有几次,而在四号煤层中发生冲击地压次数达上百次。

某矿3311综放面煤层厚度变化大,夹石分布没有规律,忽厚忽薄。如图2-8所示,2004年4月18日掘进时发生了冲击地压事故,2005年3月28日回采时又发生了冲击地压事故。

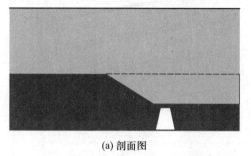
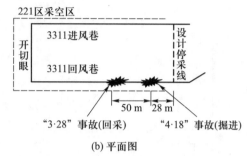

(a) 剖面图   (b) 平面图

图2-8　某矿煤层厚度变化区冲击地压

2.2.5　顶板岩层

煤层上方坚硬、厚层顶板是影响冲击地压发生的主要因素之一。我国大多数冲击地压矿井的煤层顶板十分坚硬,不易冒落,对于坚硬顶板,当采动覆岩破裂范围扩展至岩层老顶断裂极限时,产生破断或回转,并突然释放大量的动能,形成强烈震动,从而诱发冲击地压,我国典型冲击地压矿井的顶板特征如表2-6所示。

表2-6　我国典型冲击地压矿井的顶板特征

矿井	顶板岩层种类	厚度/m	单轴抗压强度/MPa	弹性模量/10⁴MPa	冒落性	超前影响范围/m
天池矿	长兴灰岩	220	148	$5.2 \sim 6.8$	难冒	20
门头沟矿	中粒石英砂岩	$10 \sim 20$	$130 \sim 190$	$6.1 \sim 6.8$	难冒	$20 \sim 30$
陶庄矿	中粒石英砂岩	$10 \sim 40$	130	4.3	难冒	$30 \sim 40$
忻州窑矿	中粒砂岩	$10 \sim 15$	$80 \sim 160$	4.0	较难	60
唐山矿	砂岩	44	137	1.8	难冒	$25 \sim 30$
华丰矿	砾岩	500	217.4	$4.2 \sim 4.5$	难冒	40
千秋矿	砾岩	400	150	4.5	极难冒	50
集贤矿	砂岩	$30 \sim 40$	$72 \sim 110$	2.5	难冒	$30 \sim 40$

某矿煤层上方100 m赋存$300 \sim 600$ m的巨厚砾岩层。随着煤层开采面积的不断增加,采空区不断加大,由于巨厚砾岩层不能破断下沉,因此周围煤体上的应力不断加大和集中。在高应力集中的作用下,巨厚覆岩的轻微运动就会对煤层施加巨大的动载,造成煤层巷道和工作面发生冲击地压。该矿发生过多次冲击地压,而且震动能量巨大。2011年3月1日,该矿25110工作面进风巷发生冲击地压,能量为1.45×10^8 J,如图2-9所示。

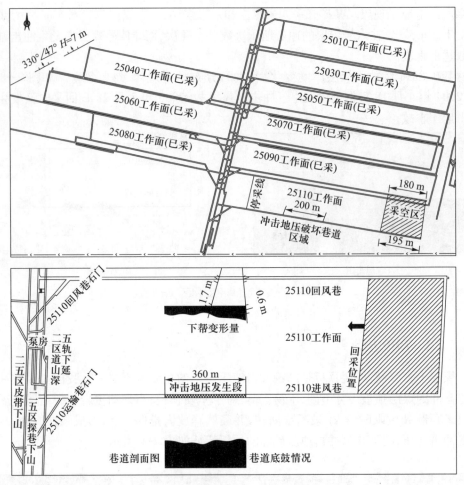

图 2-9　某矿巨厚砾岩层下的冲击地压

2.2.6　开采布局

开采布局因素包括采煤方法、采掘布置与开采顺序、煤柱留设、开切眼与停采线设计、留底煤、不规则工作面等。

1. 采煤方法

不同采煤方法的巷道布置和顶板管理方法不同,所产生的矿山压力和分布规律也不同。一般情况下,短壁体系(房柱式、刀柱式、短壁水采等)采煤方法由于采掘巷道多,巷道交岔多,遗留煤柱也多,形成多处支承压力叠加,易发生冲击地压。某矿用短壁式开采 15 号煤层时,在掘进中曾多次发生冲击地压,改为倒台阶开采后,则再也未发生过冲击地压。在波兰,开采 4~8 m 厚的煤层时,用长壁分层开采比房柱式开采发生冲击地压的次数显著减少。

冲击地压煤层的开拓方式和开采方法的选择首要考虑的是能够整齐、干净地进行回采。不留或少留煤柱,尽可能保证工作面成直线,不使煤层有向采空区突出的地段,在煤层中掘巷量最少,限制采场和巷道附近的应力集中,长壁工作面开采法是冲击地压煤层最有利的开采方法。

2. 采掘布置与开采顺序

采掘布置与开采顺序对矿山压力的大小和分布有很大的影响,巷道和采面相向推进,以及在采面或煤柱中的支承压力带内掘进巷道,都会使应力叠加,从而发生冲击地压。冲击地压经常发生在工作面向采空区推进时,在距采空区 15~40 m 的应力集中区掘进巷道时,两个工作面相向推进时及两个近距离煤层中两个工作面同时开采时。

对于存在多煤层同时开采的情况,各个煤层的开采互相影响,特别对有冲击危险煤层的开采设计时,应当合理规划未来开采,以便把因相邻煤层的开采所增加的冲击危险降到最小。开采顺序对形成矿山压力的大小和分布有很大影响,巷道或回采工作面的相向推进,在工作面向采空区或断层带推进,邻层工作面间错距不够,受邻层开采边界影响等不合理的布置和顺序都容易引起冲击地压。发生冲击地压的矿井大多存在采掘布置或开采顺序不合理因素。

3. 煤柱留设

煤柱区产生应力集中,孤岛形和半岛形煤柱可能受几个方向集中应力的叠加作用,因而在煤柱附近容易发生冲击地压。煤柱上的集中应力不仅对本煤层开采有影响,还向下传递,对下部煤层形成冲击条件。根据不同的开采布置方式,煤柱的留设方式主要有:同一煤层同一水平相邻工作面,开采时间有一定的时间间隔,背向开采形成煤柱;同一采场同一水平两个工作面相向开采,形成煤柱;工作面处于三面采空区形成的煤柱。

统计表明,近二十多年来大约 60% 的冲击地压是由煤柱引起的,造成了巷道的严重破坏及大量的人员伤亡。因此,煤柱是影响冲击地压的一个重要因素,煤柱合理宽度的确定对冲击地压防治起着至关重要的作用,同时合理的煤柱宽度对回采巷道稳定性及维护有着积极作用。

2017 年,某矿发生一起煤柱型冲击地压。其位置处于该矿西山上采区 702 综采工作面回风巷。震级达到 2.4 级,冲击造成 702 工作面前方 218 m 回风巷出现大面积底鼓和冒顶,且煤帮位移明显,造成作业人员伤亡和被困。

2001 年 3 月 10 日,某矿 3406 上分层工作面开采至 3405 工作面煤柱区附近时,在上出口 14~25 m 范围发生了 1.7 级冲击地压,造成 1 人重伤,1 人轻伤。

4. 开切眼与停采线设计

开切眼与停采线的位置对冲击地压的发生有较大影响。冲击地压矿井多个工作面开切眼与停采线平齐布置或内错布置,对防冲工作有利。多个工作面开切眼与停采线参差不齐或者外错布置时,附近区域应力集中程度较高,冲击危险性增大。对开切眼外错回采空间周围应力分布进行的数值模拟研究表明,靠近采空区附近工作面周围煤岩体的应力集中程度非常高,应力集中系数最高达 7。因此,冲击地压矿井进行采区设计时,应当避免采用开切眼与停采线外错布置。

某矿 250206 工作面切眼外错 250204 工作面切眼 400 m,在 250206 工作面回采接近 250204 工作面切眼时,多次出现大能量矿震。在工作面距 250204 工作面切眼 80 m 时,发生了一次冲击地压,能量达 $1×10^7$ J,造成了 80 m 巷道的底鼓。

某矿 9 号煤埋深大,采深大于 1000 m,局部采深达 1200 m,属于典型的深部开采煤层。7 号煤和 9 号煤间距 30 m,7 号煤的停采线对 9 号煤影响较大,在 9 号煤工作面开采通过 7 号煤的停采线时,矿震频发。

5. 留底煤

因断层、煤层厚度变化影响等,局部巷道需留设底煤。巷道顶板和巷帮一般进行支护,而底板一般无支护,留设底煤区域往往是巷道最为薄弱的区域,统计资料表明,留底煤容易诱发冲击地压。

某矿巷道沿顶留底煤布置,留设底煤 1.5~2 m,工作面回采至留底煤区域发生一起冲击地压事故,造成约 300 m 巷道破坏,局部巷道两帮移进 2 m,底鼓 1 m。

某矿 4 号煤埋藏深度在 800~1000 m,煤层平均厚度 6.48 m,矿井一盘区为首采区,盘区大巷掘进时沿顶板布置,留底煤厚度平均在 2 m 以上,局部达到 5 m,一盘区大巷掘进过程中多次发生冲击地压,冲击发生时表现为瞬间底鼓并伴随响声。

2.2.7　开采扰动

开采扰动因素包括开采速度、工作面来压与"见方"、爆破作业、巷道扩修、顶板管理方法、工作面停复产等。

1. 开采速度

开采速度的大小直接影响冲击地压发生。工作面开采速度较快时,直接顶由于推进速度较快,垮落不充分,老顶在单位时间内悬顶长度增加,且破断回转过程中需要更大的回转量才能触矸稳定,导致老顶岩层在单位时间内对工作面前方煤体加载速率与施加载荷增加,造成超前支承压力梯度突增,应力峰值增大,冲击地压发生概率增大。

某矿 21172 工作面月进尺低于 45 m 时,大能量微震事件总次数比较少,且总体保持比较平稳的状态,当工作面月进尺超过 45 m 后,大能量微震事件总次数急剧增大,且波动剧烈。45 m 月进尺是该矿每月推进度的最佳值,超过 45 m 冲击危险性会大幅度增加。

2. 工作面来压与"见方"

工作面初次来压、周期来压和采空区"见方"阶段,工作面两巷应力增加,冲击危险性较高,易于发生大能量事件,是冲击地压的重点防治阶段。工作面回采后采空区走向长度与工作面倾斜长度近似相等时,称为采空区"见方"。"见方"包括首次"见方"和多次"见方",首次"见方"是工作面从开切眼回采距离接近本工作面长度,如图 2-10所示;多次"见方"是本工作面的周期"见方"和与相邻工作面形成的"见方"。某矿综一工作面开采,在二次见方时发生一次能量为 2×10^5 J 的冲击地压,三次见方时发生两次能量分别为 1.2×10^5 J 和 1.2×10^6 J 的冲击地压,四次见方阶段发生能量为 4.6×10^6 J 的冲击地压,破坏巷道 150 m,工作面上端头 30 m 同时遭到破坏。

2-2 拓展阅读 某矿 1103 工作面"见方"区域微震显现规律

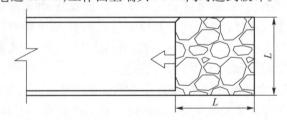

图 2-10　工作面采空区"见方"示意图

3. 爆破作业

在巷道掘进、处理底煤或坚硬顶板等过程中,需要进行爆破作业。统计资料表明,爆破作业可能诱发冲击地压。在某矿冲击地压事故中，由爆破引起的占总数的78%，其中1978年11月29日龙门-340 m水平五槽北巷在煤柱中掘进上山，因处理底板哑炮诱发冲击地压，造成30 m大巷破坏、29辆矿车落道，顶板下沉0.2 m，底鼓1.0 m，波及半径约50 m，因躲炮距离过短造成人员伤亡。

4. 巷道扩修

当巷道断面变形较大影响正常生产时，需要对巷道断面进行扩大，称为巷道扩修。在矿压显现强烈区域，往往需要对巷道多次扩修。统计资料表明，巷道扩修容易诱发冲击地压。1982年1月，某矿在扩修270上山煤柱巷道时发生了一次3.6级的冲击地压。

2011年，某矿的"11·3"冲击地压是典型的巷道扩修诱发冲击地压。

某矿60%以上冲击地压均与巷道扩修有关，如图2-11所示为巷道扩修后微震能量变化，巷道扩修后微震能量大幅度增加。

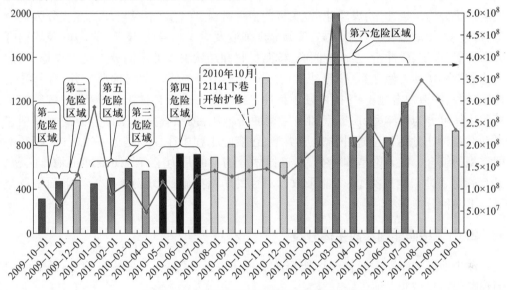

图2-11 某矿巷道扩修与微震能量统计关系

5. 顶板管理方法

顶板管理方法是影响冲击地压的重要因素。冲击地压煤层的顶板大多又硬又厚，不易冒落。采取各种方法，如爆破、注水等，使顶板冒落，就能起到减缓冲击地压的作用。实践证明，非正规采煤法的采区冲击地压次数多、强度大，水砂充填法次之，全部垮落法的次数少、强度弱。

某矿因顶板管理问题，在1960—1980年之间长期采用刀柱式采煤方法，在采空区内留设的大量煤柱形成对顶板的支撑，造成大面积悬顶和高应力集中，多次发生冲击地压。后来采用长壁开采时，顶板采用全部垮落法后冲击地压发生频率明显降低。

某矿采用全部垮落法管理顶板，但顶板坚硬，悬顶不能及时垮落，常常发生冲击地压，采用顶板爆破方法处理后，冲击地压发生次数和强度均有显著下降。

2.2.8 瓦斯、火、水等影响

我国国有重点煤矿中高瓦斯和煤与瓦斯突出矿井占42.3%。在很多高瓦斯矿区，如阜新、平顶山、双鸭山、窑街、北票、通化、鹤岗、抚顺等矿区，瓦斯抽采后突出危险性降低，但冲击倾向性显著增强，在外部扰动情况下容易发生冲击地压。

我国一些自然发火矿井也是冲击地压矿井。煤层自然发火期短的矿井需要加快开采速度，但会引发冲击地压，因此冲击地压矿井开采需综合考虑自然发火和冲击地压防治。

统计表明，有些矿井突水过程中带有动力破坏现象。矿井突水发生后，岩层应力集中促进煤岩裂纹扩展，助推冲击地压的形成。

2.3 冲击地压分类 ▶▶▶

关于冲击地压分类，目前国际上没有形成统一的分类标准。我国有学者在大量调研统计的基础上做了一些分类，按照破坏程度分为一般、中等和严重三类；按照破坏发生位置分为顶板冲击、煤层冲击、底板冲击三类；按照应力来源与加载方式分为重力型、构造型、震动型和综合型四类；按照显现强度及对煤和岩层、支架、设备的破坏程度分为弹射、煤炮、微冲击、强冲击四类；按照材料和结构失稳的不同分为材料失稳、结构失稳和滑移错动失稳三类；按照冲击地压矿井类型分为浅部冲击地压矿井、深部冲击地压矿井、构造冲击地压矿井、坚硬顶板冲击地压矿井和煤柱冲击地压矿井；按照能量释放主体可分为煤体型、顶板型和断层型冲击地压；按照载荷类型可分为高静载型和强动载型冲击地压。上述冲击地压类型，在实际工程中往往不是单一出现的，存在不同类型的组合。但无论是哪种类型，这样划分的目的是为了有效防治冲击地压问题，只有确定了冲击地压类型，才能采取针对性的防治措施，实现分类防治。下面重点介绍以下两种分类方法。

2.3.1 按照能量释放主体分类

冲击地压按照煤（岩）体弹性能释放的主体进行分类，分为煤体压缩型、顶板断裂型和断层错动型冲击地压。

1. 煤体压缩型冲击地压

如图 2-12 所示，由煤体压缩失稳产生，煤体释放能量，多发生在厚煤层开采的采煤工作面和回采巷道中。震级一般不超过 2 级，但冲击地压发生后，突出的煤量较多，易造成设备破坏和人员伤亡。发生煤体压缩型冲击地压的矿井开采深度一般不大于500 m，震相呈"伞面形"，起始振幅大，但衰减快，持续时间短，一般小于 6 s。在有构造应力参与时，则震动时间加长，往往有 2~3 次振荡。

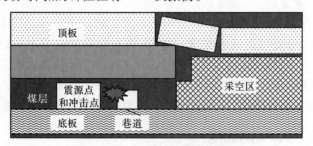

图 2-12 煤体压缩型冲击地压

2. 顶板断裂型冲击地压

如图 2-13 所示,由顶板岩体拉伸失稳产生,顶板释放能量,多发生在工作面顶板坚硬、致密、完整且厚,煤层开采后形成采空区大面积空顶的岩体中。顶板断裂型冲击地压影响范围广,释放能量大,发生强度高,震级为 2~3 级,破坏持续时间为 5~30 s。发生深度一般为 500~800 m;岩体震动的优势频率为 3~15 Hz,波形呈"蘑菇"状,在蘑菇顶下 S 波较强,频率偏低,衰减慢。

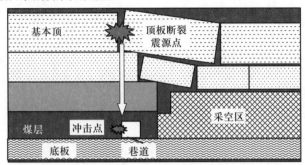

图 2-13　顶板断裂型冲击地压

3. 断层错动型冲击地压

如图 2-14 所示,由断层岩体剪切失稳产生,断层释放能量,多发生在采掘活动接近断层时,受采矿活动影响而使断层突然破裂错动。发生深度一般为 800~1000 m,震级为 3~4 级。岩体震动的优势频率为 1~6 Hz。震动时间长,振荡次数多,频率低,应力波携带的能量大,传到地表后能激起很强的面波。断层错动型冲击地压波形图类似于天然地震,S 波很强,频率低、持续时间较长,一般大于 30 s。

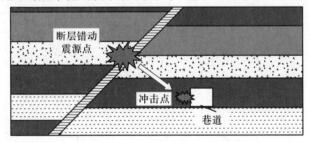

图 2-14　断层错动型冲击地压

2.3.2　按照载荷类型分类

煤矿动静叠加诱发冲击地压时,可分为高静载型冲击地压和强动载型冲击地压。

1. 高静载型冲击地压

煤矿深部开采,采掘围岩原岩应力较高,采掘活动导致围岩高应力集中,此时静载虽未达到冲击破坏的临界载荷,但远场矿震产生的微小动载荷增量即可使动静载叠加载荷超过煤岩体冲击破坏的临界载荷,导致冲击破坏。此时,矿震动载荷在煤岩冲击破坏中主要起触发作用。这是目前煤矿深部开采冲击地压孕育最为普遍的一种形式。

2. 强动载型冲击地压

煤矿浅部开采,围岩原岩应力不高,但矿震强度较大,应力波引起的动载强度高,围岩静载与动载叠加载荷达到冲击破坏的临界载荷,导致煤岩体瞬间冲击破坏。另外,研究表明,在较大的加载速率下,煤岩试件的冲击倾向性比标准状态冲击倾向性更强,原本鉴定为无冲击倾向的煤岩体,在高加载速率动载作用下,也可发生冲击破坏。此时,动载扰动在冲击破坏过程中起主导作用,这给出了浅部开采及原本鉴定为无冲击倾向煤岩体发生冲击地压的一个可能原因。

思考与练习

    习题 2-1   简述冲击地压特征。

    习题 2-2   简述冲击地压的影响因素。

    习题 2-3   简述冲击地压类型划分方法。

现场真实问题思考

2-3 现场真实问题思考提示

    辽宁省老虎台矿和山东省华丰矿开采已有百年,历史上多次发生过冲击地压,是我国典型冲击地压矿井。自行查阅辽宁省老虎台矿或山东省华丰矿资料,分析矿井冲击地压影响因素,并选择一次典型冲击地压事故,分析冲击地压类型。

第3章 >>>

冲击地压发生和破坏过程理论

学习目标

1. 了解强度理论、刚度理论与能量理论的基本原理及局限性。
2. 掌握煤岩材料变形破坏的规律。
3. 掌握冲击倾向性理论、三准则理论、三因素理论、动静载叠加诱冲理论和扰动响应失稳理论的基本原理及内涵。

重点及难点

1. 冲击地压扰动响应失稳发生机理,巷道扰动响应失稳发生的临界应力公式与破坏过程的能量公式。
2. 三因素理论、动静载叠加诱冲理论和扰动响应失稳理论对工程的指导作用。

3.1 煤岩材料变形破坏规律 >>>

3.1.1 煤岩压缩变形破坏

发生在煤柱、采煤工作面和回采巷道中的冲击地压都是煤体在压缩载荷作用下的变形破坏过程,因此煤岩压缩变形破坏的规律也是冲击地压理论研究的基础。同时,煤岩材料不同于地面建筑结构的人工材料,其承载过程中出现了明显的过载屈服软化现象。

在煤岩试件加载过程中,煤岩的力学性质随着变形增加而变化。在开始加载时,煤岩试件原有的开口裂纹逐渐闭合。随着载荷增加,进入线弹性变形阶段,在原有开口裂纹闭合的同时,又开始产生新的裂纹。煤岩全程应力-应变曲线及对应的裂隙扩展如图 3-1 所示。OA 段是裂纹压密阶段;AB 段呈线弹性,原有裂纹被压密的同时又不断产生新的裂纹,二者基本相当;BC 段是硬化阶段,一般情况下该阶段较短;C 是峰值强度处,超过峰值强度后,裂纹大量生成,并最后贯通形成宏观破坏。

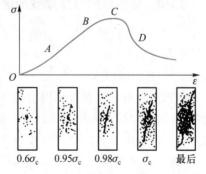

图 3-1 煤岩全程应力-应变曲线及对应的裂隙扩展

当煤岩变形超过弹性极限时,微裂纹不断产生和传播,及至峰值强度附近,由于裂纹的迅速扩展,彼此之间形成搭接和连通,最终形成宏观裂纹。从开始加载到峰值强度前,煤岩抵抗变形(包括裂纹和裂缝在内的广义变形)的能力是随着变形的增加而增加的,因而介质是稳定的。但是在各个阶段抵抗变形能力是不相同的。在压密阶段,由于裂纹的逐渐压密,抵抗变形能力的增加趋势为递增;在线弹性阶段,抵抗变形能力增加的趋势是均匀的,变形曲线呈直线;超过弹性极限后,由于裂纹迅速传播和扩展,其抵抗变形的能力随变形增加的趋势是递减的,在接近峰值强度附近,急剧锐减而不再增加,以致达到峰值强度。

超过峰值强度以后,煤岩的力学性质发生显著变化,介质抵抗变形能力随变形增加而减小;在局部区域,又因变形集中使该区域抵抗变形的能力进一步降低。具有应变软化性质的介质是非稳定的。当其处于平衡状态时,一旦遇有外界微小扰动则有可能失稳,从而在瞬间释放大量的能量,发生突然的破坏。这种失稳现象,显然是由于介质的物理力学性质发生变化而产生的,称为物理失稳。可见煤岩的突然破坏发生冲击地压,并非介质的强度不够,而是介质稳定性不够造成的。

3.1.2 煤岩拉伸变形破坏

发生在坚硬顶板情况下的冲击地压都是顶板岩层拉伸断裂造成的。例如,门头沟矿顶板冲击地压最大震级达到 3 级,观测到了顶板宏观拉伸断裂裂纹长达 1 m 多。煤岩拉伸变形破坏规律是顶板型冲击地压理论研究的基础。

由单轴拉伸试验与单轴压缩试验应力-应变曲线的对照比较发现,单轴拉伸应力-应变曲线最初为直线,随着应力的增加而逐渐产生弯曲,在破坏强度点附近弯曲较显著而单轴压缩应力-应变曲线最初为一段下凸曲线,然后基本呈直线,在破坏强度点附近则有不同程度的弯曲。

拉伸破坏前,应力-应变关系呈现明显的非线性,当应力达到拉伸破坏强度后,随着应变的继续增加,应力较缓慢或突然下降,表现出如单轴压缩状态下的应变软化现象,破坏现象表现为显著的延性破坏或脆性破坏特征,如图 3-2 所示。煤岩试件拉伸作用下应力-应变曲线和压缩状态下的应力-应变曲线形态基本相同,但就强度而言,拉伸强度大约等于压缩强度的 1/10。因此,煤岩材料拉伸载荷作用下同样存在冲击失稳破坏现象。

3.1.3 煤岩剪切与摩擦变形破坏

煤岩抗剪强度是指煤岩在剪切载荷作用下破坏时能承受的最大剪切力,常用 τ 表示。它与煤岩的抗压、抗拉强度不同,可通过多组煤岩抗剪试验数据并利用库仑-奈维表达式 $\tau=f(\sigma)$ 确定。

摩擦滑动可分为黏滑和稳滑两种。稳滑是一种无震的蠕动,黏滑是伴有应力降的突发性摩擦滑动行为,煤岩断层摩擦失稳行为就是典型的黏滑行为。除了载荷或正应力大小直接影响煤岩的摩擦滑动行为外,破裂或断层面的粗糙度、断层泥性状、煤岩的硬度、温度和延性、滑动速率以及孔隙流体压力等也影响摩擦的力学行为。

1977 年 4 月 28 日,某矿发生震级为 3.8 级的断层型冲击地压,发生冲击地压时,位于该矿 F_{10} 断层上盘区域的破坏回采面积已达 4.8×10^5 m^2,冲击地压发生后发现上盘向采空区方向移动达 10 cm。冲击地压发生后,有些情况下能观察到煤层与顶板间的裂隙超过 5 m。在断层发育的矿井发生冲击地压,都和煤岩的剪切及摩擦破坏有关。因此,煤岩剪切与摩擦变形破坏规律是断层错动型冲击地压理论研究的基础。

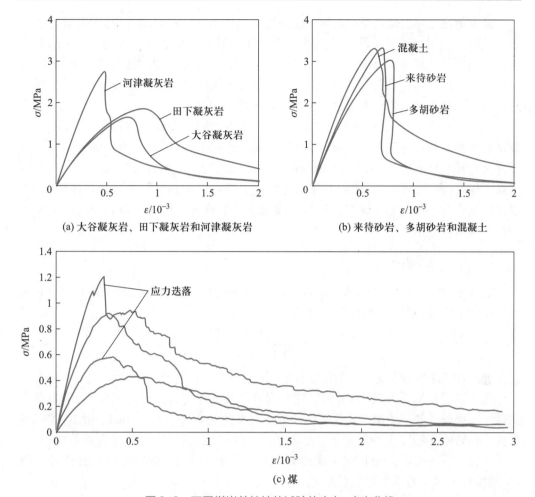

(a) 大谷凝灰岩、田下凝灰岩和河津凝灰岩　　　(b) 来待砂岩、多胡砂岩和混凝土

(c) 煤

图 3-2　不同煤岩单轴拉伸试验的应力-应变曲线

3.2 传统的冲击地压发生理论 >>>

各种井下结构或构筑物都是由基本构件组成的物体系统。为了保证其正常工作,首先要求在一定的载荷作用下不发生破坏。物体系统抵抗破坏的能力称为强度。同时要求其在载荷作用下不发生过大的变形,物体系统抵抗变形的能力称为刚度。此外,还要求其在载荷作用下保持其原有的平衡状态,物体系统保持其原有平衡状态的能力称为稳定性。物体系统不能保持其原有平衡状态的现象称为失稳。

3.2.1 强度理论

强度理论认为受夹持的煤体及其围岩达到极限平衡条件时,积蓄在煤岩体中的高弹性能在应力扰动作用下失稳,则发生冲击地压。可表示为

$$\frac{P}{\sigma_c^*} > 1 \qquad\qquad (3-1)$$

式中,P 为煤岩体所承受的应力;σ_c^* 为煤岩系统综合强度。

　　强度理论是冲击地压发生的第一个理论。在冲击地压机理研究中,人们很自然从一开始就注意到了强度问题,并逐步发展形成了各种冲击地压强度理论。其中的典型代表是布霍依诺的夹持煤体理论。布氏理论认为,煤体处于顶底板夹持之中,夹持特性决定了煤体-围岩系统的力学特性。产生冲击地压的强度条件是煤体-围岩交界处达到极限平衡条件和煤体本身达到极限平衡条件。

　　从力学的角度看,煤岩体破坏的原因和规律可以归结为煤岩体强度的问题,即只要材料所受的载荷达到其强度极限,则材料就会开始破坏,因而认为只要测知煤岩强度并进行应力分析即可判断或预测是否会发生冲击地压。然而,在实际工程中,许多采煤工作面、掘进工作面等工程岩体承受的应力超过它的强度而进入软化破碎状态,但多数并未发生冲击地压现象。这从侧面说明了强度理论所提出来的冲击地压发生判据的局限性。

3.2.2　刚度理论

　　Cook 和 Hodgein 于 20 世纪 60 年代提出,当煤岩体受力屈服后的刚度大于顶底板和支架的刚度时,便发生冲击地压,可表示为

$$\frac{K_Z}{K_Z^*} > 1 \tag{3-2}$$

式中,K_Z 为煤岩体的刚度;K_Z^* 为顶底板的刚度。

　　压力试验机出现以后,Cook 将矿柱与围岩的关系比拟为试件与试验机,认为煤岩试件发生爆发性破坏的刚度条件就是冲击地压发生的条件。同时,Blake 指出,矿体刚度大于围岩刚度是发生冲击地压的必要条件。在一维情况下,刚度与边界条件相关,难以进行计算。而在三维情况下刚度是以矩阵形式表示的,难以进行量的比较。因此,刚度理论提出的判据使用不方便。

3.2.3　能量理论

　　20 世纪 60 年代中期,Cook 等人提出了冲击地压发生的能量理论。能量理论认为,当煤体-围岩系统在其力学平衡状态遭破坏后所释放出的能量大于所消耗的能量时,就发生冲击地压。

　　考虑了冲击地压能量动态过程,冲击地压发生的能量准则可表示为

$$\frac{\alpha\left(\dfrac{dW_E}{dt}\right) + \beta\left(\dfrac{dW_S}{dt}\right)}{\dfrac{dW_D}{dt}} > 1 \tag{3-3}$$

式中,W_E 为围岩系统所储存的应变能;α 为围岩系统能量释放有效系数;W_S 为煤体所储存的应变能;β 为煤体能量释放有效系数;W_D 为消耗于煤体与围岩交界处和煤体破坏阻力的能量。

　　能量理论只说明了岩体-围岩系统在力学平衡状态时,释放的能量大于消耗的能量,冲击地压就发生,但没有阐明平衡状态的力学性质和破坏条件,特别是围岩释放能量的条件,因此冲击地压的能量理论缺乏必要条件。

3.2.4 冲击倾向性理论

冲击倾向性理论认为发生冲击地压的煤岩介质都具有一些特殊的物理力学性质,可以用一种或一组指标来衡量煤(岩)介质产生冲击式破坏的潜在能力。这种能力即是介质的冲击倾向性。冲击倾向性是煤(岩)的固有属性,可以通过实验室对煤(岩)试件的测试得到一些指标,用这些指标将不同煤层的煤进行比较判别,就能事先大致估计煤层发生冲击地压的可能性。冲击倾向性理论首次从煤岩物理力学性质角度阐述了冲击地压发生的机理,可表示为

$$\frac{K_c}{K_c^*} > 1 \tag{3-4}$$

式中,K_c 为冲击倾向性指标;K_c^* 为冲击倾向性极限值。

用一组煤岩冲击倾向性指标来评价煤岩发生冲击地压的可能性具有实际意义,但冲击地压的发生与周围环境密切相关,实验室测试的冲击倾向性指标难以全面代表各种地质因素条件下冲击地压的特征。

3.3 三因素理论 >>>

3.3.1 三因素理论的内涵

齐庆新提出了冲击地压发生的三因素理论,认为冲击地压发生的因素主要可以归纳为以下 3 个方面:煤岩冲击倾向特性、煤岩体结构特性和煤岩体的应力条件。

煤岩冲击倾向特性,即煤岩固有的冲击破坏的性质和能力,是冲击地压发生的内在因素;煤岩体结构特性指煤层在形成过程中的软弱夹层、断层或褶皱等地质构造,一般无法量化和人为改变,亦属内在因素;煤岩体的应力条件是影响冲击地压是否发生的关键因素。无论是哪种类型的冲击地压现象,均是应力作用导致煤岩体突然破坏的结果,区别仅在于应力的来源、大小和表现形式等要素。

基于三因素理论,针对冲击地压的工程防治方面,形成了冲击地压的应力控制原理。冲击地压问题实质上就是煤岩体的应力问题,控制冲击地压灾害的发生,实质上就是改变煤岩体的应力状态或控制高应力区的出现,以保证煤岩体不足以发生失稳破坏或非稳定破坏。

煤岩体的应力包括原岩应力和采动应力,其中原岩应力不可控,而采动应力是可以控制的。采动应力的大小、方向和分布位置直接地、动态地影响着煤岩体的稳定状态,并可通过监测煤岩体的相对应力来获得。然而,由于冲击地压的发生位置与冲击启动位置通常并不重合,使得一个点的相对应力变化无法判断冲击地压危险性和冲击地压危险区域。为此,提出了单位应力梯度 $\Delta\sigma_{n,t}$ 的概念,表征不同时刻每个点的相对应力的变化量,即

$$\Delta\sigma_{n,t} = (\Delta\sigma_{n,t_2} - \Delta\sigma_{n,t_1})/(t_2 - t_1) \tag{3-5}$$

式中,$\Delta\sigma_{n,t_1}$、$\Delta\sigma_{n,t_2}$ 分别为 t_1 和 t_2 时刻 n 点位置煤体的相对应力,MPa。通过比较单位应力梯度 $\Delta\sigma_{n,t}$ 的变化,可以评价冲击地压危险性和冲击地压危险区域。因此,冲击地压的监测预报与防治解危应以煤岩体的应力状态分析为基础,以控制应力为中心。一方面在煤岩体未形成高应力集中或不具有冲击地压危险之前,通过区域应力协调转移

等措施避免煤岩体形成高应力集中;另一方面在已经形成高应力集中或冲击地压危险区域,通过应力释放和转移措施使煤岩体的应力集中程度降低,尤其是降低采动过程中的单位应力梯度,破坏冲击地压发生的应力条件,达到降低或者防治冲击地压的目的。

3.3.2　三因素理论的工程指导

三因素理论指明了冲击地压发生的一般控制因素,即煤岩冲击倾向特性、煤岩体结构特性和煤岩体的应力条件,指出了冲击地压的防治应从物性因素、力源因素和结构因素三个要素上加以调控,如图3-3所示。具体地,物性因素是最根本的,物性改变可从根本上改变冲击地压显现的难易,如煤层钻孔卸压、煤层卸压爆破和煤层注水等均是改变了煤岩的冲击倾向物性特征以实现冲击地压防治;力源因素是动力灾害发生的根本动力,其状态则是评价危险性的主要依据,兼具源头和结果的属性,力源调控可改变冲击地压发生的应力条件,如优化开拓布置、保护层开采等均是改变了煤岩体所处的应力环境以实现冲击地压防治;结构因素是孕育和控制动力灾害的关键所在,能够为弹性能大量有效积聚提供制约机制,而制约机制失效是动力灾害发生的直接原因,如顶板水力压裂、顶板深孔爆破、无煤柱开采、充填开采等均是避免形成冲击地压易发煤岩结构以实现冲击地压防治目的。

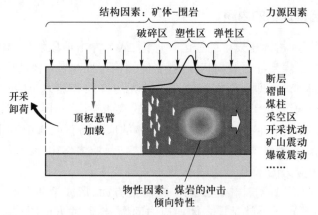

图3-3　三因素理论的工程指导作用示意

3.4　动静载叠加诱冲理论　▷▷▷

3.4.1　动静载叠加诱冲理论的内涵

窦林名教授提出了动静载叠加诱冲理论。该理论认为冲击地压的发生需满足能量准则,即煤体-围岩系统在其力学平衡状态破坏时所释放的能量大于煤岩破坏所消耗的能量,可用下式表示:

$$\frac{\mathrm{d}U}{\mathrm{d}t} = \frac{\mathrm{d}U_R}{\mathrm{d}t} + \frac{\mathrm{d}U_c}{\mathrm{d}t} + \frac{\mathrm{d}U_s}{\mathrm{d}t} > \frac{\mathrm{d}U_b}{\mathrm{d}t} \tag{3-6}$$

式中,U_R 为围岩中储存的能量;U_c 为煤体中储存的能量;U_s 为动载输入的能量;U_b 为冲击地压发生时煤岩体消耗的能量。

煤岩体中储存的能量和矿震输入的能量之和可用下式表示:

$$U = \frac{(\sigma_j + \sigma_d)^2}{2E} \qquad (3-7)$$

式中,σ_j 为静载荷;σ_d 为动载荷。

冲击地压发生时消耗的最小能量可用下式表示:

$$U_{b,min} = \frac{\sigma_{b,min}^2}{2E} \qquad (3-8)$$

式中,$\sigma_{b,min}$ 为发生冲击地压时的最小应力。

因此,冲击地压的发生需要满足如下条件,即

$$\sigma_j + \sigma_d \geq \sigma_{b,min} \qquad (3-9)$$

采掘围岩静载荷与动载荷叠加,超过了煤岩体冲击破坏的最小应力时,动力破坏煤岩体,造成冲击地压动力灾害显现,如图 3-4 所示。

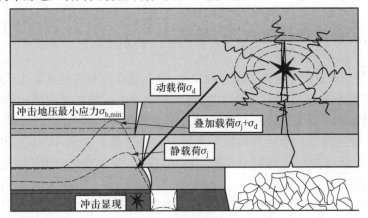

图 3-4　煤矿动静载叠加诱发冲击地压原理

3.4.2　动静载叠加诱冲理论的工程指导

动静载叠加诱冲理论认为指明了影响冲击地压发生的本质因素,即煤岩体的应力条件,其包括地应力在内的静载荷和采动诱发的动载荷。因此,动静载叠加诱冲理论为冲击地压的监测预警和工程防治应从煤岩体载荷对象方面加以实现提供了理论依据。例如,针对冲击地压监测预警方面,现有微震监测系统就是通过监测岩体破裂产生的震动载荷,对监测对象的破坏状况、安全状况等作出评价,从而为预报和控制灾害提供依据的成套设备和技术;应力在线监测系统就是指在巷道围岩中安设的一种监测煤岩采动应力的成套设备与技术,以监测预报静态应力的大小和变化,为冲击危险性监测预警和基于应力的冲击地压防治提供基本的应力判识对象。基于应力的监测预警模式,如图 3-5 所示。

按照动静载叠加诱冲理论,进行冲击地压防治可以考虑从动载荷和静载荷两个方面调控入手。对于坚硬顶板,可以考虑人工断顶,降低顶板断裂产生的动载荷;对于地应力较高的矿井,区域上可以优化开拓布置,巷道低应力布置,局部上可以采取煤层钻孔、注水等措施降低巷道围岩附近的静载荷;而开采保护层可以破坏产生覆岩动载荷和采动应力静载荷的力源结构,从而达到消除冲击地压的目的。

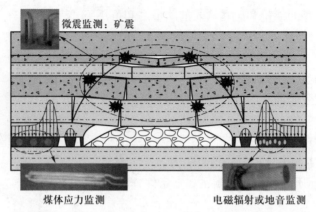

图 3-5 基于动静载监测的冲击危险性预警方法示意

3.5 冲击地压启动与应力波作用理论 ⟫⟫⟫

潘俊锋研究员提出了冲击地压启动理论,基本观点为冲击地压发生依次经历冲击启动、冲击能量传递、冲击地压显现 3 个阶段;采动围岩近场系统内集中静载荷的积聚是冲击启动的内因,采动围岩远场系统外集中动载荷对静载荷的扰动、加载是冲击启动的外因;可能的冲击启动区为极限平衡区应力峰值最大区域,冲击启动的能量判据为 $E_静+E_动-E_c>0$,式中 $E_静$ 为静载荷产生的能量,$E_动$ 为动载荷产生的能量,E_c 为围岩破坏消耗的能量。

王恩元教授提出了冲击地压应力波作用理论。该理论指出,冲击地压是静载、应力波和煤岩体结构耦合作用的结果,高应力梯度下较大范围煤岩体破坏或断裂产生高能量动载应力波,应力波在煤岩体内传播,引起采掘空间围岩变形和破坏,从而导致了冲击地压的发生。

3.6 扰动响应失稳理论 ⟫⟫⟫

冲击地压发生时,表现为井下煤岩体突然破坏。那么,煤岩体满足什么条件才能发生冲击地压?冲击地压发生后满足什么条件才能冲击停止?为解决这两个关键机理问题就要建立冲击地压发生和破坏过程理论。

冲击地压发生前,煤岩体在外力作用下的变形过程,即冲击地压的孕育过程,可以认为是一个准静态过程;冲击地压发生后,伴随着煤岩体的震动,却是一个动力过程。因此,冲击地压理论研究应面向冲击地压发生前孕育和冲击地压发生后破坏两个阶段。

潘一山教授提出了冲击地压发生的扰动响应失稳理论,指导预测防治技术研发。该理论认为,冲击地压是开采应力集中造成应变软化区与弹性区组成的煤岩变形系统处于临界状态时在扰动作用下的失稳过程。具体地,针对冲击地压的发生,提出了冲击地压失稳判别准则,获得临界应力理论公式;针对冲击地压破坏过程,提出了弹性区释放能量,应变软化区和支护吸收能量,获得了冲击地压破坏过程的能量公式。

3.6.1　冲击地压发生的应力公式

对于处于平衡状态的煤岩变形系统,假设在地应力 P 作用下,产生的塑性软化变形区特征深度为 ρ,产生的特征位移为 u(顶板下沉量或巷道收敛位移)。在这个控制系统中,扰动量是岩体应力,响应量是塑性区特征深度或顶板下沉量或巷道收敛位移,控制量是煤岩单轴抗压强度 σ_c、冲击能量指数 K_E。某一时刻,当地应力 P 产生了一个微小扰动增量 ΔP,此时响应产生的塑性软化变形区由 ρ 增加到 $\rho+\Delta\rho$,产生的特征位移由 u 增加到 $u+\Delta u$。若响应增量 $\Delta\rho$ 或 Δu 是有界的或有限的,则此时平衡状态是稳定的,扰动消失后又处于新的平衡状态。若煤岩变形系统处于非稳定平衡状态,则无论扰动增量 ΔP 多么小,都会导致塑性软化变形区或特征位移的无限增长,即

3-1 拓展阅读 巷道冲击地压发生临界条件理论分析

$$\frac{\Delta\rho}{\Delta P}=\infty \text{ 或} \frac{\Delta u}{\Delta P}=\infty \qquad (3-10)$$

设巷道半径为 a,软化区半径为 ρ,煤岩单轴抗压强度为 σ_c,煤岩冲击能量指数为 K_E,巷道内壁支护应力为 p_s,在远处受地应力 P 作用,如图 3-6所示。

从应力的角度,得到冲击地压发生的临界应力 P_{cr} 为

$$P_{cr}=\frac{n\sigma_c}{2}\left(1+\frac{1}{K_E}\right)\left(1+\frac{4p_s}{\sigma_c}\right) \qquad (3-11)$$

式中,$n=1.63+22.09\times0.80^{\sigma_c}$。

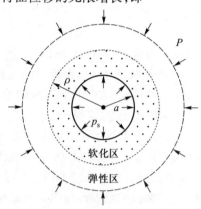

图 3-6　巷道冲击地压模型

[例1]　以某矿为例,进行冲击地压发生的临界应力计算。统计得到冲击能量指数 $K_E=1.35$,单轴抗压强度 $\sigma_c=28.95$ MPa,巷道支护应力 $p_s=0.30$ MPa,详见表 3-1。计算得到临界应力 $P_{cr}=43.56$ MPa。

表 3-1　冲击地压临界应力及其主要计算参量

序号	计算量	量值
1	单轴抗压强度 σ_c/MPa	28.95
2	冲击能量指数 K_E	1.35
3	支护应力 p_s/MPa	0.30
4	修正系数 n	1.66
5	临界应力 P_{cr}/MPa	43.56

3.6.2　冲击地压破坏过程的能量公式

冲击地压发生后,伴随着能量的释放、传递和转变过程。冲击剩余能量的计算能够为防冲设计与选型提供理论依据。

从能量的角度,得到冲击地压破坏过程显现的能量条件为

$$G_0=W_y-W_0-W_1-W_h>0 \qquad (3-12)$$

式中,W_y 为远场围岩(顶板、断层等)释放能量;W_0 为应力波传播过程中的耗能;W_1 为近

场围岩耗能; W_h 为支护吸收的能量,可通过室内测试或理论计算得到; G_0 为剩余能量。

冲击地压显现的本质就是冲击地压释放的能量 W_y 经围岩耗散 W_0 与支护耗散 W_h 后,剩余能量 G_0 转化为冲击地压显现的动能。因此,针对破坏过程的冲击地压防治就是通过围岩调控和支护设计实现剩余能量 $G_0 \leqslant 0$。

3.6.3 扰动响应失稳理论的工程指导

1. 冲击危险性评价

冲击危险性评价是指在采掘工程活动前预测待采掘区域的冲击地压危险等级,以指导冲击地压防治。依据扰动响应失稳理论,可采用待评价区域的实际应力 P 与临界应力 P_{cr} 的比较,实现冲击地压危险性评价,如下式:

$$W_P = \frac{P}{P_{cr}} \qquad (3-13)$$

式中, W_P 为应力指数; P 为待评价区域的实际应力,MPa。

根据实际应力与临界应力的接近程度,将冲击地压危险性分成几个等级,以得到冲击危险性评价结果,指导工程防治。

2. 冲击地压的监测

冲击地压监测就是通过科学的手段和方法,监测冲击地压孕育过程中的关键物理量及其变化,比如采动应力、巷道收敛、钻屑量、煤岩变形破裂声信号、电信号和磁信号等,以掌握煤岩变形系统冲击地压孕育状态,为冲击地压危险性的预警提供数据基础。

扰动响应失稳理论指明了反映煤岩变形系统冲击地压孕育演化的主要监测参量,其数值大小反映了煤岩变形系统稳定性程度。

3. 冲击地压的预警

冲击地压预警是指将冲击地压危险性的监测量及其数值与冲击地压发生的临界预警值进行对比,根据二者的接近程度,将冲击地压危险性分成几个等级的过程,为冲击地压的防治解危提供指导。

扰动响应失稳理论给出了冲击地压发生的临界指标,其数值大小反映了煤岩变形系统发生冲击地压的难易程度。比如,通过比较巷道围岩中采动应力的实时监测结果与冲击地压发生的临界采动应力值的接近程度,实时判识预警采煤岩冲击地压的危险程度。

4. 冲击地压的防治

根据扰动响应失稳理论可知,冲击地压的防治应分别从应力和能量角度,降低冲击地压危险区域的应力与能量积聚水平或提升冲击地压发生的临界应力,使冲击地压不易发生。

一方面,降低煤岩应力将有效防治冲击地压。扰动响应失稳理论的冲击危险性判据式指出,有效降低冲击地压发生的采动应力,将有利于降低冲击地压发生的可能性,提升防冲安全性,例如,通过合理开采布局、开采保护层和合理留设煤柱,降低或隔断应力的大小,可有效防治冲击地压。

上述方法防治冲击地压的效果还要通过冲击危险性的实时监测,比较监测结果和相应临界指标的接近程度。若监测值小于临界值,则防治有效;若监测值仍大于临界值,则防治没有达到预期效果,仍需继续实施防治措施。

另一方面,提高冲击地压发生的临界应力,使冲击地压不易发生。当支护应力 $p_s=$

0 时,由冲击地压发生的临界应力理论公式(3-14)可知,降低煤岩冲击倾向性,可有效提升煤岩冲击地压发生的临界应力,使得冲击地压不易发生。

$$P_{cr} = \frac{n\sigma_c}{2}\left(1 + \frac{1}{K_E}\right) \tag{3-14}$$

例如,煤层钻孔就是在煤层中打钻孔,排煤粉,通过合理布置钻孔长度、钻孔间距,使钻孔周围形成塑性破坏区并连通,改变煤体物理力学性质,降低煤岩冲击倾向性,消除或缓解冲击地压危险的防冲方法;再如,煤层注水是在工作面或巷道中通过向煤体中注入压力水,降低煤岩冲击倾向性的一种冲击地压防治方法。煤层卸压爆破是对已形成冲击地压危险的煤体,用爆破方法改变煤体物理力学性质的冲击地压防治方法。实施煤层钻孔、煤层注水、煤层爆破方法改变了煤岩变形系统的煤岩物理力学性质,降低了冲击倾向性,提高了煤岩变形系统发生冲击地压的临界应力。

5. 支护防治冲击地压

从应力和能量角度,冲击地压扰动响应失稳理论分别给出了支护防治冲击地压原理的理论解释。

一方面,从冲击地压发生前的孕育阶段来说,由冲击地压发生的应力公式(3-11)可知,支护应力的提高能有效提升冲击地压发生的临界应力,使冲击地压不易发生。

为进一步直观阐明支护对巷道冲击地压临界应力的提升作用,由式(3-11)对临界应力 P_{cr} 和支护强度 p_s 做增量形式计算,得

$$\Delta P_{cr} = 2\left(1 + \frac{1}{K_E}\right)\Delta p_s \tag{3-15}$$

式中,ΔP_{cr} 为冲击地压发生的临界应力增量,MPa;Δp_s 为支护应力增量,MPa。

由式(3-15)可知,巷道支护强度增加能够提升冲击地压发生的临界应力,而提升程度将取决于巷道煤岩的力学性质。例如,取 $K_E = 1$,当支护应力 p_s 增加 25% 时,冲击地压发生的临界应力将提升 1 倍。

另一方面,从冲击地压发生后的破坏阶段来说,由冲击地压破坏过程的能量公式(3-12)可知,巷道支护吸能能力的提高能有效降低抛向巷道空间的剩余动能,使冲击地压快速停止下来,以达到巷道有限变形、降低灾害显现程度的目的。

3.7 典型煤岩结构冲击地压发生理论分析 >>>

3.7.1 煤试件-试验机冲击失稳理论分析

针对最常见的煤试件-试验机系统失稳冲击进行分析。

在载荷 P 的作用下,煤试件-试验机系统处于平衡状态,如图 3-7 所示。试验机总下降位移为 a,煤试件变形量为 u,试验机刚度为 k,试验机的变形量为 $u_d = a-u$,煤试件加载面积为 S,则由平衡条件得

$$P = ku_d = k(a-u) = Sf(u) \tag{3-16}$$

由式(3-16)得

$$a = \frac{S}{k}f(u) + u \tag{3-17}$$

$$\frac{da}{du} = \frac{S}{k}f'(u) + 1 \tag{3-18}$$

由扰动响应失稳判别准则得 $\dfrac{\mathrm{d}a}{\mathrm{d}u}=0$，所以，煤样发生失稳冲击的条件为

$$Sf'(u)+k=0 \tag{3-19}$$

将峰后变形阶段简化为斜率为 $-\lambda$ 的直线形式，如图 3-8 所示。

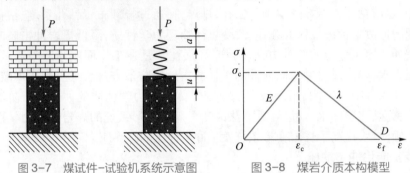

图 3-7　煤试件-试验机系统示意图　　　图 3-8　煤岩介质本构模型

则 $f'(u)=-\dfrac{\lambda}{h}$，煤试件发生失稳冲击的临界试验机刚度条件为

$$k_{\mathrm{cr}}=\dfrac{\lambda S}{h} \tag{3-20}$$

由以上结果可知，煤试件冲击失稳发生条件和试验机的刚度 k、反映煤岩脆性特征的软化模量 λ 有关，这与冲击地压发生的刚度理论、冲击倾向性理论一致。

3.7.2　煤柱冲击地压理论分析

采场布置如图 3-9 所示，在煤层上方赋存坚硬岩层，当煤柱由渐进变形而破裂时，顶板岩层并不破坏。假设底板不变形，顶板为弹性的。将顶板简化为跨度为 $2l$ 的岩梁，岩梁的抗弯刚度为 $E_r I$；单位长度煤柱的支承力可视为作用在岩梁中点的集中力 F，岩梁自重及上覆岩层的作用简化为集度为 P 的均布载荷。因煤柱相对狭窄，其压缩量远大于未采煤层的压缩量，为简化分析，设未采煤层为不可压缩，梁固嵌其中，且在变形过程中梁保持弹性。煤柱高度为 h，宽度为 b。简化分析模型如图 3-10 所示。

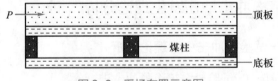

图 3-9　采场布置示意图

对于顶板岩梁，由于对称性，只分析其右半部分（$0 \leqslant x \leqslant l$）。由材料力学理论，得顶板的剪力方程为

$$Q(x)=\dfrac{F}{2}-Px$$

弯矩方程为

$$M(x)=\dfrac{Pl^2}{6}-\dfrac{Fl}{4}+\dfrac{Fx}{2}-\dfrac{Px^2}{2}$$

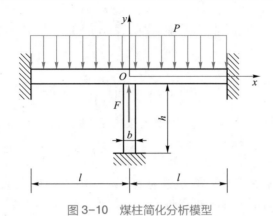

图 3-10　煤柱简化分析模型

挠曲线方程为

$$y(x)=\frac{1}{24E_rI}[Fl^3-Pl^4+(2Pl^2-3Fl)x^2+2Fx^3-Px^4]$$

令 $k=\dfrac{24E_rI}{l^3}$，称为顶板刚度，则

$$y(x)=\frac{1}{k}\left[F-Pl+(2Pl-3F)\left(\frac{x}{l}\right)^2+2F\left(\frac{x}{l}\right)^3-Pl\left(\frac{x}{l}\right)^4\right]$$

煤柱的应力 $\sigma=\dfrac{F}{b}$，应变 $\varepsilon=\dfrac{u}{h}$，式中 u 为煤柱顶部位移，与顶板岩梁中点处的下沉量相等，则得

$$u=-y(0)=\frac{Pl-F}{k} \tag{3-21}$$

当载荷 P 较小时，煤柱只发生弹性变形，$\sigma=E\varepsilon$，E 为煤的弹性模量，即 $F=Eb\dfrac{Pl-F}{kh}$，则

$$\sigma=\frac{PlE}{kh+bE} \tag{3-22}$$

当 $\sigma=\sigma_c$ 时，得弹性极限载荷

$$P_e=\sigma_c\left(\frac{kh}{El}+\frac{b}{l}\right) \tag{3-23}$$

当 $P>P_e$ 时，煤柱处于峰后变形阶段，应力-应变关系为 $\sigma=f_1(\varepsilon)$，载荷-位移的关系为 $F=bf_1\left(\dfrac{u}{h}\right)=bf(u)$。代入式(3-21)，得

$$P=\frac{b}{l}f(u)+\frac{k}{l}u \tag{3-24}$$

梁的弯曲应变能为

$$V_1=2\int_0^l\frac{M^2(x)}{2E_rI}\mathrm{d}x=\frac{1}{k}\left(\frac{8q^2l^2}{15}-FPl+\frac{F^2}{2}\right)$$

煤柱的压缩应变能为

$$V_2 = \frac{bh}{2}\sigma_c\varepsilon_c + b\int_{u_c}^{u} f(u)\,\mathrm{d}u$$

外力功为

$$W = -2\int_0^l Py(x)\,\mathrm{d}x = \frac{1}{k}\left(\frac{16P^2l^2}{15} - FPl\right)$$

选取煤柱变形量 u 为状态变量,则顶板煤柱变形系统的总势能为

$$\Pi(u) = V_1 + V_2 - W = \frac{bh}{2}\sigma_c\varepsilon_c + b\int_{u_c}^{u} f(u)\,\mathrm{d}u + \frac{1}{k}\left(\frac{F^2}{2} - \frac{8P^2l^2}{15}\right) \qquad (3\text{-}25)$$

由 $\Pi'(u) = 0$,得系统的平衡方程为 $bf(u) + ku - Pl = 0$,与式(3-24)相同。由 $\Pi''(u) \leqslant 0$,得煤柱发生冲击地压的条件为

$$bf' + k \leqslant 0 \qquad (3\text{-}26)$$

将峰后变形阶段简化为斜率为 $-\lambda$ 的直线形式,则 $f_1 = \sigma_c\left(1 + \frac{\lambda}{E}\right) - \lambda\varepsilon, f = \sigma_c\left(1 + \frac{\lambda}{E}\right)$

$-\frac{\lambda}{h}u, f' = -\frac{\lambda}{h}$,代入式(3-26),可得煤柱发生冲击地压的条件为

$$k \leqslant \frac{\lambda b}{h} \qquad (3\text{-}27)$$

通过以上分析得到结论:煤柱冲击地压发生条件与顶板刚度、反映煤岩脆性特征的软化模量 λ 有关,这与冲击地压发生的刚度理论、冲击倾向性理论相一致;另外,该冲击地压发生条件是在达到弹性极限载荷后得到的结果,因此又与冲击地压发生的强度理论相一致。

3.7.3　采煤工作面冲击地压理论分析

假设煤层水平走向,沿 x 方向工作面与采空区相互间隔,取单位宽度按平面应变问题进行计算,如图3-11所示。

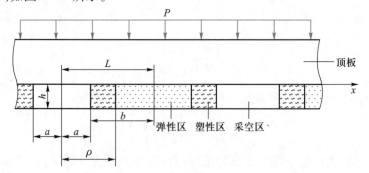

图3-11　煤柱的简化模型

设采空区跨度为 $2a$,煤层高度为 h,煤柱宽度为 $2b$,煤柱中心线与采空区中心线距离为 $L=a+b$,顶板自重与上覆岩层压力简化为集度为 P 的均布载荷,在载荷作用下顶板产生的挠度为 w,煤柱与顶板间压应力为 P_d,底板不变形。将顶板简化为剪切梁模型,等效剪切模量为 G,取单元体如图3-12所示。

由变形条件得 $\mathrm{d}w = \gamma\,\mathrm{d}x, \gamma$ 为切应变;由平衡条件得 $\mathrm{d}Q = (P_d - P)\,\mathrm{d}x$。由剪切胡克定律 $\tau = G\gamma = Q/H$,令 $K = GH$,得顶板挠曲线微分方程

$$\frac{\mathrm{d}^2 w}{\mathrm{d}x^2} = \frac{P_\mathrm{d} - P}{K} (\text{采空区 } P_\mathrm{d} = 0) \qquad (3\text{-}28)$$

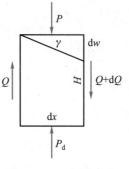

图 3-12　顶板单元体

煤柱边缘 $a \le x \le \rho$ 范围进入峰后变形阶段，$\rho \le x \le L$ 范围保持为弹性变形状态。将煤柱峰后应力-应变曲线简化为斜率为 $-\lambda$ 的直线，应力-应变关系为

$$\sigma = \sigma_\mathrm{c}\left(1 + \frac{\lambda}{E}\right) - \lambda\varepsilon, \text{ 即 } P_\mathrm{d} = \sigma_\mathrm{c}\left(1 + \frac{\lambda}{E}\right) - \frac{\lambda}{h}w$$

可得

$$\frac{\mathrm{d}^2 w}{\mathrm{d}x^2} = \frac{\sigma_\mathrm{c}}{K}\left(1 + \frac{\lambda}{E}\right) - \frac{\lambda}{Kh}w - \frac{P}{K}$$

$$w = b_1 \sin(\beta x) + b_2 \cos(\beta x) + \varepsilon_\mathrm{c} h\left(1 + \frac{E}{\lambda}\right) - \frac{Ph}{\lambda}$$

$$\frac{\mathrm{d}w}{\mathrm{d}x} = \beta b_1 \cos(\beta x) - \beta b_2 \sin(\beta x)$$

采空区，$0 \le x \le a$：

$$\frac{\mathrm{d}w}{\mathrm{d}x} = -\frac{P}{K}x + b_3, \quad w = -\frac{P}{2K}x^2 + b_3 x + b_4$$

弹性区，$\rho \le x \le L$：

$$\frac{\mathrm{d}w}{\mathrm{d}x} = \alpha b_5 \exp(\alpha x) - \alpha b_6 \exp(-\alpha x), \quad w = b_5 \exp(\alpha x) + b_6 \exp(-\alpha x) + \frac{P}{K\alpha^2}$$

式中，$\alpha = \sqrt{\dfrac{E}{Kh}}$；$\beta = \sqrt{\dfrac{\lambda}{Kh}}$；$b_1 \sim b_6$ 为积分常数。

由 $x = 0$ 和 $x = L$ 处 $\dfrac{\mathrm{d}w}{\mathrm{d}x} = 0$，$x = a$ 和 $x = \rho$ 处 w 与 $\dfrac{\mathrm{d}w}{\mathrm{d}x}$ 的连续条件，及 $w(\rho) = w_\mathrm{c} = h\varepsilon_\mathrm{c}$，可确定积分常数

$$b_1 = -\frac{\dfrac{Pa}{K\beta}\cos(\beta\rho) + (\sigma_\mathrm{c} - q)\dfrac{h}{\lambda}\sin(\beta a)}{\cos(\beta\rho - \beta a)}; b_2 = \frac{\dfrac{Pa}{K\beta}\sin(\beta\rho) - (\sigma_\mathrm{c} - P)\dfrac{h}{\lambda}\cos(\beta a)}{\cos(\beta\rho - \beta a)}$$

$$b_3 = 0; b_4 = \frac{P}{2K}a^2 + \frac{\dfrac{Pa}{K\beta}\sin(\beta\rho - \beta a) - (\sigma_\mathrm{c} - P)\dfrac{h}{\lambda}}{\cos(\beta\rho - \beta a)} + \varepsilon_\mathrm{c} h\left(1 + \frac{E}{\lambda}\right) - \frac{Ph}{\lambda}$$

$$b_5 = \frac{h}{E}\frac{(\sigma_\mathrm{c} - P)\exp(-2\alpha L)}{\exp(\alpha\rho - 2\alpha L) + \exp(-\alpha\rho)}; b_6 = \frac{h}{E}\frac{(\sigma_\mathrm{c} - P)}{\exp(\alpha\rho - 2\alpha L) + \exp(-\alpha\rho)}$$

$$P = \frac{\sigma_\mathrm{c}}{\dfrac{a}{K\beta F(\rho)} + 1} \qquad (3\text{-}29)$$

进而，$F(\rho) = \dfrac{h}{\lambda}\sin(\beta\rho - \beta a) - \dfrac{\alpha}{\beta}\dfrac{h}{E}\dfrac{\exp(\alpha\rho - 2\alpha L) - \exp(-\alpha\rho - 2\alpha L)}{\exp(\alpha\rho - 2\alpha L) + \exp(-\alpha\rho)}\cos(\beta\rho - \beta a)$。

由冲击地压发生的扰动响应判别准则 $\dfrac{\mathrm{d}P}{\mathrm{d}\rho} = 0$，得

$$\frac{\alpha}{\beta}\frac{2-\exp(2\alpha\rho)-\exp(4\alpha L-2\alpha\rho)}{\exp(2\alpha\rho)+\exp(2\alpha L)-\exp(2\alpha L-2\alpha\rho)-1}=\tan(\beta\rho-\beta a) \qquad (3-30)$$

令 $L\rightarrow\infty$，得

$$P=\left(1+\frac{\lambda}{E}\right)\frac{\sigma_c}{F(\rho)} \qquad (3-31)$$

式中，

$$F(\rho)=\frac{F_1(\rho)}{\alpha_2 B_2\exp\left(\alpha_1\frac{a}{h}\right)-\alpha_1 B_1\exp\left(\alpha_2\frac{a}{h}\right)}+\frac{2\lambda}{\sqrt{3}E_1}+2fm\frac{a-\rho}{h}+1$$

$$F_1(\rho)=\alpha_2\left[B_3\exp\left(\alpha_2\frac{a}{h}\right)+\frac{2B_2}{\alpha_1}\left(\frac{\lambda a}{\sqrt{3}K}+fm\right)\right]\exp\left(\alpha_1\frac{\rho}{h}\right)-$$

$$\alpha_1\left[B_3\exp\left(\alpha_1\frac{a}{h}\right)+\frac{2B_1}{\alpha_2}\left(\frac{\lambda a}{\sqrt{3}K}+fm\right)\right]\exp\left(\alpha_2\frac{\rho}{h}\right)-$$

$$2fm\left[\exp\left(\alpha_1\frac{a}{h}\right)+\exp\left(\alpha_2\frac{a}{h}\right)\right]-\frac{B_4}{\beta_1}$$

$$B_1=\frac{1}{\alpha_1}\left[1+\frac{\sqrt{3}\nu_1 E_1\alpha_1\alpha_2}{4f\lambda\beta_1}-\exp\left(\alpha_1\frac{a-\rho}{h}\right)\right]\exp\left(\frac{\alpha_1\rho}{h}\right)$$

$$B_2=\frac{1}{\alpha_2}\left[1+\frac{\sqrt{3}\nu_1 E_1\alpha_1\alpha_2}{4f\lambda\beta_1}-\exp\left(\alpha_2\frac{a-\rho}{h}\right)\right]\exp\left(\frac{\alpha_2\rho}{h}\right)$$

$$B_3=\frac{\nu_1}{2f}-2fm\frac{\sqrt{3}\nu_1 E_1}{4f\lambda\beta_1}\frac{\rho-a}{h}$$

$$B_4=B_3\alpha_2\alpha_1\left[\exp\left(\alpha_2\frac{\rho}{h}+\alpha_1\frac{a}{h}\right)-\exp\left(\alpha_1\frac{\rho}{h}+\alpha_2\frac{a}{h}\right)\right]+$$

$$2\left(\frac{\lambda a}{\sqrt{3}K}+fm\right)\left[B_1\alpha_1\exp\left(\alpha_2\frac{\rho}{h}\right)-B_2\alpha_2\exp\left(\alpha_1\frac{\rho}{h}\right)\right]+$$

$$2fm\left[B_2\alpha_2\exp\left(\alpha_1\frac{a}{h}\right)-B_1\alpha_1\exp\left(\alpha_2\frac{a}{h}\right)\right]$$

可见临界状态的软化区范围和临界载荷都与结构的几何参数 a、L、h、H 有关，与顶板和煤的力学性质参数 G、E、λ 有关。

3.7.4　断层错动冲击地压理论分析

如图 3-13 所示，设断层带的宽度为 $2l$，断层带产生的剪切位移为 u。远场的剪切

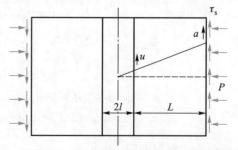

图 3-13　断层围岩变形系统简化模型

位移为 a，围岩的宽度为 $2L$，远场处作用的切应力为 τ_s。设该断层围岩系统位于矿井下某一深度，由于上覆岩层的自重作用等因素而产生对断层的压力为 P。根据前面的分析结果，开采的诱发作用在模型中体现为两个方面：一是远场切应力 τ_s 的增加，二是正压力 P 的减小。下面根据这个模型研究开采引起的断层错动型冲击地压失稳过程。

大量的断层带岩石的剪切试验表明，在不同压应力下，断层带岩石的剪切强度是不同的，而且超过峰值强度后，其后期变形曲线也不相同。当正压力较小时，后期曲线较平缓。随着正压力 P 的增大，后期曲线越来越陡，其斜率的绝对值越来越大，如图3-14所示，断层带岩石介质具有非线性本构关系 $\tau = f(P, \gamma)$。在断层带内岩石的剪切变形 $\gamma = u/l$。假设围岩是弹性的，其剪切弹性模量为 G，本构关系为 $\tau = G\gamma$，在上、下盘围岩内剪切变形为 $\gamma = (a-u)/L$。由应力连续条件得

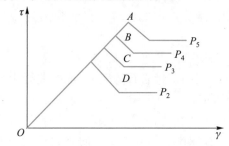

图3-14　不同正压力下断层带介质应力-应变曲线

$$f\left(P, \frac{u}{l}\right) = \frac{G(a-u)}{L} \tag{3-32}$$

当远场有扰动 Δa 时，产生的断层错动响应为 Δu，则

$$\frac{\Delta u}{\Delta a} = \frac{\dfrac{Gl}{L}}{f'\left(P, \dfrac{u}{l}\right) + \dfrac{Gl}{L}} \tag{3-33}$$

下面采用式(3-33)对断层错动型冲击地压进行分析。

（1）煤层开采引起断层附加切应力，将诱发断层错动型冲击地压。

当煤层工作面远离断层时，开采引起的附加切应力较小，此时断层带岩石位于峰值前变形阶段，$f'(P, u/l) > 0$，若有扰动 Δa，则断层错动将是有限值，所以断层围岩变形系统是稳定的。随着开采推进，附加切应力增大，当总切应力达到断层介质的峰值强度时，进一步开采，将使断层带岩石的变形进入峰后的应变软化阶段，$f'(P, u/l) < 0$，若满足

$$f'\left(P, \frac{u}{l}\right) = -\frac{Gl}{L} \tag{3-34}$$

则 $\Delta u / \Delta a \to \infty$，根据扰动响应判别准则，此时断层围岩变形系统处于非稳定状态，在外界扰动下将发生断层错动型冲击地压。

（2）煤层开采引起断层正应力减小，将诱发断层错动型冲击地压。

如图3-14所示，当断层带介质受较大的正压力时，相应于曲线 P_5，假设处于图中 A 点。由于还处于弹性（硬化）阶段，$f'(P, \gamma) > 0$，所以此时断层带岩石及围岩变形系统还是处于稳定平衡状态。由于煤层开采，形成自由空间，使断层所受正压力由 P_5 降到

P_4，而 $f'(P,\gamma)=0$。随着进一步开采，断层正压力又由 P_4 降到 P_3 的 C 点，此时 $f'(P,\gamma)<0$。如果满足 $f'(P,u/l)+Gl/L>0$，则断层带围岩变形系统还是稳定的。继续开采下去，正压力进一步由 P_3 降到 P_2 的 D 点，若满足式(3-34)，则 $\Delta u/\Delta a \to \infty$，该系统受扰后将失稳而发生冲击地压。由此可见，开采引发的断层正应力降低，会诱发断层错动型冲击地压。

（3）断层带岩石及围岩的力学性质对断层错动型冲击地压的影响。

由式(3-34)可见，断层带岩石应变软化性质越强，即 $|f'(P,\gamma)|$ 越大，越容易失稳。对于上、下盘围岩来说，其剪切弹性模量 G 越小，越容易失稳。所以尽管每个矿井在开采时都不可避免遇到断层，但并不是每个矿井都发生断层错动型冲击地压。只有当上、下盘围岩的弹性性质和断层带内的岩石应变软化性质满足式(3-34)时，受采动影响才会发生断层错动型冲击地压。由此可解释目前我国为什么只有部分矿井发生断层错动型冲击地压的事实。

（4）开采深度对断层错动型冲击地压的影响。

如图 3-14 所示，正应力对断层带岩石的应力-应变曲线影响很大。当正压力较小时，断层带岩石呈现弹性性质，$f'(P,\gamma)>0$，不会发生断层错动型冲击地压。随着正压力 P 增加，断层带岩石呈现应变软化性质，而且正压力越大，应变软化性质越严重，即峰后的 $|f'(P,\gamma)|$ 值越大。如果围岩的 G/L 较大时，则只有 $|f'(P,\gamma)|$ 大到和 G/L 接近时，才能满足式(3-34)。所以只有正压力 P 较大时，才能发生断层错动型冲击地压。实际上，如果不考虑构造应力，则正压力 P 由开采煤层的上覆岩层岩石自重产生。

$$P=\gamma h \tag{3-35}$$

式中，h 为采深；γ 为上覆岩层容重。

所以只有开采深度 h 达到一定值时，才能产生足够大的正压力 P，进而引发断层错动型冲击地压。

思考与练习

习题 3-1　冲击地压发生理论有哪些？其主要强调的理念是什么？

习题 3-2　如何认识冲击地压强度理论、刚度理论和能量理论之间的关系？

习题 3-3　强度理论、刚度理论与能量理论在解释冲击地压发生机理中分别存在哪些不足？

习题 3-4　研究冲击地压发生机理，对指导冲击地压监测、防治有什么意义？

习题 3-5　试从冲击地压临界应力理论公式分析冲击地压发生的主要影响因素及规律。

习题 3-6　采用冲击地压临界应力理论公式，试估算冲击地压矿井的临界开采深度。

现场真实问题思考

1. 某矿主采 7 号、12 号近水平煤层。煤层厚度为 3.5~4.6 m，煤层间距约为 60 m，7 号煤层上面 50 m 处有 14 m 厚 65 MPa 的砂岩层组。主采煤体强度较低，大部分区域可视作工程意义上的"软煤"。

该矿开采的 W1208 工作面赋存深度为 850~997 m。煤层顶底板均具有弱冲击倾向性。W1208 工作面位于 12 号煤层中，其上覆 7 号煤中倾向布置的 W704、W708 工作面已开采完毕并形成部分煤柱遗留区，如思考题图 3-1 所示，形成了不稳定顶板垮冒结构，W1208 工作面开采过程中出现 4 次 5 次方以上能量事件。

请选用冲击地压发生的基本理论分析该矿区冲击地压显现的基本原理。

思考题图 3-1　W1208 工作面采掘工程平面图

2. 某矿主采 3 号煤,倾角 13°,煤厚平均 7.03 m。该矿目前回采的 N303 工作面赋存深度为 933~1067 m,煤层顶板 10~30 m 范围内有中细砂岩坚硬岩层,工作面两侧沿底托 3 m 顶煤掘进,N303 面两侧均为实体煤。N303 工作面推采过程中,事件能量均为 4 次方及其以下,2019 年 11 月上旬微震事件及能量监测结果如思考题图 3-2 所示。煤层顶底板均具有弱冲击倾向性。

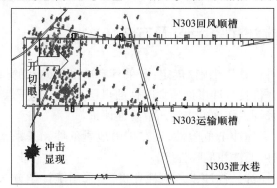

思考题图 3-2　N303 工作面初采微震事件平面投影

请选用冲击地压发生的基本理论分析该矿冲击地压显现的基本原理。

3-2 现场真实问题思考提示

第4章 >>>

冲击地压危险性评价

学习目标

1. 了解冲击地压危险性评价方法相关理论依据。
2. 掌握冲击地压危险性评价方法应用流程。

重点及难点

1. 冲击地压危险性评价方法中参数的选取及计算。
2. 应用冲击地压危险性评价方法对不同地质和开采技术条件矿井进行冲击地压危险性评价。

4.1 冲击地压危险性评价意义及方法 >>>

4-1 拓展阅读 地质动力区划法

4-2 拓展阅读 数量化理论评价法

4-3 拓展阅读 动态权重评价法

　　我国《防治煤矿冲击地压细则》规定:开采具有冲击倾向性的煤层,必须进行冲击地压危险性评价,经评价具有冲击地压危险性的煤层为冲击地压煤层。开采冲击地压煤层必须进行采区、采掘工作面冲击地压危险性评价。

　　冲击地压危险性又称冲击危险性,指在矿山地质条件和开采条件综合影响下,煤岩体发生冲击地压的可能性和危险程度。

　　冲击地压危险性评价又称冲击危险性评价,指采用统计学方法、理论分析方法或工程类比方法等,对待采掘区域进行冲击地压危险性预测,确定冲击地压危险等级及划分冲击地压危险区域。

　　冲击地压危险性评价可分为开采设计前对矿井、水平、煤层、采(盘)区等进行的区域性冲击地压危险性评价和采掘活动前对掘进工作面、回采工作面、煤层硐室等进行的局部性冲击地压危险性评价,各类型冲击地压危险性评价结果应给出冲击地压危险区域和危险等级,并以采掘工程平面图为底图,形成冲击地压危险的分区分级划分图,用于指导矿井区域及局部防治措施的制定。冲击地压危险性评价流程及意义如图4-1所示。

　　我国常用的冲击地压危险性评价方法有综合指数法、应力指数法、可能性指数法等。其他方法有冲击地压危险性多因素模式识别法、冲击地压危险性数量化理论评价法、冲击地压危险性动态权重评价法等。

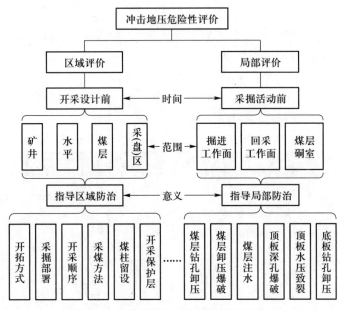

图 4-1　冲击地压危险性评价流程及意义

4.2　综合指数法 >>>

　　综合指数法是在分析工程地质条件和开采技术条件影响因素的基础上,确定这些影响因素对冲击地压的影响权重,分别得出地质条件和开采技术条件因素的危险指数并取其中最大值作为冲击地压危险的综合指数,并依据该综合指数对冲击地压危险进行评价预测,确定开采区域的冲击地压危险等级。

4.2.1　综合指数模型

　　在冲击地压危险的地质条件与开采技术条件影响因素及指数基础上,分别计算地质条件与开采技术条件影响因素的综合指数。

　　地质条件影响因素的综合指数

$$W_{t1} = \sum \frac{W_{gi}}{W_{mgi}} \tag{4-1}$$

式中,W_{t1} 为地质条件影响因素对冲击地压危险性综合指数;W_{mgi} 为各种地质条件影响因素的最大指数;W_{gi} 为各种地质条件影响因素的实际指数;i 为地质条件影响因素个数。

　　开采技术条件影响因素的综合指数

$$W_{t2} = \sum \frac{W_{mj}}{W_{mmj}} \tag{4-2}$$

式中,W_{t2} 为开采技术条件影响因素对冲击地压危险性综合指数;W_{mmj} 为各种开采技术条件影响因素的最大指数;W_{mj} 为各种开采条件影响因素的实际指数;j 为开采技术条件影响因素个数。

　　在以上分别计算地质条件与开采技术条件影响因素的综合指数基础上,计算冲击地压危险性综合指数

$$W_t = \max\{W_{t1}, W_{t2}\} \tag{4-3}$$

式中，W_t 为冲击地压危险性等级评定的综合指数。冲击地压危险性综合指数值越高，开采区域的冲击地压危险等级越高。

1. 冲击地压危险性地质条件影响因素及评估指数

在分析已发生的大量冲击地压事故的基础上，通过综合分析评估开采区域的地质条件影响因素确定指数标准，如表 4-1 所示。

表 4-1 冲击地压危险性地质条件影响因素及评估指数

序号	影响因素	因素说明	因素分类	评估指数
1	W_{g1}	同一水平煤层发生冲击地压的历史次数/n	0	0
			1	1
			2	2
			≥3	3
2	W_{g2}	开采深度 h/m	≤400	0
			400<~600	1
			600<~800	2
			>800	3
3	W_{g3}	上覆裂隙带内坚硬厚层岩层距煤层的距离 L_j/m	>100	0
			50<~100	1
			20<~50	2
			≤20	3
4	W_{g4}	煤层上方 100 m 范围顶板岩层厚度特征参数 L_{st}/m	≤50	0
			50<~70	1
			70<~90	2
			>90	3
5	W_{g5}	开采区域内构造引起的应力增量与正常应力值之比 ξ	≤10%	0
			10%<~20%	1
			20%<~30%	2
			>30%	3
6	W_{g6}	煤的单轴抗压强度 R_c/MPa	≤10	0
			10<~14	1
			14<~20	2
			>20	3
7	W_{g7}	煤的弹性能量指数 W_{ET}	<2	0
			2~<3.5	1
			3.5~<5	2
			≥5	3

2. 冲击地压危险性开采技术条件影响因素及评估指数

在分析已发生的大量冲击地压事故的基础上,通过综合分析评估开采区域的开采技术条件影响因素确定指数标准,如表4-2所示。

表4-2 冲击地压危险性开采技术条件影响因素及评估指数

序号	影响因素	因素说明	因素分类	评估指数
1	W_{m1}	保护层的卸压程度	好	0
			中等	1
			一般	2
			很差	3
2	W_{m2}	工作面距上保护层开采遗留煤柱的水平距离 h_z/m	≥60	0
			30~<60	1
			0~<30	2
			<0(煤柱下方)	3
3	W_{m3}	工作面与邻近采空区的关系	实体煤工作面	0
			一侧采空	1
			两侧采空	2
			三侧及以上采空	3
4	W_{m4}	工作面实际倾向长度 L_m/m	≥300	0
			150~<300	1
			100~<150	2
			<100	3
5	W_{m5}	区段煤柱净宽度 z_d/m	≤3 或≥50	0
			3<~6	1
			6<~10	2
			10<~<50	3
6	W_{m6}	留底煤厚度 t_d/m	0	0
			0<~1	1
			1<~2	2
			>2	3
7	W_{m7}	向采空区掘进的巷道,掘进迎头接近采空区的距离 L_{je}/m	≥150	0
			100~<150	1
			50~<100	2
			<50	3

续表

序号	影响因素	因素说明	因素分类	评估指数
8	W_{m8}	向采空区推进的工作面，工作面接近采空区的距离 L_{mc}/m	≥300	0
			200~<300	1
			100~<200	2
			<100	3
9	W_{m9}	向落差大于 3m 的断层推进的工作面或巷道，接近断层的距离 L_d/m	≥100	0
			50~<100	1
			20~<50	2
			<20	3
10	W_{m10}	向煤层倾角剧烈变化（>15°）的皱曲推进的工作面或巷道，接近皱曲的距离 L_z/m	≥50	0
			20~<50	1
			10~<20	2
			<10	3
11	W_{m11}	向煤层侵蚀、合层或厚度变化部分推进的工作面或巷道，接近煤层变化部分的距离 L_b/m	≥50	0
			20~<50	1
			10~<20	2
			<10	3

3. 综合指数法评价标准

根据冲击地压危险性综合指数，将冲击地压的危险性分为四个危险等级，分别为无冲击地压危险、弱冲击地压危险、中等冲击地压危险、强冲击地压危险，如表 4-3 所示。

表 4-3　综合指数的冲击地压危险等级划分标准

危险等级	无冲击地压危险	弱冲击地压危险	中等冲击地压危险	强冲击地压危险
综合指数 W_t	≤0.25	0.25<~0.5	0.5<~0.75	>0.75

4.2.2　综合指数法评价流程

采用综合指数法进行冲击地压危险性的具体评价流程如下。

（1）根据式（4-1）和表 4-1 确定地质条件影响因素的综合指数，地质条件冲击地压危险指数取值说明如下。

① W_{g1}　同一水平煤层发生冲击地压的历史次数是指经过认定的冲击地压事件次数。

② W_{g2}　开采深度按评价区域内煤层开采深度最大值进行计算。

③ W_{g3}　厚岩层指单层厚度大于 10 m 的岩层；坚硬岩层指自然含水率条件下单轴抗压强度大于 60 MPa 的岩层。实体煤掘进巷道不考虑此项，沿空掘进巷道、回采工作面需考虑此项。

④ W_{g4}　煤层上方 100m 范围顶板岩层厚度特征参数确定方法：

$$L_{st} = \sum h_i r_i \tag{4-4}$$

式中，L_{st} 为顶板岩层厚度特征参数；h_i 为顶板 100 m 范围内第 i 种岩层的总厚度；r_i 为第 i 种岩层的弱面递减系数比。

若定义砂岩的强度比和弱面递减系数比为 1.00，则煤系地层各岩层的强度比和弱面递减系数比如表 4-4 所示。

表 4-4　煤系地层各岩层的强度比和弱面递减系数比

岩层	砂岩	泥岩	页岩	煤	采空区冒矸
强度比	1.00	0.82	0.58	0.34	0.20
弱面递减系数比	1.00	0.62	0.29	0.31	0.04

若评价区域内地层柱状图范围小于 100 m 时，计算后折算到 100 m。评价区域内多个地层柱状图可供选择时，分别计算各个钻孔的顶板岩层厚度特征参数，取其中最大值。实体煤掘进巷道不考虑此项，沿空掘进巷道、回采工作面需考虑此项。

⑤ W_{g5}　开采区域内构造引起的应力增量与正常应力值之比按下列方法计算。

方法一：如果该区域有实测地应力数据，当该区域应力场为构造应力场（即最大主应力为水平应力）时，$\xi = \dfrac{\sigma_{h,max} - \sigma_h}{\sigma_h}$。其中：$\sigma_{h,max}$ 为水平应力最大值（或近水平最大应力分量）；σ_h 为正常水平应力（一般正常水平应力是垂直应力的 1.3 倍，即 $\sigma_h = 1.3\sigma_v$，σ_v 为垂直应力）。例如，实测地应力最大水平应力为 15 MPa，自重应力为 10 MPa，则 $\xi = \dfrac{\sigma_{h,max} - \sigma_h}{\sigma_h} = \dfrac{15\ MPa - 10\ MPa \times 1.3}{10\ MPa \times 1.3} = 15.38\%$，即取值 1。

方法二：若无实测地应力数据，则需要根据评价区域地质构造的发育（主要为断裂构造与褶皱构造）情况进行推测估算。如根据断层落差，断层落差大于 20 m 时取值 3，落差为 10~20 m 时取值 2，落差为 3~10 m 时取值 1。其他煤层倾角变化、合层等也可根据地质变化程度估算相应指数。

⑥ W_{g6}　以评价区域"煤层冲击倾向性鉴定报告"中的单轴抗压强度为准。

⑦ W_{g7}　以评价区域"煤层冲击倾向性鉴定报告"中的弹性能量指数为准。

（2）根据式（4-2）和表 4-2 确定开采技术条件影响因素的综合指数，开采技术条件冲击地压危险指数取值说明如下。

① W_{m1}　当评价区域处于有效卸压范围、有效卸压期限内时，保护层卸压程度为"好"；处于有效卸压范围，但是超出有效卸压时间时，保护层卸压程度为"中等"；不处于保护层卸压有效范围内，保护层卸压程度为"一般"；保护层开采时遗留承载煤柱，且该煤柱平面投影处于评价区域内，保护层卸压程度为"很差"。无保护层开采时，不考虑此项。

② W_{m2}　指评价区域边界距上保护层开采遗留承载煤柱的水平距离。无保护层开采时，不考虑此项。

③ W_{m3}　指相邻矿井采空区、本矿井相邻采区（带区、盘区）对工作面的影响，若煤柱宽度隔离采空区影响（煤柱宽度一般大于 50 m），则按实体煤工作面考虑；若煤柱宽度不足以隔离采空区影响，则需要作为相邻采空区考虑。

④ W_{m4}　指工作面实际倾向长度,评价区域内工作面倾向长度发生变化时,以最小长度进行计算。掘进工作面,不考虑此项。

⑤ W_{m5}　指区段煤柱净宽度。

⑥ W_{m6}　指工作面两巷设计(或实际)底煤的厚度,如倾斜煤层的三角底煤、厚煤层沿顶板掘进时留底煤、过构造区域、煤层厚度变化区域的底煤厚度。不留底煤评价指数取 0。

⑦ W_{m7}　以停掘位置巷道中线的延长线至采空区边界的垂直距离计算。

⑧ W_{m8}　以停采线距离采空区边界最小垂直距离计算。

⑨ W_{m9}　以掘进巷道迎头线或工作面至断层面的最小垂直距离计算,巷道或工作面穿过断层时,距离为 0。

⑩ W_{m10}　以掘进巷道迎头或工作面至褶曲的轴迹线的最小垂直距离计算。

⑪ W_{m11}　以掘进巷道迎头或工作面至煤层的合并线、分叉线、侵蚀线、煤层厚度变异系数高于 50% 区域的最小垂直距离计算。掘进巷道或工作面需要穿过以上区域时,距离为 0。

(3) 根据式(4-3)计算冲击地压危险性等级评定的综合指数 W_t,结合表 4-3 确定待评价区域的冲击地压危险等级。

综合指数法是一种整体的、宏观的评价方法。煤层、采区、采掘工作面经综合指数法评价具有冲击地压危险后,还需对不同开采地段的冲击地压危险程度进行详细划分,一般采用多因素耦合分析法。多因素耦合分析法就是分析多个冲击地压影响因素的叠加影响作用,详细确定不同开采地段所具有的不同冲击地压危险等级,用于指导冲击地压危险预测、监测和防治工作。

影响冲击地压危险的因素包括:落差大于 3 m、小于 10 m 的断层区域,煤层倾角剧烈变化(大于 15°)的褶曲区域,煤层侵蚀、合层或厚度变化区域,顶底板岩性变化区域,上保护层开采遗留的煤柱下方区域,落差大于 10 m 的断层或断层群区域,向采空区推进的工作面在接近采空区区域,刀把形等不规则工作面或多个工作面的开切眼及停采线不对齐等区域,巷道交叉区域,沿空巷道煤柱区域,工作面超前支承压力影响区域,老顶初次来压区域,工作面采空区见方区域,留底煤的影响区域及采掘扰动区域等。表4-5为多因素叠加分析法预测判别表。

表 4-5　多因素叠加分析法预测判别表

序号	影响因素	因素说明	区域划分	冲击地压危险等级
1	W_1	落差大于 3 m、小于 10 m 的断层区域	前后 20 m 范围	强
			前后 20~50 m 范围	中等
2	W_2	煤层倾角剧烈变化(>15°)的褶曲区域	前后 10 m 范围	中等
3	W_3	煤层侵蚀、合层或厚度变化区域	前后 10 m 范围	强
			前后 10~20 m 范围	中等
4	W_4	顶底板岩性变化区域	前后 50 m 范围	强
			前后 50~100 m 范围	中等

续表

序号	影响因素	因素说明	区域划分	冲击地压危险等级
5	W_5	上保护层开采遗留的煤柱下方区域	煤柱下方及距煤柱水平距离 30 m 范围	强
			距煤柱水平距离 30~60 m 范围	中等
6	W_6	落差大于 10 m 的断层或断层群区域	距离断层 30 m 范围	强
			距离断层 30~50 m 范围	中等
7	W_7	向采空区推进的工作面在接近采空区区域	接近采空区 50 m 范围内	强
			接近采空区 50~100 m 范围内	中等
			接近采空区 100~200 m 范围内	弱
8	W_8	刀把形等不规则工作面或多个工作面的开切眼及停采线不对齐等区域	拐角煤柱前后 20 m 范围	强
9	W_9	巷道交叉区域	四角交叉前后 20 m 范围	强
			三角交叉前后 20 m 范围	中等
10	W_{10}	沿空巷道煤柱区域	区段煤柱宽 6~10 m 时	中等
			区段煤柱宽 10~30 m 时	强
			区段煤柱宽 30~50 m 时	中等
11	W_{11}	工作面超前支承压力影响区域	工作面煤壁超前 0~50 m 范围	强
			工作面煤壁超前 50~100 m 范围	中等
			工作面煤壁超前 100~150 m 范围	弱
12	W_{12}	老顶初次来压区域	前后 20 m 范围	中等
13	W_{13}	工作面采空区见方区域	单工作面初次见方前后 50 m 范围	强
			多工作面初次见方前后 50 m 范围	强
			单或多工作面周期见方前后 20 m 范围	中等
14	W_{14}	留底煤的影响区域	底煤厚度 0~1 m 范围	弱
			底煤厚度 1~2 m 范围	中等
			底煤厚度大于 2 m 范围	强

续表

序号	影响因素	因素说明	区域划分	冲击地压危险等级
15	W_{15}	采掘扰动区域	—	强

说明：1. 该表主要适用于工作面回采和巷道掘进期间；对于矿井和采区等大区域冲击地压危险区域划分时，划分参数应根据实际情况进行扩大。

　　　2. 经综合指数法评价为无冲击地压危险的采区、工作面或巷道，不需要进行分区分级划分。

　　　3. 经综合指数法评价具有冲击地压危险的采区、工作面或巷道，需要进行分区分级划分。

　　　4. 多个强等级叠加或强等级与其他等级叠加时，定为强等级。

　　　5. 1个"中等"等级与1个或多个"弱"等级叠加时，定为"中等"等级。

　　　6. 2个及以上"中等"等级叠加时，定为"强"等级。

　　　7. 2个及以上"弱"等级叠加时，定为"弱"或"中等"等级。

　　多因素耦合分析法的危险等级分为无冲击地压危险、弱冲击地压危险、中等冲击地压危险和强冲击地压危险。当不同区域的最终危险等级确定后，采用不同图例和颜色标定在采掘工程平面图上。对应不同区域的最终危险等级，可以采取不同的防治措施。

4.2.3　综合指数法评价案例

　　某矿曾发生过2次冲击地压，该矿−700 m南翼综采放顶煤工作面掘进巷道布置如图4-2所示，工作面东侧为E1−S1综采放顶煤工作面采空区，区段煤柱宽度大于50 m，其余区域为实体煤。工作面为单煤层开采，无保护层开采，回风巷平均采深754 m，进风巷平均采深777 m。煤层顶板存在坚硬厚砂岩层距煤层距离25 m。经计算煤层顶板厚度特征参数为96。由于断层等构造存在，导致工作面掘进过程中局部存在厚度小于1 m的底煤。工作面无倾角剧烈变化的向斜或背斜区域。工作面切眼局部存在无煤区，此区域煤层厚度将发生变化，掘进巷道接近煤层厚度变化区域的距离约为30 m。该矿煤层单轴抗压强度为9.58 MPa，弹性能量指数为2.81。

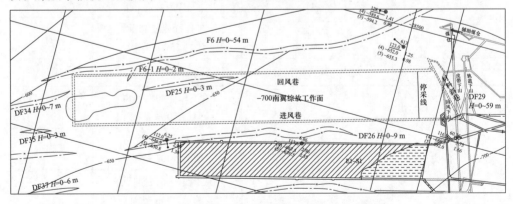

图4-2　−700 m南翼综采放顶煤工作面工程平面图

　　采用综合指数法和多因素耦合分析法，根据地质条件和开采技术条件对该工作面进行冲击地压危险性评价和冲击危险区域划分。

1. 地质条件影响的冲击地压因素及指数

（1）同一水平煤层发生冲击地压次数 W_{g1}

该矿发生过 2 次冲击地压。根据地质条件影响因素及评估指数表取 $W_{g1}=2$。

（2）开采深度 W_{g2}

该工作面开采深度为 754～777 m。根据地质条件影响因素及评估指数表取 $W_{g2}=2$。

（3）上覆裂隙带内坚硬厚层岩层距煤层的距离 W_{g3}

该工作面煤层上方 100 m 内存在坚硬厚砂岩层，距煤层 25 m。但区段煤柱宽度大于 50 m，按实体煤掘进巷道不考虑此项。

（4）煤层上方 100 m 范围顶板岩层厚度特征参数 W_{g4}

该工作面煤层顶板厚度特征参数值 $L_{st}=96$。但区段煤柱宽度大于 50 m，按实体煤掘进巷道不考虑此项。

（5）开采区域内构造引起的应力增量与正常应力值之比 W_{g5}

该工作面掘进过程揭露断层最大落差为 3 m。根据地质条件影响因素及评估指数表取 $W_{g5}=1$。

（6）煤的单轴抗压强度 W_{g6}

该工作面煤层单轴抗压强度为 9.58 MPa。根据地质条件影响因素及评估指数表取 $W_{g6}=0$。

（7）煤的弹性能量指数 W_{g7}

该工作面煤层弹性能量指数为 2.81。根据地质条件影响因素及评估指数表取 $W_{g7}=1$。

综上，地质条件影响的该工作面冲击地压危险等级指数为 $W_{t1}=\sum\dfrac{W_{gi}}{W_{mgi}}=\dfrac{6}{15}=0.40$。

2. 开采技术条件影响的冲击地压危险状态的因素及指数

（1）保护层的卸压程度 W_{m1}

该矿为单煤层开采，不存在保护层开采，因此不考虑此项。

（2）工作面距上保护层开采遗留煤柱的水平距离 W_{m2}

该矿为单煤层开采，不存在保护层开采，因此不考虑此项。

（3）工作面与邻近采空区的关系 W_{m3}

根据采掘布置关系，该工作面周边一侧采空，但煤柱宽度大于 50 m 隔离采空区影响，按实体煤工作面考虑，根据开采技术条件影响因素及评估指数表取 $W_{m3}=0$。

（4）工作面倾向长度 W_{m4}

掘进工作面不涉及此项，因此不考虑此项。

（5）区段煤柱宽度 W_{m5}

该工作面与 E1-S1 工作面之间煤柱宽度大于 50 m。根据开采技术条件影响因素及评估指数表取 $W_{m5}=0$。

（6）留底煤厚度 W_{m6}

该工作面局部区域留有底煤，底煤厚度小于 1 m。根据开采技术条件影响因素及评估指数表取 $W_{m6}=1$。

（7）向采空区影响掘进的巷道，掘进迎头距采空区的距离 W_{m7}

该工作面不存在向采空区掘进。根据开采技术条件影响因素及评估指数表取 $W_{m7}=0$。

（8）向采空区推进的工作面，工作面接近采空区的距离 W_{m8}

掘进工作面不涉及此项，因此不考虑此项。

（9）向落差大于 3 m 的断层推进的工作面或巷道，接近断层的距离 W_{m9}

该工作面附近存在落差大于 3 m 的断层，工作面掘进过程将穿过落差大于 3 m 的断层。根据开采技术条件影响因素及评估指数表取 $W_{m9}=3$。

（10）向煤层倾角剧烈变化的褶曲推进的工作面或巷道，接近褶曲的距离 W_{m10}

该工作面无倾角剧烈变化的向斜或背斜。根据开采技术条件影响因素及评估指数表取 $W_{m10}=0$。

（11）向煤层侵蚀、合层或厚度变化部分推进的工作面或巷道，接近煤层变化部分的距离 W_{m11}

该工作面局部存在向煤层厚度变化区域掘进，掘进巷道接近煤层变化部分区域的距离约为 30 m。根据开采技术条件影响因素及评估指数表取 $W_{m11}=1$。

综上，开采技术条件影响的该工作面冲击地压危险等级指数为 $W_{t2}=\sum\dfrac{W_{mi}}{W_{mmi}}=\dfrac{5}{21}=0.24$。

3. 计算冲击地压危险性等级评定的综合指数 W_t，确定待评价区域的冲击地压危险等级

综合以上地质条件和开采技术条件对该工作面的冲击地压危险状态等级评定，可得出综合指数 $W_t=\max\{W_{t1},W_{t2}\}=\max\{0.40,0.24\}=0.40$。

因此，-700 m 南翼综采放顶煤工作面掘进期间具有弱冲击地压危险性。

4. 多因素耦合分析

（1）回风巷掘进期间冲击地压危险区域划分

回风巷掘进期间冲击地压影响因素主要考虑断层和巷道交叉。

① 断层的影响。工作面掘进至断层附近时，会造成煤岩局部应力集中，增强了冲击地压危险性。因此，根据多因素耦合分析法，将落差大于 3 m、小于 10 m 的断层区域前后 20 m 范围划分为强冲击地压危险；前后 20~50 m 范围划分为中等冲击地压危险。将落差大于 10 m 的断层区域前后 30 m 范围划分为强冲击地压危险；前后 30~50 m 范围划分为中等冲击地压危险。

② 巷道交叉影响。回风巷与材料斜巷相连，形成巷道交叉（三角交叉），巷道交叉区域易形成应力集中，掘进该区域时增强了冲击地压危险性。因此，根据多因素耦合分析法，将三角交叉前后 20 m 范围划分为中等冲击地压危险。

（2）进风巷掘进期间冲击地压危险区域划分

进风巷掘进期间冲击地压影响因素主要考虑断层、巷道交叉和 E1-S1 工作面开切眼。

① 断层的影响。工作面掘进至断层附近时，会造成煤岩局部应力集中，增强了冲击地压危险性。因此，根据多因素耦合分析法，将落差大于 3 m、小于 10 m 的断层区域前后 20 m 范围划分为强冲击地压危险；前后 20~50 m 范围划分为中等冲击地压危险。

② 巷道交叉影响。进风巷在开始掘进段与皮带下山和回风下山形成巷道交叉(四角交叉),此区域易形成应力集中,掘进该区域时增强了冲击地压危险性。因此,根据多因素耦合分析法,将四角交叉前后 20 m 范围划分为强冲击地压危险。

③ E1-S1 工作面开切眼影响。当进风巷掘进至 E1-S1 工作面开切眼附近时,由于两工作面开切眼没有对齐,在 E1-S1 工作面开切眼区域将形成应力集中,增强了冲击地压危险。因此,根据多因素耦合分析法,将拐角煤柱前后 20 m 范围划分为强冲击地压危险。

(3)开切眼冲击地压危险区域划分

开切眼掘进期间冲击地压影响因素主要考虑断层和煤层厚度变化。

① 断层影响。开切眼掘进至断层附近时,会造成煤岩局部应力集中,增强了冲击地压危险性。因此,根据多因素耦合分析法,将落差大于 3 m、小于 10 m 的断层区域前后 20 m 范围划分为强冲击地压危险;前后 20~50 m 范围划分为中等冲击地压危险。

② 煤层厚度变化影响。开切眼掘进过程存在局部煤层厚度变化区域,在煤层尖灭处可形成应力集中,增强了冲击地压危险。因此,根据多因素耦合分析法,将煤层厚度变化区域前后 10 m 范围划分为强冲击地压危险;前后 10~20 m 范围划分为中等冲击地压危险。

综合以上分析,-700 m 南翼综采放顶煤工作面掘进期间冲击地压危险区域划分如图 4-3 所示。

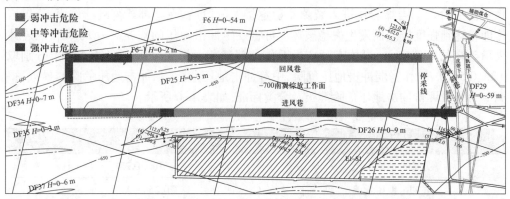

图 4-3　-700 m 南翼综采放顶煤工作面掘进期间冲击地压危险区域划分示意图

综合指数法是一种宏观评价方法,可适用于矿井、煤层、采区、采掘工作面及煤层硐室的冲击地压危险性评价。本案例仅给出了工作面巷道掘进期间的冲击危险性评,对于不同评价对象,综合指数法中的影响因素及指数标准应该根据具体评价对象的实际工程条件进行优化选取。

4.3　应力指数法 ⟫⟫⟫

应力指数法是通过分析待评估采掘区域煤体实际应力与发生冲击地压的临界应力比值的大小,进而判断不同开采地段冲击地压危险程度的评价方法。应用应力指数法评价冲击地压危险性的前提是计算待评估采掘区域巷道发生冲击地压的实际应力和临界应力。

4.3.1　应力指数

式(3-11)给出了考虑支护应力条件下,圆形巷道发生冲击地压的临界应力计算公式。当煤岩体实际应力达到临界应力时,煤岩系统处于非稳定平衡状态,在受到外界扰动下,易发生冲击地压。因此,可将待评价区域的煤体实际应力与临界应力的比值定义为应力指数,用来评价采掘工作面冲击地压危险性,应力指数表达式为

$$W_{\text{P}} = \frac{P}{P_{\text{cr}}} = \frac{P}{\left(1.63 + 22.09 \times 0.80^{\sigma_{\text{c}}}\right) \sigma_{\text{c}} \left(0.5 + \dfrac{0.5}{K_{\text{E}}}\right) \left(1 + \dfrac{4p_{\text{s}}}{\sigma_{\text{c}}}\right)} \tag{4-5}$$

式中,W_{P} 为应力指数;P 为待评价区域的煤体实际应力,MPa;P_{cr} 为理论计算得到的发生冲击地压的临界应力,MPa;σ_{c} 为煤体单轴抗压强度,MPa;K_{E} 为煤体冲击能量指数;p_{s} 为巷道支护应力,MPa。

由式(4-5)可以看出,煤体实际应力越大,应力指数越大,发生冲击地压的危险性越大。发生冲击地压的临界应力越大,应力指数越小,发生冲击地压的危险性越小。

4.3.2　应力指数法评价标准

根据煤岩体压缩破坏过程应力-应变曲线特征,当外部载荷达到煤岩体峰值应力的25%、50%和75%左右时,煤岩体开始进入裂隙缓慢扩展及裂隙稳定扩展和裂隙非稳定扩展阶段。当煤岩体进入裂隙非稳定扩展阶段后,在外部载荷继续作用下,煤岩体即将达到强度极限而发生失稳破坏。可将发生冲击地压的临界应力 P_{cr} 看作煤岩体失稳破坏的峰值应力,煤体实际应力看作外部载荷。由此,可将应力指数 W_{P} 分别取0.25、0.50、0.75,作为弱冲击地压危险、中等冲击地压危险、强冲击地压危险的界限,得到应力指数评价冲击地压危险等级及分类标准,如表4-6所示。

表4-6　应力指数评价冲击地压危险等级及分类标准

冲击地压危险等级	应力指数 W_{P}
无冲击地压危险	$0 < \sim 0.25$
弱冲击地压危险	$0.25 < \sim 0.50$
中等冲击地压危险	$0.50 < \sim 0.75$
强冲击地压危险	$\geqslant 0.75$

4.3.3　煤体实际应力估算

对于煤层、采区等区域冲击地压危险性评价,首先依据地应力测试结果,根据煤层或采区的地质条件,考虑断层、褶曲、煤层厚度变化、采空区分布等进行地应力反演,得出煤层或采区的煤体应力作为实际应力。对于采掘工作面冲击地压危险性评价,实际应力应在地应力测试的基础上考虑邻近煤层遗留煤柱、临近采空区、区段煤柱、巷道交叉影响等开采条件引起的应力增量,按照应力叠加原则只取各个因素引起的应力增量与地应力之和计算某一点的实际应力。

待评价区域巷道支护应力 $p_{\text{s}} = F/S$,其中 F 为按照巷道设计支护参数与支护形式,取计算面积内各个支护构件支护阻力之和;S 为所取的计算支护面积。

4.3.4 冲击地压临界应力修正

式(3-11)是通过力学过程推导得到的圆形巷道发生冲击地压的临界应力理论计算公式。但由于现场冲击地压的发生与否同时受到地质条件、开采技术条件、巷道几何形状及应力环境等影响而具有复杂性,因此需要对发生冲击地压的临界应力理论公式进行修正。

对于已经发生过冲击地压的矿井或煤层,根据历次冲击地压发生的情况,包括冲击地压发生的位置、地质及开采条件、应力集中程度等,按照应力叠加法初步估算各次冲击地压发生的近似实际应力,利用式(4-5)计算出发生冲击地压时对应的应力指数作为冲击地压发生临界应力的修正系数 η。若待评价区域的煤层未发生过冲击地压,可采用工程类比法确定临界应力修正系数 η。

修正后的应力指数表达式为

$$W_P = \frac{P}{\eta P_{cr}} = \frac{P}{\eta(1.63+22.09\times0.80^{\sigma_c})\sigma_c\left(0.5+\dfrac{0.5}{K_E}\right)\left(1+\dfrac{4p_s}{\sigma_c}\right)} \tag{4-6}$$

式中, $\eta = P'/P_{cr}$, P' 为待评价区域煤层已发生冲击地压的近似实际应力,MPa。

4.3.5 应力指数法评价流程及案例

采用应力指数法进行冲击地压危险性评价的具体流程如下:

(1)按照国家标准 GB/T 25217.2—2010 在实验室内测试煤体单轴抗压强度和冲击能量指数。

(2)依据待评价区域巷道支护形式与支护参数计算支护应力。

(3)计算发生冲击地压临界应力的修正系数 η。

(4)估算待评价区域的煤体实际应力。

(5)按照式(4-6)计算待评价区域的应力指数。

(6)将待评价区域的应力指数与冲击地压危险等级及分类标准进行对照,确定待评价区域的冲击地压危险等级。

某矿 305 工作面为掘进工作面,工作面及周边位置情况如图 4-4 所示,工作面西侧为 303 工作面(已掘待回采),其余方向均为实体煤区域。305 工作面进风巷长2310 m,回风巷长 2110 m,开切眼长 250 m。煤层平均厚度 7 m,煤层平均倾角 10°,工作面平均埋深 1050 m。巷道断面为矩形断面,宽度为 5.4 m,高度为 3.5 m。巷道采用锚杆+锚索+金属网支护,支护参数如表 4-7 所示。根据该矿煤层冲击倾向性鉴定结果,煤样单轴抗压强度为 10.17 MPa,冲击能量指数为 0.84。

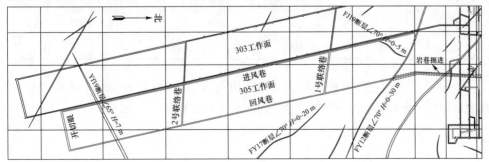

图 4-4 305 工作面工程平面图

表 4-7 305 工作面巷道支护参数

表 4-7 305 工作面巷道支护参数

支护材料	排距/m	间距/m	单位长度内数量	支护力/kN
锚杆	1	0.8	7	180
锚索	1	2.0	3	450

采用应力指数法对 305 工作面进风巷、回风巷及开切眼掘进过程中的冲击危险性进行评价,具体步骤如下:

(1)取煤层的单轴抗压强度为 10.17 MPa,冲击能量指数为 0.84。

(2)按照巷道支护参数计算支护应力。取巷道单位走向长度计算,则计算范围内有 7 根锚杆、3 根锚索,由此计算支护应力为

$$p_\mathrm{s} = \frac{7 \times 180\ \mathrm{kN} + 3 \times 450\ \mathrm{kN}}{1\ \mathrm{m} \times 5.4\ \mathrm{m}} = 0.48\ \mathrm{MPa}$$

(3)该矿历次冲击地压发生情况如表 4-8 所示。取与 305 工作面地质与开采条件相似的 303 工作面掘进时发生冲击地压的近似实际应力,计算临界应力修正系数,$\eta = P'/P_\mathrm{cr} = 0.72$。

表 4-8 该矿历次冲击地压发生情况

发生位置	埋深/m	自重应力/MPa	应力集中系数 K	近似实际应力/MPa
采区上下山及联络巷	870	21.75	受巷道群、断层影响取 1.4	28.28
301 工作面超前影响范围	940	23.63	超前支承压力影响取 1.5	35.45
303 工作面实体煤掘进巷道	1070	26.75	双掘进工作面支承压力取 1.4	37.45

(4)以 305 工作面回风巷为例进行煤体实际应力估算。根据 305 工作面实际地质情况,回风巷的煤体应力主要包括上覆岩层自重应力和断层产生的构造应力。回风巷长 2110 m,平均埋深 H 为 1050 m,煤层上覆岩层容重 γ 取 25 kN/m³,则 305 工作面回风巷掘进期间自重应力为 $\sigma_\mathrm{z} = \gamma \times H = 26.25\ \mathrm{MPa}$。

305 工作面回风巷主要断层及具体参数如表 4-9 所示。

表 4-9 305 工作面回风巷主要断层及具体系数

断层名称	倾角/(°)	落差/m	距开切眼距离/m	应力集中系数 K	单侧影响范围/m
Yf19	65	7	310	1.3	100
FY17	70	0~20	1575	1.4	100
FY12	70	0~30	2110	1.4	100

对于断层构造处,煤岩体应力以构造应力为主,在断层附近形成应力升高区。将断层两侧应力分布近似为等腰三角形分布,如图 4-5 所示。

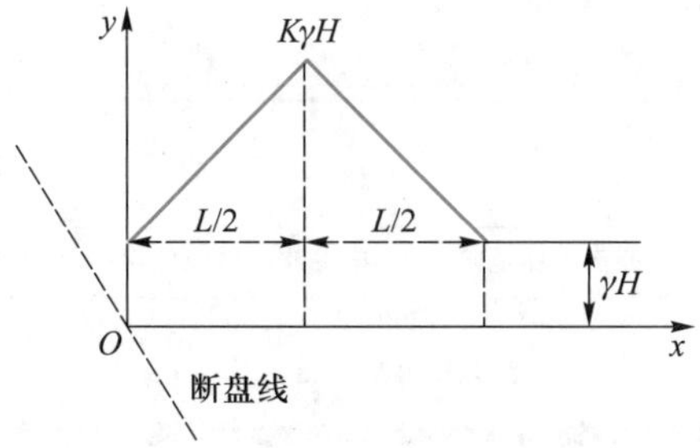

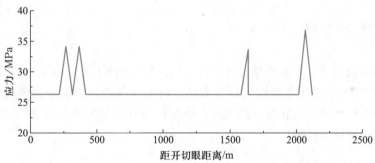

图 4-5 断层上(下)盘应力分布状态

断层上(下)盘附近应力可用下列分段函数表示。

$$
P_y = \begin{cases}
\dfrac{2(K-1)\gamma H}{L}x + \gamma H & 0 \leqslant x \leqslant L/2 \\[2mm]
\dfrac{2(1-K)\gamma K}{L}x + (2K-1)\gamma H & L/2 \leqslant x \leqslant L \\[2mm]
\gamma H & x \geqslant L
\end{cases} \tag{4-7}
$$

式中,P_y 为断层上(下)盘附近的应力;K 为应力集中系数;γ 为岩层容重,kN/m^3;H 为埋深,m;L 为应力峰值点距离断层面的距离,m。

在考虑上覆岩层自重应力和断层构造应力基础上,计算得到 305 工作面回风巷煤层实际应力分布,如图 4-6 所示。同理,也可以计算进风巷和开切眼煤层实际应力分布。

图 4-6 305 工作面回风巷应力分布

(5)由式(4-6)并结合步骤(4)得到的回风巷煤体实际应力分布,可以计算回风巷应力指数分布。同理,可以得到进风巷和开切眼的应力指数分布。

(6)将进风巷、回风巷和开切眼的临界应力指数与表 4-6 给出的冲击地压危险等级及分类标准进行对照,确定各区域的冲击地压危险等级,将不同冲击地压危险区域绘制在 305 工作面采掘工程平面图上,得到基于应力指数法的 305 工作面冲击地压危险性评价结果,如图 4-7 所示。

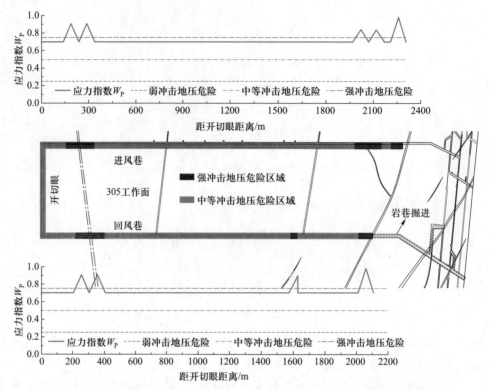

图 4-7　基于应力指数法的 305 工作面冲击地压危险性评价结果

4.4　可能性指数法　≫≫≫

可能性指数法是一种基于综合考虑冲击地压发生的外因(采动应力)和内因(煤体冲击倾向性)的冲击地压危险程度评价方法。可能性指数法以模糊数学理论为基础,分别计算待评价区域应力状态和煤体冲击倾向性指数对发生冲击地压的隶属度,进而评价发生冲击地压的可能性。

4.4.1　可能性指数

应力状态对发生冲击地压的隶属度 U_{I_c} 为

$$U_{I_c} = \begin{cases} 0.5I_c & I_c \leqslant 1.0 \\ I_c - 0.5 & 1.0 < I_c \leqslant 1.5 \\ 1.0 & I_c > 1.5 \end{cases} \quad (4-8)$$

式中,$I_c = \sigma_d / \sigma_c$,$\sigma_d = K\gamma H$;$\sigma_d$ 为采动应力,MPa;K 为应力集中系数;γ 为岩层容重,kN/m³;H 为埋深,m;σ_c 为煤体单轴抗压强度,MPa。

煤体冲击倾向性指数对发生冲击地压的隶属度 $U_{W_{ET}}$ 为

$$U_{W_{ET}} = \begin{cases} 0.5W_{ET} & W_{ET} \leqslant 2.0 \\ 0.133W_{ET} + 0.333 & 2.0 < W_{ET} \leqslant 5.0 \\ 1.0 & W_{ET} > 5.0 \end{cases} \quad (4-9)$$

式中，W_{ET} 为煤体弹性能量指数。

综合以上两种隶属度，发生冲击地压的可能性指数 U 为

$$U = (U_{I_c} + U_{W_{ET}})/2 \tag{4-10}$$

4.4.2　可能性指数法评价标准

可能性指数 U 评价发生冲击地压的可能性分类标准如表 4-10 所示。

表 4-10　发生冲击地压的可能性指数分类标准

可能性指数 U	0<~< 0.6	0.6~< 0.8	0.8~< 0.9	0.9~1.0
发生冲击地压可能性	不可能	可能	很可能	能够

4.4.3　可能性指数法评价流程

采用可能性指数法评价发生冲击地压的可能性具体流程如下：

（1）估算采动应力场。

（2）测试煤体单轴抗压强度和弹性能量指数。在没有条件测试的情况下，可以根据类比法确定煤体单轴抗压强度和弹性能量指数。

（3）按式（4-8）和式（4-9）分别计算应力状态和冲击倾向性指数对发生冲击地压的隶属度。

（4）按式（4-10）计算发生冲击地压的可能性指数。

（5）根据发生冲击地压可能性指数分类标准判断待评价区域发生冲击地压的可能性。

4.4.4　可能性指数法评价案例

某工作面平均埋深 $H = 600$ m，岩层容重 $\gamma = 25$ kN/m³，采动应力集中系数 $K = 2$，煤层单轴抗压强度 $\sigma_c = 8$ MPa，弹性能量指数 $W_{ET} = 2$。

应用可能性指数法评价该工作面发生冲击地压的可能性，具体流程如下：

（1）该工作面采动应力为 $\sigma_d = K\gamma H = 30$ MPa。

（2）根据式（4-8）和式（4-9）可得 $I_c = 3.75$，$U_{I_c} = 1$，$U_{W_{ET}} = 0.6$。

（3）根据式（4-10）可得该工作面发生冲击地压的可能性指数 $U = 0.8$。

（4）根据表 4-10，可得该工作面发生冲击地压可能性评价的最终结果为很可能发生冲击地压。

思考与练习

习题 4-1　简述冲击地压危险性评价的流程及意义。

习题 4-2　简述冲击地压危险性评价方法。

习题 4-3　简述应力指数法评价流程。

习题 4-4　简述冲击倾向性和冲击地压危险性的区别和联系。

习题 4-5　多因素偶合分析法中，影响冲击地压危险的因素有哪些？

习题 4-6　某工作面平均埋深 $H = 900$ m，采动应力集中系数 $K = 1.4$，岩层容重 $\gamma = 25$ kN/m³，煤层单轴抗压强度 $\sigma_c = 10$ MPa，弹性能量指数 $W_{ET} = 4$，试用可能性指数法对该工作面发生冲击

地压的可能性进行评价。

现场真实问题思考

某矿 2301 回采工作面 3 号煤层未发生过冲击地压,工作面无保护层开采,工作面倾向长度为 170 m,最大埋深 851 m。煤层上方 16 m 处存在厚 27 m 的细砂岩(坚硬岩层)。工作面内存在两条断层,最大落差分别为 4 m 和 10 m。煤层单轴抗压强度为 6.74 MPa,弹性能量指数为 1.53。工作面地层综合柱状图如思考题图 4-1 所示。根据以上工况,仅考虑地质因素,采用综合指数法对 2301 回采工作面进行冲击地压危险性评价。

层号	柱状	层厚/m	岩石名称	岩 性 描 述
1	. . . .	6.20	中砂岩	浅灰色,中上部为浅灰色,下部为浅灰白色,泥钙质胶结,分选性中等
2	. . . .	3.10	粉砂岩	绿灰色,局部显紫灰色,致密,顶部含少量植物化石
3	. . . . .	1.70	细砂岩	灰色夹黑色炭泥质条纹,少含白云母碎片
4	. . . .	15.40	粉砂岩	深灰色,含植物化石碎片,局部为粗粉砂岩
5	− − − − − −	10.40	泥岩	上部深灰色,致密块状。中间 0.90 m 为杂色,含菱铁鲕粒,下部为灰色微显灰绿色,且含黏土质
6	. . . . .	1.70	细砂岩	灰色夹黑色炭泥质条纹,少含白云母碎片
7	− − − − − −	6.50	泥岩	以深灰色为主,间夹浅灰色,局部含黏土质,少含苛达树等化石
8	. . . .	15.00	细砂岩	灰色,上部粒度较细,下部中细粒,夹炭泥质条纹
9	. . . .	5.10	粉砂岩	深灰色,含植物化石碎片,局部为粗粉砂岩
10	. . . .	26.90	细砂岩	灰色,自上而下,粒度由细渐交为粗,含镜煤条纹及深灰色泥岩包体
11	. . . .	15.55	粉砂岩	上部以深灰色粉砂岩为主,夹浅灰色细砂岩薄层互层,下部以浅灰色细砂岩为主夹薄层粉砂岩互层
12		0.70 ~4.20	3 号煤层	黑色,粉沫状为主,夹少量块状硬质团块

思考题图 4-1　2301 工作面地层综合柱状图

第 5 章　>>>

冲击地压监测预警

学习目标

1. 了解冲击地压区域与局部监测方法、监测原理及监测预警体系。
2. 掌握各种区域与局部监测方法的测点布置原则,监测预警指标选取及临界预警值确定。

重点及难点

1. 区域与局部监测预警体系建立及各种监测方法的测点布置,监测预警指标选取及临界预警值确定。
2. 区域与局部监测数据统计分析,并依据分析结果进行冲击地压危险研判。

5.1　冲击地压监测预警体系　>>>

冲击地压灾害孕育-启动过程中往往伴随着煤岩变形系统顶板下沉、巷道收敛、钻屑量、支架阻力、煤岩变形破裂声信号、电信号、磁信号等响应量的变化。冲击地压监测预警就是通过科学的手段和方法,监测冲击地压孕育过程中的响应量,并与响应量临界预警值比较,判别采掘工作面冲击地压危险性。当判别无冲击地压危险时,采取安全防护后,可正常生产;当判别具有冲击地压危险时,根据冲击地压危险等级,采取相应解危措施,直至解危效果检验合格后(监测指标小于临界预警值),可正常生产。冲击地压监测预警体系如图 5-1 所示。

我国《防治煤矿冲击地压细则》第四十六条规定,冲击地压矿井必须建立区域与局部相结合的冲击地压危险性监测制度。区域监测指对大范围的区域应力水平和覆岩空间运动进行监测。区域监测应当覆盖矿井采掘区域,同时还能兼顾全矿井范围内其他具有诱发采空区塌陷、区域断层活化等破坏性动力灾害的区域。冲击地压区域监测一般可采用微震监测、震动波 CT 监测、地表沉降监测等。局部监测指对围岩应力水平和围岩破裂程度进行监测。局部监测应当覆盖冲击地压危险区域。冲击地压局部监测可采用钻屑法监测、采动应力监测、地音监测、电磁辐射监测和电荷感应监测等。

矿压观测作为一种常规的煤岩应力与围岩变形监测方法,主要监测巷道围岩和工作面顶板活动情况。常采用巷道表面位移观测、巷道顶板离层观测、锚杆锚索工作阻力监测等方法监测巷道两帮位移、顶板下沉、锚杆锚索受力情况,掌握巷道稳定状态。对于工作面顶板活动情况,通常采用工作面支架阻力监测顶板活动规律,掌握顶板垮落情况和来压强度。冲击地压矿井应充分利用矿压监测系统,与微震监测、采动应力监测等冲击地压常用的区域与局部监测方法相结合,提高冲击地压的监测准确度。

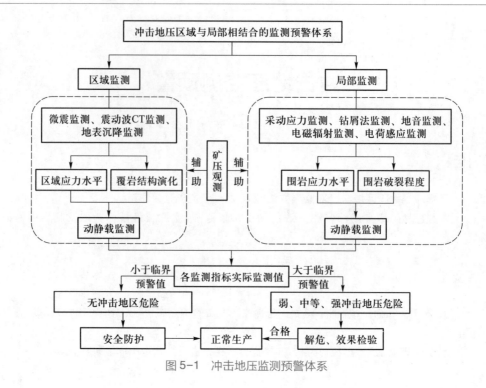

图 5-1 冲击地压监测预警体系

5.2 微震监测 》》》

5.2.1 微震监测原理

微震是煤岩体释放能量过程中造成的震动,其能量大于 100 J,频率为 0.1 ~ 150 Hz。微震监测是基于煤岩体受力破坏过程中破裂的声、能原理,利用微震监测仪器记录煤岩体破裂所产生的微震波形,并由此确定微震事件的发生时间、震源位置、震级及能量等基本参数,再结合开采情况、地质特征等信息,预测冲击地压危险性,指导冲击地压防治工作。

1. 微震波到时计算

微震波到时计算方法包括滑动平均值法、STA/LTA 法、分形法和小波方法等。目前,较为常用的为 STA/LTA 法。

STA/LTA 法是设计两个平均窗口向右滑动,如图 5-2 所示,前一个是短时窗,其平均值即短时平均值(short time average,STA),用来反映微震信号瞬时振幅的变化;后一个是长时窗,其平均值即长时平均值(long time average,LTA),用来反映震动噪声振幅的平均值。然后计算 STA 和 LTA 的比值 STA/LTA。当信号到达时,STA 要比 LTA 变化得快,相应的 STA/LTA 值会有一个明显的增加,当其比值大于设定的触发门限(THR)时,会由专门的微震信号判别系统来决定是否开始记录信号。

STA/LTA 法会连续跟踪震动噪声的振幅变化,并且会根据实际的震动噪声水平自动的调整矿震监测终端的灵敏度。

设微震信号为 y,$y(i)$ 为采样点 i 微震信号的幅值,若将记录的幅值 $y(i)$ 作为特征函数,短时窗包含的数据点数为 N_{STA}(采样点从 $n-N_{STA}$ 到 n),长时窗包含的数据点数为

图 5-2　微震信号初至时刻 STA/LTA 法识别分析

N_{LTA}（采样点从 $n-N_{\text{LTA}}-N_{\text{STA}}-1$ 到 $n-N_{\text{STA}}-1$），则时刻 n 的短时平均值定义为

$$\text{STA}(n) = \frac{\sum\limits_{i=n-N_{\text{STA}}}^{n} \text{CF}(i)}{N_{\text{STA}}} \tag{5-1}$$

时刻 n 的长时平均值定义为

$$\text{LTA}(n) = \frac{\sum\limits_{i=n-N_{\text{LTA}}-N_{\text{STA}}-1}^{n-N_{\text{STA}}-1} \text{CF}(i)}{N_{\text{LTA}}} \tag{5-2}$$

$\text{STA}(n)/\text{LTA}(n) \geqslant \text{THR}$ 时，采样点 n 为微震波初至点，微震波的初至时刻为 T_i。

一般情况下，可直接将记录的微震信号幅值作为特征函数进行计算，即 $\text{CF}(i) = |y(i)|$。但是，很多情况下这样的特征函数不能很好地突出微震信号幅度和频率的变化，识别效果不是很好，可以采用下面的特征函数：

$$\text{CF}(i) = y^2(i), \text{CF}(i) = |y(i)-y(i-1)|, \text{CF}(i) = y^2(i)-y(i-1)y(i+1)$$

以此来增强对微震信号振幅和频率变化识别的分辨率。

STA/LTA 法的标准计算公式为

$$\text{STA}(i) = \text{STA}(i-1) + \frac{\text{CF}(i)-\text{CF}(i-N_{\text{STA}})}{N_{\text{STA}}} \tag{5-3}$$

$$\text{LTA}(i) = \text{LTA}(i-1) + \frac{\text{CF}(i-N_{\text{STA}}-1)-\text{CF}(i-N_{\text{STA}}-N_{\text{LTA}}-1)}{N_{\text{LTA}}} \tag{5-4}$$

为了便于计算，采用了下面的递归 STA/LTA 法的计算公式为

$$\text{STA}(i) = \text{STA}(i-1) + \frac{\text{CF}(i)-\text{STA}(i-1)}{N_{\text{STA}}} \tag{5-5}$$

$$\text{LTA}(i) = \text{LTA}(i-1) + \frac{\text{CF}(i-N_{\text{STA}}-1)-\text{LTA}(i-1)}{N_{\text{LTA}}} \tag{5-6}$$

式（5-3）~式（5-6）中，$\text{STA}(i)$ 和 $\text{LTA}(i)$ 分别为采样点 i 的短时平均值和长时平均值；$\text{CF}(i)$ 为信号在采样点 i 的特征函数值。N_{STA} 和 N_{LTA} 分别为短时窗和长时窗所含的震动信号的采样点数。

2. 微震定位计算

微震震源位置通常采用不小于 4 个分站的多台定位算法。设微震震源点的矿区坐标为 (x_0, y_0, z_0)，发震时刻为 t_0，假定 P 波在煤岩体介质中以常速度 V_{P} 传播，则微震震源与第 i 个传感器之间的走时方程为

$$\left[(x_i-x_0)^2+(y_i-y_0)^2+(z_i-z_0)^2\right]^{\frac{1}{2}}-V_{\text{P}}(T_i-t_0) = 0 \tag{5-7}$$

展开为

$$(x_i-x_0)^2+(y_i-y_0)^2+(z_i-z_0)^2=-V_P^2\,(T_i-t_0)^2\,(i=1,2,\cdots,\,m) \tag{5-8}$$

式中，m 是接收到信号的传感器的个数；V_P 为 P 波速度；(x_i,y_i,z_i) 为第 i 个传感器的坐标值；T_i 为 P 波到达第 i 个传感器的时刻，即 P 波到时；这些都是已知量。而震源点坐标 (x_0,y_0,z_0) 和微震发震时刻 t_0 为未知数。若有 m 个微震传感器接收到微震信号，则可以列出 m 个二次非线性方程组。

用一般方法求解这个非线性方程组问题比较困难，如果用第 i 个测点的走时方程减去第 k 个测点的走时方程，得到

$$2(x_i-x_k)x_0+2(y_i-y_k)y_0+2(z_i-z_k)z_0-2V_P^2(T_i-T_k)t_0 \tag{5-9}$$
$$=x_i^2-x_k^2+y_i^2-y_k^2+z_i^2-z_k^2-V_P^2(T_i^2-T_k^2)\quad(i,k=1,2,\cdots,\,m)$$

这样就转化成为以 x_0,y_0,z_0,t_0 为未知数的线性方程。通过 i 和 k 的不同组合可以产生不同的线性方程，但其中只有 $m-1$ 个线性独立的方程。如果从所有的方程中选取一个包含 $m-1$ 个方程的特殊集合那么将有多种组合结果，随之产生多种不同的震源定位方式。由于不同特殊集合的选取会带来偏重于某个传感器的危险，从这个传感器接收到的错误信息会过分影响震源定位结果，所以，特殊集合的选取应以每个传感器贡献的信息均等为准则。式 (5-10) 给出一种这样的特殊集合。

$$2(x_i-x_{i-1})x_0+2(y_i-y_{i-1})y_0+2(z_i-z_{i-1})z_0-2V_P^2(T_i-T_{i-1})t_0 \tag{5-10}$$
$$=x_i^2-x_{i-1}^2+y_i^2-y_{i-1}^2+z_i^2-z_{i-1}^2-V_P^2(T_i^2-T_{i-1}^2)\,(i=2,3,\cdots,\,m)$$

式 (5-10) 以矩阵形式表示为

$$AX=B \tag{5-11}$$

式中，$X=[x_0,y_0,z_0,t_0]^T$ 为震源位置坐标及发震时刻，A、B 为矩阵系数。

3. 微震震级及能量计算

微震震级计算方法包括近震震级、矩震级、持续时间震级等计算方法。目前常用的为近震震级和持续时间震级计算。

（1）近震震级。

近震震级也称地方性震级。里克特在研究南加州浅源地方性地震时发现，若将一个地震在各不同距离的监测台站上所产生的地震记录的最大振幅 A 的对数 $\lg A$ 与相应的震中距 Δ 作图，则不同大小的地震所给出的 $\lg A-\Delta$ 关系曲线都相似，并且近似平行。

如图 5-3 所示，对于 A_0 与 A_1 两个地震，若设 $A_0(\Delta)$ 与 $A_1(\Delta)$ 分别是其产生的地震记录的最大振幅，则有 $\lg A_1(\Delta)-\lg A_0(\Delta)$ 的值是一个与 Δ 无关的常数。

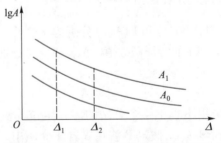

图 5-3　振幅对数与震中距的关系曲线

若取 A_0 为一标准地震即参考事件的最大振幅,则任一地震的近震震级 M_L 可以定义为

$$M_L = \lg A(\Delta) - \lg A_0(\Delta) \quad (\Delta \leqslant 600 \text{ km}) \tag{5-12}$$

式(5-12)中,$A(\Delta)$ 是任一地震的最大振幅,为了能有可比性,$A(\Delta)$ 和 $A_0(\Delta)$ 必须在同一距离用同样的地震仪测得。标准地震的选取原则上是任意的,但最好是能使一般的地震震级都是正值,因而 $A_0(\Delta)$ 不宜太大,里克特选取了零级地震。这样以微米为测量单位时,则在 $\Delta = 100$ km 处,因 $\lg A_0(\Delta) = 0$,所以 $M_L = \lg A(\Delta)$。于是,M_L 也可以定义为:用标准仪器在 $\Delta = 100$ km 处所测得的最大记录振幅(以微米计)的常用对数。但是,通常震中距都不是在 100 km 处,为此令 $R(\Delta) = -\lg A_0(\Delta)$,并称 $R(\Delta)$ 为起算函数或量规函数。起算函数的实质就是对地震波在传播中引起的幅值衰减补偿,它使同一事件在不同距离上计算的震级相同。据此给出近震震级 M_L 计算公式为

$$M_L = \lg(A_\mu) + R(\Delta) \tag{5-13}$$

式中,$A_\mu = [(A_N/V(T)_N + A_E/V(T)_E)]/2$,$\mu$m;$A_N$,$A_E$ 分别为南北向和东西向 S 波的最大振幅(峰-峰值振幅/2);$V(T)_N$ 和 $V(T)_E$ 分别为南北向和东西向相应周期的折合放大倍数,两水平向最大振幅不一定同时到达,振幅大于干扰水平 2 倍以上才予以测定。

李学政等通过理论计算和爆炸地震波实际测量两种方法,确定了近场 0~5 km 范围内的震级起算函数,目前冲击地压微震监测系统使用了该起算函数,如表5-1所示。

表5-1 近场起算函数

震中距/km	0.50	1.00	1.50	2.00	2.50	3.00	3.50	4.00	4.50	5.00
$R(\Delta)_1$	1.80	1.80	1.80	1.80	1.80	1.80	1.80	1.80	1.80	1.80
$R(\Delta)_2$	1.03	1.20	1.32	1.40	1.48	1.54	1.59	1.64	1.68	1.72
$R(\Delta)_3$	0.82	1.20	1.41	1.59	1.69	1.79	1.87	1.94	2.01	2.06
$R(\Delta)_4$	0.93	1.20	1.49	1.64	1.75	1.84	1.92	1.99	2.04	2.10
$R(\Delta)_5$	0.48	0.78	1.03	1.21	1.36	1.47	1.57	1.66	1.73	1.80

注:$R(\Delta)_1$ 为《数字地震观测技术》起算函数原值;$R(\Delta)_2$ 为《地震台站观测规范》起算函数;$R(\Delta)_3$ 为严尊国等起算函数(中国东部);$R(\Delta)_4$ 为严尊国等起算函数(中国西部);$R(\Delta)_5$ 为李学政起算函数。

(2) 持续时间震级。

Bisztricsan 于 1958 年提出利用地震波持续时间同地震震级的相关性来反映震源强度,便得到持续时间震级。经过实践证明,持续时间震级可表示为

$$M_D = a + b\lg t \tag{5-14}$$

式中,M_D 为持续时间震级;t 为震动持续时间,s;a,b 为常数。

选取 N 个微震,确定出它们的持续时间 t 和近震震级 $(M_L)_i$,$(i = 1, 2, \cdots, N)$,用 $(M_L)_i$ 代替式(5-14)中的 $(M_D)_i$,运用最小二乘法,确定出系数 a,b 的值,从而得到适合于该矿的持续时间震级公式。

(3) 震级与能量关系。

微震能量与震级成正比,微震能量与震级之间的关系式为

$$\lg E = a + bM_L \tag{5-15}$$

式中, E 为微震能量; M_L 为微震震级; a、b 为常数。

确定微震能量-震级的关系时,一般将微震监测系统得到的微震能量与当地地震台提供的各对应微震震级进行数据拟合。图 5-4 为某矿微震能量-震级之间的拟合关系。

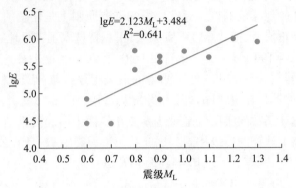

$$\lg E = 2.123 M_L + 3.484$$
$$R^2 = 0.641$$

图 5-4   某矿微震能量与震级之间的拟合关系

5.2.2   微震监测系统

冲击地压微震监测系统主要分为井下微震监测系统和井-地联合微震监测系统。常用的为井下微震监测系统,井下微震监测系统由微震传感器(检波器)、信号采集系统、数据传输系统、时间同步系统和数据分析系统等组成,用于监测、记录和分析微震事件。微震监测系统示意图如图 5-5 所示。

5-1 拓展阅读 井-地联合微震监测技术

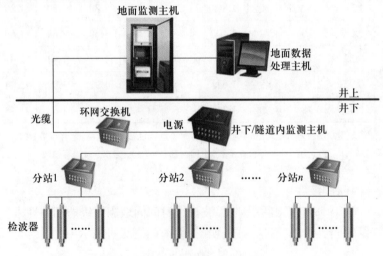

图 5-5   微震监测系统示意图

信号采集系统功能为采集和记录微震相关信息,包括微震波形和时间等相关信息;采样率不低于 500 Hz,能实现远程不间断运行;系统时间与标准时间偏差不大于 ± 8 ms。

数据传输系统功能为通过地面监控室计算机实现井下微震相关信息数据的远程、实时、动态和自动传输。

时间同步系统具备独立、统一授时模式,在时间上同步记录各微震传感器上的微震波形,各微震传感器时间同步精度小于 1 μs。

数据分析系统具有微震波形信号分析处理功能,可以对微震波形数据进行人机交互处理分析,能够以计算并保存微震事件发生的时间(准确到秒)、能量和震源的三维空间坐标(x,y,z)。震源平面定位误差不大于 ±20 m,垂直定位误差不大于 ±50 m。数据分析系统还具有对微震相关信息数据库进行查询、分析和显示等功能,可在矿井采掘工程平面图上自动显示微震事件。

5.2.3 微震监测系统布置方案

1. 监测范围

冲击地压微震监测设备及技术参数应能覆盖矿井采掘区域,尤其是评价具有冲击地压危险性的区域。

2. 微震传感器布置

微震传感器位置应考虑垂直方向的立体布置,应能满足立体空间范围和定位误差的要求,避开围岩破碎、构造发育、渗水、较强振动干扰、较强电磁干扰等区域,安装基础稳定可靠。对于单个工作面回采期间微震监测一般布置 4 个微震探头。

3. 微震监测台网布置原则

(1)微震传感器布置应对监测区域形成空间包围,避免成为一条直线或一个平面。

(2)既要对当前重点监测区域进行较好的监测,又要兼顾其他区域。

(3)微震传感器尽可能靠近重点监测区域,保证各监测区域附近至少有 6 个微震传感器可接收到震动信号。

(4)微震传感器尽可能避免较大断层及破碎带的影响,也要尽量远离大型机械和电气干扰。

(5)受限于煤层赋存实际条件,井下微震监测系统台网布置很难对监测区域形成立体包围时,需要采用井上下联合布置的方式进行监测。

5.2.4 冲击地压微震监测预警

1. 微震监测指标

微震频度和微震总能量为主要监测指标,微震能量最大值等为辅助监测指标。其中,微震频度指一定条件下,一段时期内,相同时间间距内微震发生次数的累加值。微震总能量指一定条件下,一段时期内,相同时间间距内的微震能量总和。微震能量最大值指一定条件下,一段时期内,相同时间间距内的微震能量最大值。

2. 微震监测指标临界预警值

参考临近相似条件的矿井和工作面,确定初始微震监测指标临界预警值;结合钻屑法监测、采动应力监测和矿压观测等监测结果,分析和优化微震预警指标临界值。

3. 冲击地压微震预警方法

冲击地压微震预警方法主要包括绝对值法和趋势法。其中,绝对值法是指当微震频度、微震总能量或微震能量最大值达到或超过临界预警值时进行预警的方法。趋势法是指当出现微震频度和微震总能量连续增大,微震频度和微震总能量发生异常变化,微震事件向局部区域积聚等情况时进行预警的方法。

5.2.5　微震监测案例分析

　　某矿 301 工作面采用微震监测作为冲击地压区域监测方法,设置的微震监测指标和临界预警值以及预警后现场处置方法如表 5-2 所示。2017 年 3 月 1 日 21 时 53 分,301 工作面回采至 219 m 时,进风巷发生一起冲击地压,此期间正处于工作面"见方"期。3 月 1 日当天通过微震系统定位到的微震事件($>10^3$J)如图 5-6 所示,微震事件主要分布在工作面前方断层和邻近断层区域,监测到的最大微震事件能量为 $7.1×10^5$J。冲击地压发生前后 301 工作面微震监测指标变化规律如图 5-7 所示。冲击发生前微震日累计总个数有明显连续增加的特征,尤其从 2 月 20 日开始,微震日累计总个数急剧增长,在冲击地压发生前一天微震日累计总个数达到最大值,即 2 月 28 日累计发生 97 次微震事件。因此,可以将微震日累计总个数及其增长速率增加到 301 工作面冲击地压危险微震监测指标当中。因此,可以通过微震事件发生的时间、位置、能量、频次等参数的变化规律,确定煤岩体破裂情况和应力集中程度,进而预测冲击地压危险性。

表 5-2　301 工作面冲击地压微震监测指标及临界预警值

监测指标	临界预警值	处置要求
微震日累计总能量	$5×10^4$J	降低开采速度,直至微震数据稳定,再进行开采活动
微震日累计总能量	$7×10^4$J	降低开采速度,停产时间不小于 2 h。直至微震数据稳定,再进行开采活动

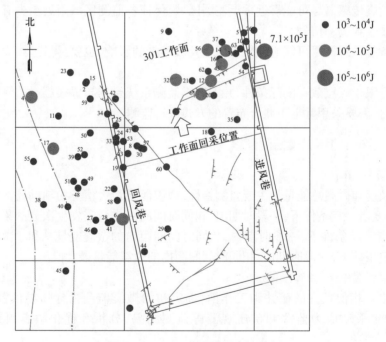

图 5-6　301 工作面微震事件分布

　　某矿 1703 工作面采深 1070 m,采用 110 工法沿空留巷保留 1703 工作面进风巷作为 1705 工作面回风巷,1703 工作面开采过程中采用微震监测作为区域监测方法。

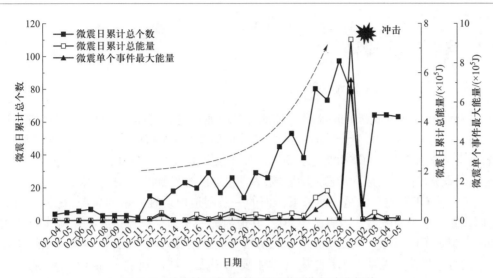

图 5-7 冲击地压发生前后微震监测指标变化规律

图 5-8为 2020 年 8 月 1 日至 9 月 25 日 1703 工作面采场附近微震能量分布情况。1703 工作面开采后采场附近微震能量分布主要集中在采煤工作面前方 300 m 与后方采空区 200 m 范围内,且工作面前方微震事件能量显著高于采空区内微震事件。表明 1703 工作面覆岩破裂区集中在工作面前方 300 m 范围内,在 100~200 m 范围较集中,因此可将工作面前方 300 m 范围内巷道作为防冲重点管控区域。在采空区内距工作面 40~120 m 范围内微震能量较为集中,从微震事件定位标高上看,大多数微震事件位于中低位顶板岩层内,最大破裂高度在煤层上方 50 m,与 1703 工作面火成岩床距离煤层的距离大致相符,采空区内火成岩床随工作面推进而垮落是微震能量较高的主要原因,但因其分布在采空区内,对 1703 工作面的冲击地压危险影响较小,而 1705 工作面为沿空留巷,1703 采空区内的微震事件可能对留巷造成影响,因此 1705 工作面为沿空留巷距离 1703 工作面 200 m 范围作为防冲重点管控区域。

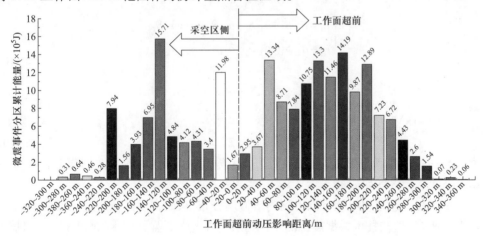

图 5-8 某矿 1703 工作面采场附近微震能量分布情况

5.3　震动波 CT 监测　▷▷▷

5.3.1　震动波 CT 监测原理

震动波 CT(computed tomography)监测是利用地震波射线对工作面的煤岩体进行透视,通过地震波走时和能量衰减的观测,对工作面的煤岩体进行成像。通过震动波速的反演,确定工作面范围内的震动波速度场的分布,根据波速场的大小确定工作面范围内应力场大小,划分出高应力区和冲击危险区域,为冲击地压的监测和防治提供依据。

震动波 CT 监测技术是在回采工作面的一条巷道内设置一系列震源,在另一条巷道内设置一系列检波器。当震源震动后,巷道内的一系列检波器接收到震源发出的震动波。根据不同震源产生震动波信号的初始到达检波器时间数据,重构和反演煤层速度场的分布规律。震动波 CT 监测技术主要采用震动波的速度分布 $V(x,y)$ 或慢度 $S(x,y)=1/V(x,y)$ 来进行。假设第 i 个震动波的传播路径为 L_i,其传播时间为 T_i,则

$$T_i = \int_{L_i} \frac{\mathrm{d}s}{V(x,y)} = \int_{L_i} S(x,y)\,\mathrm{d}s \tag{5-16}$$

上式是一曲线积分,$\mathrm{d}s$ 是弧长微元。$V(x,y)$ 和 L_i 都是未知的,T_i 是已知的。这实际上为一个非线性问题。在速度场变化不大的情况下,可以近似地把路径看作是直线,即 L_i 为直线,实际上井下地质情况是复杂的,射线路径也往往是曲线。现在把反演区域离散化,假如离散化后的单元个数为 N。每个单元慢度为一对应常数,记为 S_1, S_2,$\cdots$,S_N。这样,第 i 个射线的旅行时表示为

$$T_i = \sum_{j=1}^{N} a_{ij} s_j \tag{5-17}$$

式中,a_{ij} 是第 i 条射线穿过第 j 个网格的长度。当有大量射线(如 M 条射线)穿过反演区域时,根据式(5-17)就可以得到关于未知量 $S_j(j=1,2,\cdots,N)$ 的 M 个方程($i=1,2,\cdots,M$),M 个方程组合成一线性方程组为

$$\begin{cases} T_1 = a_{11}S_1 + a_{12}S_2 + a_{13}S_3 + \cdots + a_{1j}S_j \\ T_2 = a_{21}S_1 + a_{22}S_2 + a_{23}S_3 + \cdots + a_{2j}S_j \\ \qquad\cdots\cdots\cdots\cdots \\ T_i = a_{i1}S_1 + a_{i2}S_2 + a_{i3}S_3 + \cdots + a_{ij}S_j \end{cases} \tag{5-18}$$

将式(5-18)写成矩阵形式

$$AS = T \tag{5-19}$$

式中,$A = (a_{ij})_{M\times N}$ 称为距离矩阵;$T = (T_i)_{M\times 1}$ 为传播时间向量,即检波器得到的初至时间;$S = (S_i)_{N\times 1}$ 为慢度列向量。

通过求解上述方程组就可以得到离散慢度分布,从而实现区域速度场反演成像。

震动波 CT 监测技术根据震源的不同可分为主动 CT 监测技术、被动 CT 监测技术和双震源一体化监测技术,如图 5-9 和图 5-10 所示。主动 CT 监测技术就是采用人工激发震源的方式进行分析反演计算;被动 CT 监测技术就是利用采矿过程中产生的矿震作为震源进行分析反演计算。由于人工激发的震源是可控的、可优化的,而矿震的发生与地质条件和开采技术条件有很大关系,其数量、能量和发生位置具有一定的不

确定性。所以,对于重点观察的危险区域,应采用主动 CT 监测技术。

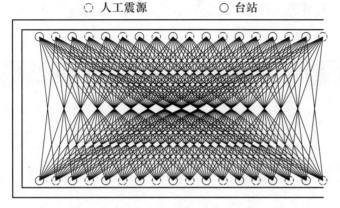

图 5-9　主动 CT 监测技术示意图

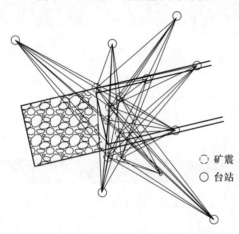

图 5-10　被动 CT 监测技术示意图

5.3.2　冲击地压震动波 CT 监测预警

煤岩体应力与波速之间存在正相关关系,即波速越高,应力越大,冲击地压危险性越高。弹性模量与波速在弹性阶段呈正相关关系,即波速越大,对应的弹性模量越大,则煤岩体变形储存能量的能力越高。应力越高的区域,相对其他区域将出现弹性波波速的正异常。因此,构建震动波波速异常系数 A_n,即

$$A_n = \frac{V_p - V_p^a}{V_p^a} \tag{5-20}$$

式中,V_p 为反演区域一点的纵波波速值,V_p^a 为模型波速的平均值。

表 5-3 为根据实验结果确定的波速正异常变化与冲击地压危险性之间的关系。同样,开采过程中必然会使顶底板岩层产生裂隙及弱化带,而岩体弱化及破裂程度与弹性波波速的大小相关,因此通过弹性波波速的负异常可以判断反演区域的开采卸压弱化程度,表 5-4 为波速负异常变化与煤岩体弱化程度之间的关系。对于高波速向低波速过渡的区域,即波速变化较大的区域,采用波速梯度变化系数 VG 评价该区域冲击地压危险性。表 5-5 为 VG 值与冲击地压危险性之间的关系。

$$VG = V_p \cdot Grad \tag{5-21}$$

式中,*Grad* 为反演区域一点的波速变化梯度。

可将构建的弹性波波速异常系数 A_n 及波速梯度变化系数 *VG* 作为冲击地压监测预警指标。

表 5-3　波速异常系数 A_n 与冲击地压危险性之间的关系

冲击地压危险性	波速异常系数 A_n/%
无冲击地压危险	<5
弱冲击地压危险	5~<15
中等冲击地压危险	15~<25
强冲击地压危险	≥25

表 5-4　波速异常系数 A_n 与煤岩体弱化程度之间的关系

煤岩体弱化程度	弱化特征	波速负异常系数 A_n/%	应力降低概率
0	无	−7.5~<0	<0.25
−1	弱	−15~<−7.5	0.25~<0.55
−2	中等	−25~<−15	0.55~<0.8
−3	强	<−25	≥0.8

表 5-5　波速梯度变化系数 *VG* 与冲击地压危险性之间的关系

冲击地压危险性	波速梯度变化系数 *VG*/%
无冲击地压危险	<5
弱冲击地压危险	5~<15
中等冲击地压危险	15~<25
强冲击地压危险	≥25

5-3 拓展阅读 震动波被动 CT 监测案例分析

5.3.3　震动波 CT 监测案例分析

某矿 16302C 工作面采用震动波主动 CT 监测技术监测冲击地压。16302C 工作面开采 3 下煤层,为一孤岛工作面,工作面倾向长 140 m,走向长 742.4 m,平均采深 670 m,工作面示意图如图 5-11 所示。该工作面东部为 16302 工作面采空区,西部为 16303 工作面采空区,工作面内存在联络巷。

图 5-12 为 16302C 工作面主动 CT 波速反演结果。不同颜色代表不同波速值的高低,波速由高到低所对应的颜色分别是红色、黄色、绿色和蓝色等(扫描插图二维码查看)。红色和黄色对应着高波速,即高应力,而蓝色则代表着低波速区,即低应力。可以看出高应力区主要集中在工作面切眼附近(图中 A 区域)、工作面中部断层附近(图中 B 区域)和停采线附近(图中 C 区域)三处。

采用震动波波速异常系数确定的冲击地压危险结果如图 5-13 所示。工作面中的危险指标分布区域比较集中,在切眼附近、中部断层附近和停采线附近都存在波速异常,即判别存在冲击地压危险。

5-4 拓展阅读 震动波双震源一体化 CT 监测案例分析

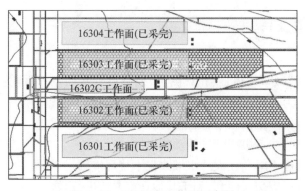

图 5-11 16302C 工作面示意图

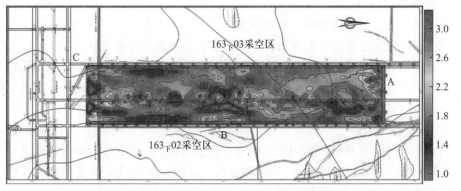

图 5-12 16302C 工作面主动 CT 波速反演结果

5-5 插图 5-12 16302C 工作面主动 CT 主动波速反演结果

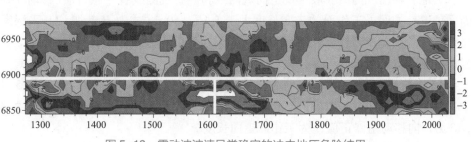

图 5-13 震动波波速异常确定的冲击地压危险结果

5-6 插图 5-13 震动波波速异常确定的冲击地压危险结果

5.4 地表沉降监测 ▶▶▶

5.4.1 地表沉降与冲击地压的关系

矿区地表的移动或下沉是煤层开采上覆岩体结构受力变形演化的综合反映,而冲击地压是因为覆岩运动使采场周围煤岩体应力平衡状态被打破所诱发的一种动力灾害,所以地表沉降与冲击地压之间有着较为紧密的联系。因此,可以通过地表沉降规律预测冲击地压危险性。目前,地表沉降监测技术包括传统监测技术、InSAR 监测技术及无人机监测技术等。

5.4.2 地表沉降传统监测测点布设

1. 监测点布设原则

地表沉降监测点分为控制点和观测点,控制点为参照点,以此为依据确定其余观测点的空间位置。为保证监测点位的有效性,须遵循以下原则:

(1) 监测点应位于地面较平稳且视野开阔地带。

(2) 监测点应与井下煤层开采活动相对应。

(3) 监测点附近不应存在大片水域或强干扰环境。

(4) 监测点附近应交通便利,利于其他观察方法进行联合测试。

(5) 监测点地面应稳定,易于保存监测点。

2. 监测点选点及设计

(1) 地表沉陷监测区域的地形地貌对监测系统的监测结果均有着一定影响,因此在进行监测点设计之前需要先对沉陷监测区域的地质条件进行勘探。

(2) 对地表沉降进行监测是一个长期的过程,为确保控制点及观测点在长时间监测中的稳固性,选用混凝土制作标石桩,标石桩内插入钢钎。标石桩大小根据实际情况而定,钢钎露出标石桩长度为 1 cm。

3. 监测线的布置

(1) 地表沉降观测站的观测线一般应设置成直线,并与煤层走向垂直或平行。在受地面建筑物设施限制的情况下,也可设成折线或因地制宜设成其他形状。为详细研究整个移动盆地,也可设置网状观测站。

(2) 地表移动观测站一般可设走向观测线和倾斜观测线各一条,设在移动盆地的主断面位置。如回采工作面的走向长度大于 $1.4H_0+50$ m(式中 H_0 为平均开采深度),亦可设置两条倾向观测线,但至少相距 50 m,并且距开切眼或停采线 $0.7H_0$ 以上。

(3) 走向监测线长度计算公式为

$$S_1 = 2h\cot\varphi + 2(H_0-h)\cot(\delta-\Delta\delta) + l \tag{5-22}$$

式中,h 为松散层厚度;φ 为松散层移动角;H_0 为工作面平均开采深度;δ 为走向移动角;$\Delta\delta$ 为走向移动角修正值;l 为工作面走向长度。

(4) 倾向监测线长度计算公式为

$$S_2 = 2h\cot\varphi + (H_1-h)\cot(\beta-\Delta\beta) + (H_2-h)\cot(\gamma-\Delta\gamma) + l\cos\alpha \tag{5-23}$$

式中,h 为松散层厚度;φ 为松散层移动角;H_1 采区下边界深度;H_2 为采区上边界深度;β 为下山移动角;$\Delta\beta$ 为下山移动角修正值;γ 为上山移动角;$\Delta\gamma$ 为上山移动角修正值;l 为工作面倾向长度;α 为煤层倾角。

4. 监测点的埋设

观测点位于移动盆地内的监测线上,通常由移动盆地中心点向两侧边界开始布置,测点间距如表 5-6 所示,在移动盆地边界和中心位置可适当进行加密布置。

表 5-6 观测点间距与开采深度关系

开采深度/m	测点间距/m
<50	≤5
50~<100	5<~10

续表

开采深度/m	测点间距/m
100~<200	10<~15
200~<300	15<~20
≥300	20<~25

控制点一般设置在监测线之外,在进行监测记录时,应以控制点的空间位置为起点进行数据计算。控制点设置于监测线两端时每端不得少于 2 个;受地形等因素限制只能在一端设置控制点时,不得少于 3 个。观测点距离控制点及控制点之间的间距应为 50~100 m。

5.4.3 地表沉降测量方法

地表沉降监测的基本内容是按照规定的观测周期,持续、反复测定采区监测线各个监测点在整个工作面回采过程中的空间位置变化情况。监测作业可细分为连接测量、全面测量和日常测量。

5.4.4 地表沉降监测案例分析

某矿 $63_{上}06$ 工作面地表分别布设了传统水准观测站和 GPS 卫星定位观测站。在工作面回采前,设置了走向和倾向传统水准观测线。在工作面回采后,于 2021 年 7 月 14 日设置了 6 个 GPS 卫星定位观测站,观测站布置情况如图 5-14 所示。

$63_{上}06$ 工作面煤层平均厚度为 5.2 m,平均倾角为 4°,工作面埋深为 700~800 m,走向长 1456.3 m,倾向长 261.0 m。煤层直接顶以深灰色粉砂岩为主,平均厚度为 4.54 m,老顶为灰白色中、细砂岩,平均厚度为 15.94 m,煤层以上 10~500 m 为坚硬侏罗系砂岩组。工作面采用走向长壁一次采全高综采工艺,全部垮落法管理顶板。$63_{上}06$ 工作面于 2020 年 2 月 11 日开始回采,推进 795.1 m 期间,发生 1.5 级以上大能量矿震 30 次,2.0 级以上大能量矿震 17 次。

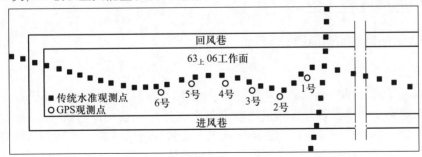

图 5-14 $63_{上}06$ 工作面地表沉降观测点布置示意图

2020 年 6 月 10 日,当工作面推进 235 m 时,在工作面采空区顶板 122 m 处,发生一次 2.4 级矿震,此次矿震发生前后相关水准观测点地表沉降曲线如图 5-15 所示。2021 年 8 月 30 日,距工作面煤壁后方 225 m 采空区,顶板上方 156 m 处,发生一次 2.6级矿震,此次矿震发生前后相关 GPS 观测点地表沉降曲线如图 5-16 所示。

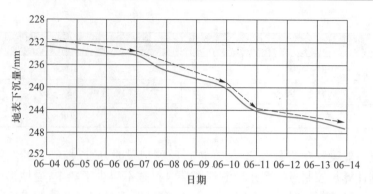

图 5-15　"6·10"矿震发生前后相关水准观测点地表沉降曲线

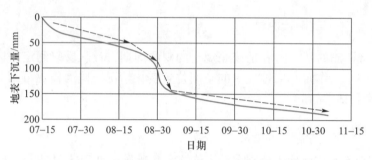

图 5-16　"8·30"矿震发生前后相关 GPS 观测点地表沉降曲线

由两次矿震发生前后地表沉降曲线变化规律可以看出,在矿震发生前,一般为 3~5 d,地表下沉速度相比之前显著增加;矿震发生后,地表沉降速度进一步增加;矿震发生一段时间后,地表沉降速度有所减缓。因此,地表沉降速度与大能量矿震存在密切联系,大能量矿震的发生可直接诱发冲击地压。因此,可以通过精准观测地面沉降速度等信息并结合井下覆岩空间结构变化特征,预测冲击地压危险性。

5.5　钻屑法监测　>>>

5.5.1　钻屑法监测原理

钻屑法监测是通过在煤层中打直径 42~50 mm 的钻孔,根据不同钻孔深度排出的煤粉量及其变化规律和有关动力效应,鉴别冲击地压危险的一种方法。钻屑法监测的理论基础是钻出的煤粉量与煤体应力状态具有定量的关系,当应力状态不同时,其钻孔的煤粉量也不同。当单位长度的钻屑量增大或超过临界值时,表示应力集中程度增加和冲击地压危险性升高。由于这种方法能同时检测多项与冲击地压有关的因素,而且简便易行,已成为我国煤矿一种普遍采用的冲击地压监测方法。

5.5.2　采掘工作面钻孔布置

1. 掘进工作面钻孔布置

掘进工作面钻孔布置如图 5-17 所示,掘进工作面迎头应保证每 10~20 m² 布置一个钻孔,钻孔个数不少于两个,监测频率始终满足掘进工作面迎头有不小于 5 m 的超前监测距离。掘进工作面后方 60 m 范围内的巷道两帮钻孔每次监测个数应各不少于 3 个,钻孔间距为 10~30 m,监测间隔时间为 1~3 d。

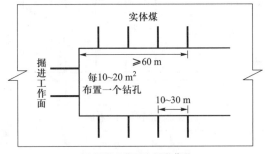

(a) 掘进工作面和掘进巷道

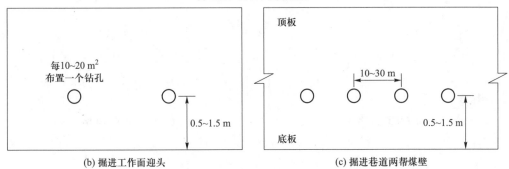

(b) 掘进工作面迎头　　　　　　(c) 掘进巷道两帮煤壁

图 5-17　掘进工作面钻孔布置示意图

2. 采煤工作面钻孔布置

采煤工作面钻孔布置如图 5-18 所示,采煤工作面煤壁仅在发生过冲击地压或现场分析具有冲击地压危险时进行监测,钻孔间距为 10~50 m,钻孔个数不少于 3 个,监测间隔时间为 1~3 d。回采巷道两帮监测区域应覆盖采动应力影响范围,一般不小于 100 m,钻孔间距为 10~30 m。每次每帮监测钻孔个数应各不少于 3 个,监测间隔时间为 1~3 d。

当采掘工作面停工 3 d 以上,恢复采掘活动前必须在掘进工作面迎头和巷道两帮煤壁进行钻屑检验。沿采空区侧留设小煤柱时,在小煤柱侧不进行钻屑法监测。

3. 钻孔深度和孔径

钻孔垂直于煤壁或平行于煤层布置,最大深度为 3~4 倍巷高,一般不超过 15 m。钻头直径一般为 42 mm。

4. 监测内容

钻屑法监测主要检测每米钻孔的钻屑量,单位 kg。采用专用表格记录施工地点、时间、钻屑量,以及钻孔施工过程中出现的卡钻、吸钻、煤炮等动力现象。当钻屑量超标或有夹钻、吸钻、顶钻、煤炮、煤粉颗粒较大等现象确定为有冲击地压危险。若打钻出水,煤粉湿润无法排出,应在钻孔旁 10 m 范围内无水区补打钻孔。

5. 施工方法

采用压风动力钻打孔,配备螺纹式联接的麻花钻杆,每节长 1.0 m,φ42 mm 的钻头,钻孔垂直于煤壁,开孔位置距离底板 1.2~1.5 m,倾角与煤层倾角相同,钻孔深度不小于 12 m。用胶结袋收集钻出的煤粉,用测力计称量煤粉的重量,每钻进 1 m 测量 1

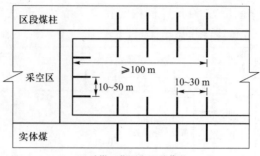

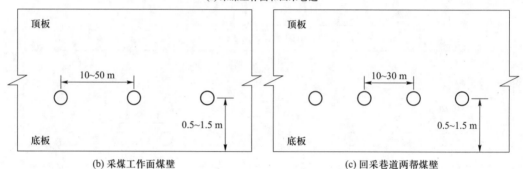

图5-18   采煤工作面钻孔布置示意图

次钻屑量。监测过程中若未达到要求的钻孔深度已判断有冲击地压危险,应立即停止钻进,并将人员撤离到安全地点。

6. 施工操作要求

钻孔施工应采用专用机具,由专业队伍操作,保证钻孔直径均匀和钻进方向偏离误差最小。

5.5.3 冲击地压钻屑法监测判别

1. 监测指标

钻屑法监测冲击地压危险性指标包括钻粉率指数和动力效应。

2. 钻粉率指数指标

监测工作地点冲击地压危险性的钻粉率指数指标应通过实测分析确定,无实测资料时,可按照表5-6中的参数执行。在表5-7中所列的孔深巷高比内,钻粉率指数达到相应指标时,可判定工作地点具有冲击地压危险。

表5-7   冲击地压危险性的钻粉率指数

钻孔深度/巷高	<1.5	1.5~3.0	>3.0
钻粉率指数	≥1.5	≥2.0	≥3.0

注:钻粉率指数=每米实际钻屑量/每米正常钻屑量;正常钻屑量为在正常应力区测定的钻屑量。

3. 正常钻屑量测定

钻孔数应不少于5个,取各孔对应每米钻粉量的平均值,测定结果适用于对应的工作面,当工作面地质条件发生明显变化时,需要重新标定正常钻屑量。

4. 动力效应指标

评价工作地点冲击地压危险性的动力效应指标如表 5-8 所示。打钻过程中出现一种动力现象即可判定工作地点具有冲击地压危险。

表 5-8　冲击地压危险性的动力效应指标

动力效应（卡钻、吸钻、顶钻、异响、孔内冲击）	冲击地压危险性
无动力现象	无
有动力现象	有

5. 综合评价

评价指标只要有一项判定为有冲击地压危险，则评价结果为有冲击地压危险。

5.5.4　钻屑法监测案例分析

某矿 703 工作面煤层每米标准钻屑量如表 5-9 所示（钻屑深度 12 m），工作面巷道高度 3.2 m。因此，根据表 5-7 冲击地压危险性的钻粉率指数划分标准，可以确定临界钻屑量。1.5×3.2 m=4.8 m，3.0×3.2 m=9.6 m，因此，对于 1~4 m 钻屑孔，取标准钻屑量的 1.5 倍作为临界钻屑量；对于 5~9 m 钻屑孔，取标准钻屑量的 2.0 倍作为临界钻屑量；对于大于 9 m 钻屑孔，取标准钻屑量的 3.0 倍作为临界钻屑量，得出每米临界钻屑量如表 5-9 所示。

表 5-9　703 工作面煤层每米标准钻屑量和临界钻屑量

钻孔深度/m	1	2	3	4	5	6	7	8	9	10	11	12
标准钻屑量/kg	2.04	2.28	2.58	2.60	2.65	2.70	2.85	2.95	3.50	4.20	4.90	5.28
临界钻屑量/kg	3.06	3.42	3.87	3.90	5.30	5.40	5.70	5.90	7.00	12.60	14.70	15.84

在 703 工作面回风巷，距工作面 40 m、60 m、80 m 和 200 m 处施工了钻屑孔，钻屑量监测结果如图 5-19 所示。

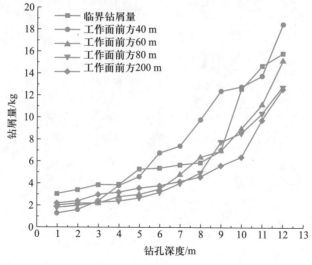

图 5-19　703 工作面钻屑量监测结果

由图5-19可以看出,距工作面40 m检测点6~12 m的钻屑量超过临界钻屑量;距工作面60 m检测点8~9 m的钻屑量超过临界钻屑量;距工作面80 m检测点9 m的钻屑量超过临界钻屑量;距工作面200 m检测点的钻屑量均没有超过临界钻屑量。采煤工作面前方100 m范围一般受超前支承压力影响,煤体应力较大,钻屑量较多。因此,钻屑量的多少可以反映煤体的应力集中程度,进而预测冲击地压危险性。

5.6 采动应力监测 》》》

5.6.1 采动应力监测原理

采动应力监测原理是将受压传感器(油压枕、弹性元件、空心包体等)安装在煤体的深孔内,通过受压传感器把围岩应力变化转化为电信号,最后换算为压力,得到煤体应力相对变化情况,进而判断冲击地压危险性。

5.6.2 采动应力监测系统

采动应力监测系统由井下监测系统和地面监测系统两部分组成,如图5-20所示,主要包括压力传感器、数字压力计、压力监测子站、数据采集分站、监测服务器等。

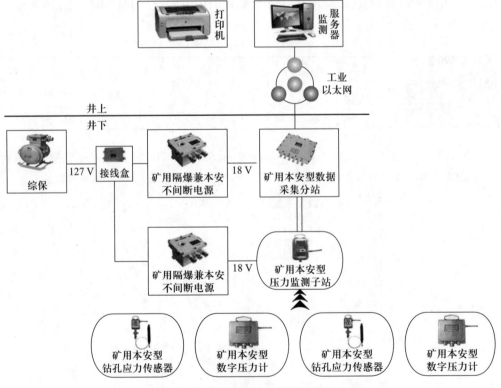

图5-20 采动应力监测系统

5.6.3 采动应力监测系统布置方案

1. 布置范围

掘进巷道迎头后方监测范围不小于 150 m,在巷道近面帮安设;回采工作面超前巷道监测范围不小于 300 m,在巷道近面帮安设。

2. 布置位置

应力传感器一般布置在煤层巷道或硐室的帮部,开孔位置距底板 0.5~1.5 m。已成型巷道应力传感器布置应在受采动应力影响前完成。其中,受巷道掘进扰动影响的,应力传感器布置应在距离掘进迎头 150 m 前完成;受工作面回采扰动影响的,应力传感器布置应在距离工作面 300 m 前完成。

3. 布置参数

应力传感器的敏感元件应深入至巷道帮部应力集中区,同一监测组内不同监测点深度应有所区别,如图 5-21 所示,监测点深度应不少于两种,浅部监测点深度一般为 $(1.5~3)h$(h 代表巷道高度),深部监测点深度一般大于 $3h$。对于巷帮塑性区宽度较大、应力集中区远离巷帮的巷道,应适当增大监测点深度。

同一监测组内相邻监测点沿巷道走向间距不大于 2 m,相邻监测组沿巷道走向间距不大于 30 m。

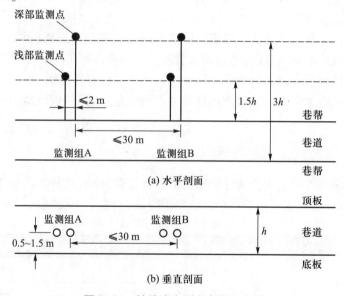

图 5-21 钻孔应力测点布置示意图

4. 应力传感器安装要求

(1)应力传感器初始安装为 4~5 MPa。

(2)应严格规范安装应力传感器,安装后经测试无法正常工作的,应重新安装,直至满足监测要求。

(3)某一测点遇到断层及褶曲带等情况时,不能满足安设孔深度,可偏移其位置。

(4)钻孔、安装应力传感器应一次完成,即钻孔施工完成后立即安装应力传感器。

(5)在断层影响区或其他应力集中区,巷道两帮均需安设应力传感器,并适当加密应力传感器测点。

5.6.4　冲击地压采动应力监测预警

1. 监测指标

（1）应力大小 σ。

监测点应力值，MPa。

（2）应力变化率 $\Delta\sigma$。

对于某监测点，某一时刻的应力变化率 $\Delta\sigma$ 为

$$\Delta\sigma = \frac{\sigma_2 - \sigma_1}{\Delta t} \tag{5-24}$$

式中，σ_1 为 t_1 时刻监测点应力大小，MPa；σ_2 为 t_2 时刻监测点应力大小，MPa；Δt 为时间间隔 $t_2 - t_1$，根据现场实际情况而定，可以为 1 d。

2. 监测指标临界预警值

可采用类比法设定采动应力监测指标临界预警值，再根据现场实际考察资料和积累的数据进一步修正初值。类比时，应选用开采及地质条件相似的冲击地压巷道。

3. 预警判别方法

（1）首先分别判别监测组内所有监测点的冲击地压危险性，然后根据各监测点判别结果综合确定监测组冲击地压危险性。冲击地压危险性判别结果分为有冲击地压危险和无冲击地压危险。

（2）根据应力和应力变化率两项指标综合判别监测点冲击地压危险性，只要通过一项指标判别有冲击地压危险，则判别该监测点具有冲击地压危险。

（3）浅部监测点和深部监测点的指标临界预警值应有所区别。

（4）只要监测组内有一个监测点具有冲击地压危险，则判别该监测组具有冲击地压危险。

5.6.5　采动应力监测案例分析

某矿采用采动应力监测作为冲击地压的局部监测方法，在井下采掘工作面安装了采动应力监测系统，设置了监测指标及临界预警值，如表 5-10 所示。

表 5-10　采动应力监测指标及其临界预警值

监测指标	钻孔深度	临界预警值
应力值/MPa	浅孔（8 m）	≥6.5
	深孔（12 m）	≥7.5
应力变化率/(MPa·h^{-1})	浅孔（8 m）	≥0.2
	深孔（12 m）	≥0.2

该矿 303 工作面回采过程中，回风巷 169~176 号采动应力测点应力变化如图 5-22 所示（基数为浅孔测点，偶数为深部测点）。受工作面采动应力影响，169 号测点在距工作面 180 m 左右时，应力开始呈现增长的趋势，在距工作面 30~40 m 左右达到临界预警值，预警处置后应力值减小到安全值。173 号测点和 174 号测点在距工作面 50 m 左右时，应力开始逐渐增大，分别在距工作面 25 m 和 10 m 左右达到临界预警值，预警处置后应力值减小到安全值。176 号测点出现两次应力升高，第一次距工作面 160 m 时，

应力开始呈现增长的趋势,在距工作面120~130 m左右达到临界预警值;第二次距工作面50 m左右,应力开始呈现增长的趋势,在距工作面20~30 m左右达到临界预警值。预警处置后应力值减小到安全值。因此,可以通过采动应力监测方法监测围岩应力变化,预测冲击地压危险。

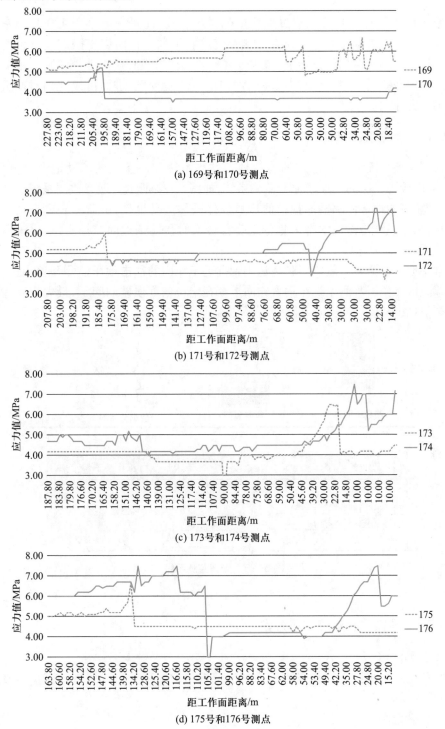

图 5-22　采动应力测点应力变化曲线

5.7　地音监测　≫≫

5.7.1　地音监测原理

地音是指煤岩体受载破裂过程产生的微小震动,能量一般小于 100 J,频率大于 150 Hz。地音监测原理为通过地音监测系统接收采掘工作面煤岩微破裂发出的震动波,经过信号处理,得到包括能量、频次等表征煤岩体破裂程度的监测指标。根据地音与应力的内在关系,来判断监测区域的冲击地压危险程度,进而可以起到对冲击地压的监测预警作用。

5.7.2　地音监测系统

地音监测系统包括固定式的连续地音监测系统和便携式的流动地音监测系统。目前,应用较为广泛的是连续地音监测系统,如图 5-23 所示。地音监测系统选用高灵敏度、宽频带的地音传感器捕捉监测区域煤体破裂震动事件,由监测装置自动采集地音信号,采用光纤传输技术将采集的地音信号实时传输到地面监控主机,再进行数据处理分析。

常将地音监测和微震监测联合运用到掘进工作面的冲击地压监测预警当中,可以克服单纯依靠微震监测系统在垂直方向上存在定位精度误差的问题,最大程度捕捉煤岩破裂信息,提高了冲击地压监测预警的准确性。

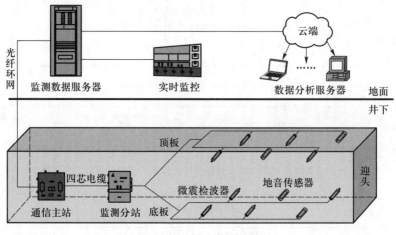

图 5-23　地音监测系统

5.7.3　地音监测系统布置方案

1. 监测地点

地音监测系统应布置在采动应力影响范围内的回采巷道或掘进巷道及需要重点监测的特定范围。

2. 监测范围

在回采巷道中一般布置在超前工作面 30～200 m 处,掘进巷道中一般滞后掘进迎头 20~120 m。

3. 传感器安装及布置方式

地音传感器安装在不小于 $\phi 20$ mm 的帮锚杆露头位置,锚杆深入煤体内的长度不得小于 2.0 m,锚固长度不小于锚杆长度的 80%,锚杆露出煤岩体的长度为 0.2 m,如图 5-24 所示。

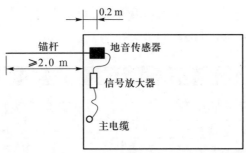

图 5-24　地音传感器安装示意图

采掘工作面地音传感器布置如图 5-25、图 5-26 所示。同一监测范围内布置地音传感器数量不得少于 2 个,相邻地音传感器间距为 100 m,地音传感器距离采煤工作面不小于 30 m,距离掘进工作面不小于 20 m。采煤工作面距离最近的传感器小于 30 m 时,将该地音传感器移到最远传感器前方,地音传感器间交替向前移动;掘进工作面迎头距离最近的地音传感器大于 120 m 时,将最远的地音传感器移到该传感器前方,地音传感器交替向前移动。

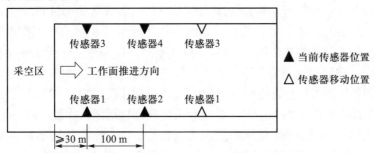

图 5-25　回采巷道地音传感器布置示意图

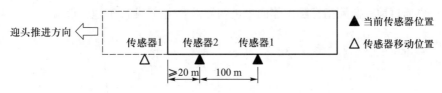

图 5-26　掘进巷道地音传感器布置示意图

5.7.4　冲击地压地音监测预警

1. 监测指标

地音监测冲击地压危险性的指标包括:以班为单位的班频次变化率 A_a、班能量变化率 A_e;以小时为单位的小时频次变化率 B_a,小时能量变化率 B_e。

5-7拓展阅
读 地音监
测指标计
算方法

定义班地音指数 K_1

$$K_1 = \max(A_a, A_e) \qquad (5-25)$$

定义小时地音指数 K_2

$$K_2 = \max(B_a, B_e) \qquad (5-26)$$

2. 预警判别方法

根据班/小时地音指数临界值确定预警级别,共划分四个等级,按等级从低到高分别为 a 级、b 级、c 级和 d 级,如表 5-11 所示。

表 5-11　冲击地压地音预警等级判别指标

预警级别	地音指数(K_1, K_2)
a 级	<0.25
b 级	0.25~<1.0
c 级	1.0~<2.0
d 级	≥2.0

如果上一班结束时,监测范围内预警级别为 a 级或 b 级,则本班次只进行班预警等级判别,否则还需要进行小时预警等级判别;当小时预警等级小于上一班结束时的班预警等级时,该小时危险等级取上一班结束时的班预警等级。地音传感器的预警等级为该传感器两侧 50~100 m 范围内工作面或巷道的危险等级。

5.7.5　地音监测案例分析

某矿 205 掘进工作面进风巷埋深 531~731 m,煤层倾角 1°~5°,煤层平均厚度 19~28 m,采用分层综放开采,开采首分层,设计采高 3.8 m,放煤高度 11.4 m,巷道左邻 204 工作面采空区,之间留宽 44 m 区段煤柱。2019 年 12 月 29 日 8 时,205 工作面进风巷 G14 地音传感器监测指标异常指数明显升高,且持续不降,至 13 时上升到 d 级,响应预警,如图 5-27a 所示。预警后迅速将井下 205 工作面进风巷施工人员撤出。12 月 30 日 5 时,G13 地音传感器监测指标异常指数在 2h 内由 b 级升到 d 级,如图 5-27b 所示;9 时 36 分,205 掘进工作面进风巷发生冲击地压,造成巷道底鼓,顶板冒落,片帮。因提前预警,及时撤出冲击显现区域人员,冲击地压未造成人员伤亡。G14 地音传感器距离 205 工作面 30 m,对本次冲击地压提前 25 h 出现异常反应,提前 20 h 发出撤人预警;G13 地音传感器距离 205 工作面 70 m,对本次冲击地压提前 4 h 出现异常反应,提前 4 h 发出撤人预警。因此,可以通过地音监测指标随工作面推进的异常变化,预测冲击地压危险性。

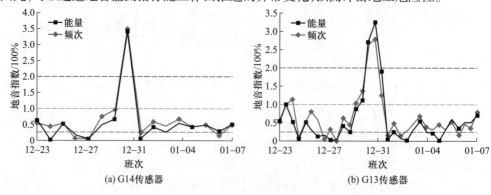

图 5-27　205 掘进工作面进风巷地音指标变化情况

5.8 电磁辐射监测 >>>

5.8.1 电磁辐射监测原理

煤岩体的电磁辐射是由非均质煤岩体在应力作用下非均匀变形及裂纹形成与扩展过程中,内部电荷的迁移而产生的。电磁辐射监测冲击地压的原理为煤岩体在外部载荷作用下释放的电磁辐射特性及规律与煤岩体变形破裂过程力学性质密切相关。电磁辐射强度和脉冲数两个参数综合反映了煤体应力集中程度,因此可用电磁辐射法进行冲击地压预测预报。电磁辐射法是一种非接触式的冲击地压监测方法,电磁辐射信息的接收比较简单,不打钻,所用时间短,不影响采掘速度,节约了大量的人力和物力。

5.8.2 电磁辐射监测系统

电磁辐射监测系统分为便携式电磁辐射监测仪和在线式电磁辐射监测系统。

便携式电磁辐射监测仪由定向接收电磁天线、主机和电磁辐射测试及分析预警软件组成,如图 5-28 所示。

在线式电磁辐射监测系统由电磁辐射传感器、监测分站、电源、传输网络、监测中心机、服务器、终端计算机等组成,具有多区域多点电磁辐射信号实时采集、传输,以及数据存储和处理、结果显示、危险性报警等功能,如图 5-29 所示。

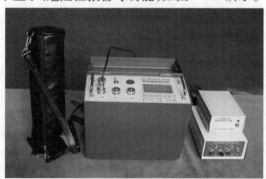

图 5-28 便携式电磁辐射监测仪

图 5-29 在线式电磁辐射监测系统

5.8.3　便携式电磁辐射监测方案

1. 掘进工作面便携式电磁辐射测点布置方式

监测掘进工作面的冲击地压危险性时,需要在掘进工作面的左侧、左前方、正前方、右前方和右侧布置五个测点,天线分别朝向掘进面的左侧、左前方(右前方与左前方对称布置)、正前方、右前方和右侧(左侧与右侧对称布置),如图 5-30 所示。在掘进巷道需要监测的区域一帮或两帮布置测点,测点间距为 5~20 m,具体可根据监测区域所在煤层厚度确定,一般薄煤层为 5 m,中厚煤层为 10 m,厚及特厚煤层为 20 m。巷道中有受构造或煤柱等影响的区域时,要根据实际情况在相应区域内增加测点。

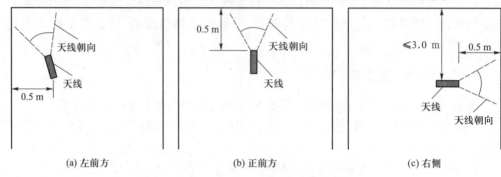

(a) 左前方　　　　　　　(b) 正前方　　　　　　　(c) 右侧

图 5-30　掘进工作面便携式电磁辐射测点布置示意图

2. 回采工作面便携式电磁辐射测点布置方式

以开切眼或停采线为基准点在回采工作面巷道内采动应力影响区或其他可能的危险区布置多个测点,按顺序进行测试,如图 5-31 所示。在回采工作面内测试冲击地压危险性时从上端头或下端头开始顺序布置测点,按顺序进行测试。测点间距为 5~20 m,一般薄煤层为 5 m,中厚煤层为 10 m,厚及特厚煤层为 20 m。巷道中有受构造或煤柱等影响的区域时,要根据实际情况在相应区域内增加测点。

采用便携式电磁辐射监测仪移动式监测时,一般每个测点监测时间为 2~3 min。

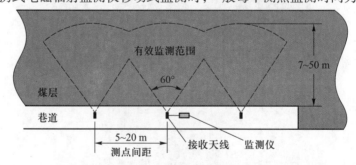

图 5-31　巷道或回采工作面便携式电磁辐射测点布置示意图

5.8.4　在线式电磁辐射监测方案

1. 掘进工作面在线式电磁辐射监测系统布置方式

监测掘进工作面的冲击危险性时,需要在掘进工作面布置电磁辐射传感器,传感器距工作面 5~15 m,如图 5-32 所示。随着掘进进尺而定期前移,使传感器距掘进工作面始终保持在前 5~15 m 范围内,天线主方向朝向工作面前方煤体。

在掘进巷道需要监测的区域布置传感器,传感器间距为 40~60 m;巷道中有受构造或煤柱等影响的区域时,要根据实际情况在相应区域内增加传感器或缩小传感器间距,天线与巷道壁倾斜呈 30°夹角,开口朝向被监测煤体区域中心,缝槽朝向煤壁或顶底板,避开电缆等干扰。

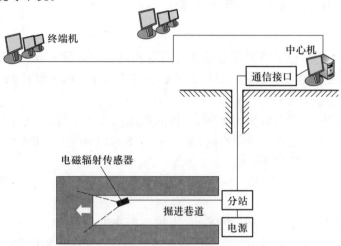

图 5-32　掘进工作面在线式电磁辐射监测系统布置示意图

2. 回采工作面在线式电磁辐射监测系统布置方式

在回采工作面巷道内采动应力影响区或其他可能的危险区布置电磁辐射传感器,传感器间距为 40~60 m,如图 5-33 所示。巷道中有受构造或煤柱等影响的区域时,要根据实际情况在相应区域内增加传感器或缩小传感器间距。

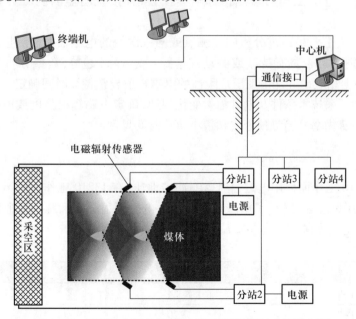

图 5-33　回采工作面在线式电磁辐射监测系统布置示意图

随着回采工作面的推进,电磁辐射传感器距工作面煤壁小于 5 m 时应后移一次,移动至距工作面煤壁 20~30 m 处。

天线与巷道壁倾斜呈 30°夹角,开口朝向被监测煤体区域中心,缝槽朝向煤壁或顶底板,避开电缆等干扰。

5.8.5　冲击地压电磁辐射监测预警

1. 监测指标

电磁辐射监测指标主要包括电磁辐射强度和电磁辐射脉冲数。电磁辐射强度反映煤岩体的受载程度及变形破裂强度,脉冲数反映煤岩体变形破裂的频次。

2. 监测指标临界预警值

各矿井应根据煤岩电磁辐射水平、具体的地质及采矿条件,确定电磁辐射监测指标临界预警值。未确定临界预警值时,可参考式(5-27)和式(5-28)确定电磁辐射强度和电磁辐射脉冲数临界预警值。

$$E_C = k_E E_{ave} \tag{5-27}$$
$$N_C = k_N N_{ave} \tag{5-28}$$

式中,E_C 为煤岩体具有冲击地压危险性的电磁辐射强度临界预警值,mV;N_C 为煤岩体具有冲击地压危险性的电磁辐射脉冲数临界预警值;k_E 为电磁强度系数,一般取 1.3~1.5;k_N 为电磁脉冲系数,一般取 1.7~2.0;E_{ave} 为在无冲击地压危险区域,移动式监测或在线式监测 $n(n>7)$ 天的电磁辐射强度平均值,mV;N_{ave} 为在无冲击地压危险区域,移动式监测或在线式监测 $n(n>7)$ 天的电磁辐射脉冲数平均值。

3. 预警判别方法

电磁辐射监测冲击地压的预警方法主要包括临界值法和动态趋势法。

当监测值超过电磁辐射监测指标临界预警值时,说明监测区域具有冲击地压危险。

动态趋势法主要是通过分析同一测点或同一区域的电磁辐射监测指标随时间的变化规律,并判定是否具有持续或波动式增长(或下降)趋势,数据分析周期至少为 7 d,具体应根据相应矿井冲击地压危险性的电磁辐射异常持续时间确定。各矿应根据具体的地质和开采技术条件及电磁辐射变化规律,确定电磁辐射强度或电磁辐射脉冲数相应的趋势变化率的趋势预警值和最小持续时间尺度。

5.8.6　电磁辐射监测案例分析

某矿 13210 工作面采用电磁辐射监测冲击地压,在 13210 工作面回风巷原岩应力区(无冲击地压危险区)进行了电磁辐射监测。电磁辐射强度和脉冲数监测结果如表5-12所示,将监测数据平均值作为 E_{ave} 和 N_{ave}。

表 5-12　13210 电磁辐射监测结果

监测点编号	电磁辐射强度 E_{ave}/ mV	电磁辐射脉冲数 N_{ave}
1-1	24	22
1-2	20	17
1-3	28	21
1-4	34	—

续表

监测点编号	电磁辐射强度 E_{ave} / mV	电磁辐射脉冲数 N_{ave}
1-5	40	54
1-6	23	17
1-7	36	24
1-8	37	48
1-9	41	50
1-10	47	59
1-11	50	11
1-12	55	42
1-13	47	44
1-14	35	23
1-15	33	23
1-16	48	18
1-17	45	39
1-18	42	17
1-19	16	—
1-20	21	9
平均值	36	30

    根据上表中的结果,确定电磁辐射强度临界预警值 E_C 和电磁辐射脉冲数临界预警值 N_C 分别为:$E_C = 1.5 \times E_{ave} = 54$ mV,考虑干扰因素,取 50 mV;$N_C = 1.5 \times N_{ave} = 45$,考虑干扰因素,取 40。当某区域监测数据达到或超过临界预警值时,判别此区域具有冲击地压危险。

    11 月 3 日和 11 月 29 日 13210 工作面前方 360 m 范围电磁辐射强度监测结果如图 5-34、图 5-35 所示,可以看出电磁辐射强度均没有达到临界预警值,但工作面前方 150 m 范围电磁辐射强度较高,接近临界预警值。经分析此期间顶板周期来压前,顶板岩层发生回转、断裂、失稳,煤体应力升高,电磁辐射强度升高。因此,电磁辐射能够反映工作面开采过程中煤体应力集中程度,预测冲击地压危险。

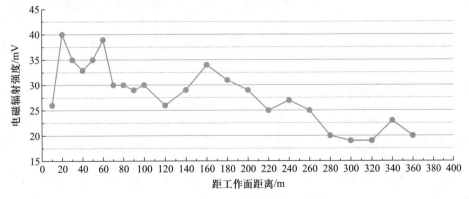

图 5-34   11 月 3 日电磁辐射强度变化

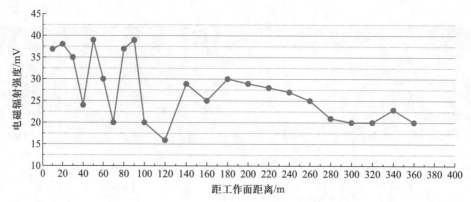

图 5-35　11 月 29 日电磁辐射强度变化

5.9　电荷感应监测　▶▶▶

5.9.1　电荷感应监测原理

　　处于电场中的孤立导体、半导体或绝缘体,外加电场将对其内部或表面的自由电荷(电子、离子等)产生力的作用,在力的作用下电子沿着电场的反方向运动,导致材料一端积聚正电荷,另一端积聚负电荷,这种现象称为电荷感应。

　　煤岩电荷感应监测原理如图 5-36 所示,当煤岩体变形破裂分离的电荷经过电荷传感器敏感元件有效感应区时,在电荷感应作用下,敏感元件表面产生等量异种感应电荷。当带电物体移动时,传感器敏感元件周围产生的电场也相应发生变化,导致传感器敏感元件上感应电荷量发生变化。感应电荷的变化反映了煤岩内部应力状态,因此可以通过监测煤岩感应电荷变化规律,进而预测冲击地压危险性。

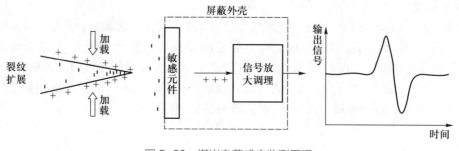

图 5-36　煤岩电荷感应监测原理

5.9.2　电荷感应监测系统

　　电荷感应监测系统分为便携式电荷感应监测系统和在线式电荷感应监测系统。便携式电荷感应监测系统主要由感应传感器和数据采集、显示器等组成,便携式电荷感应监测仪如图 5-37 所示。

　　在线式电荷监测系统由电荷传感器、电荷采集分站、传输网络、监控中心、电荷监测系统等组成,具有电荷信号数据实时采集、传输、存储、处理、显示以及危险报警等功能,如图 5-38 所示。

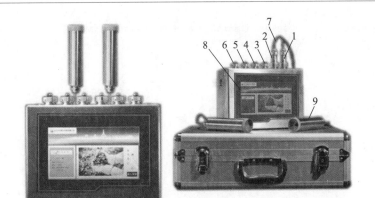

图 5-37　便携式电荷感应监测仪

1~4—通道;5—数据传输接口;6—充电接口;7—电缆;8—显示器;9—电荷传感器

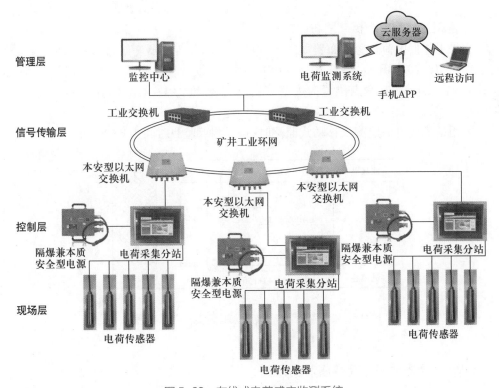

图 5-38　在线式电荷感应监测系统

5.9.3　便携式电荷感应监测方案

便携式电荷感应监测仪与在线式电荷感应监测系统的监测方案基本一致,主要区别在于电荷传感器的布置。

1. 掘进工作面电荷传感器布置方式

掘进工作面电荷传感器布置如图 5-39 所示,电荷传感器一般布置在掘进巷道迎头和两帮,掘进迎头一般布置一个测点(在线式电荷感应监测系统仅在巷道两帮布置测点)。掘进巷道两帮自迎头 10~20 m 开始,每隔 10~20 m 布置一个测点,监测范围一般为迎头后方不小于 150 m。在测点位置向煤壁打钻,钻孔深度为 1~2 m,钻孔距巷道底部 1~1.5 m。

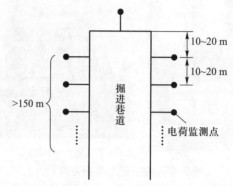

图 5-39   掘进工作面电荷感应测点布置示意图

2. 回采工作面电荷传感器布置方式

回采工作面电荷传感器布置如图 5-40 所示,电荷传感器一般布置在工作面两巷,自工作面 10~20 m 开始,每隔 10~20 m 布置一个测点,监测范围为工作面采动影响范围,不小于 150 m。在测点位置向煤壁打钻,钻孔深度为 1~2 m,钻孔距巷道底部 1~1.5 m。

采用便携式电荷监测仪移动式监测时,每个测点监测时间为 3~5 min。

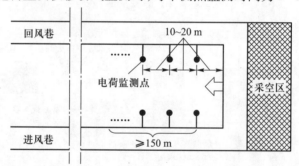

图 5-40   回采工作面电荷感应测点布置示意图

5.9.4   冲击地压电荷感应监测预警

1. 监测指标

电荷感应监测指标包括电荷强度和电荷变异系数。电荷强度反映煤岩体在外部载荷作用下的整体应力水平;电荷变异系数为在一定时间内电荷强度的离散程度,其反映了煤岩体破裂程度。

2. 监测指标临界预警值

各矿井应根据煤岩电荷感应水平、具体的地质及开采条件,确定电荷感应监测指标临界预警值。未确定临界预警值时,可参考式(5-29)和式(5-30)确定电荷强度和电荷变异系数临界预警值。

$$Q_C = k_Q Q_{ave} \tag{5-29}$$

$$C_C = k_C C_{ave} \tag{5-30}$$

式中,Q_C 为煤岩体具有冲击地压危险性的电荷强度临界预警值,pC;C_C 为煤岩体具有冲击地压危险性的电荷变异系数临界预警值;k_Q 为电荷强度系数,一般取 1.3 ~ 1.5;k_C 为电荷变异系数,一般取 1.5 ~ 2.0;Q_{ave} 为在无冲击地压危险区域,监测 $n(n>7)$ 天的电荷强度平均值,pC;C_{ave} 为在无冲击地压危险区域,监测 $n(n>7)$ 天的电荷变异系数平均值。

3. 预警判别方法

电荷感应监测冲击地压的预警方法主要包括临界值法和动态趋势法。

当监测值超过电荷感应监测指标临界预警值时,说明监测区域具有冲击地压危险。

动态趋势法主要是通过分析同一测点或同一区域的电荷感应监测指标随时间的变化规律,并判定是否具有持续或波动式增长(或下降)趋势,数据分析周期至少为 7 d,具体应根据相应矿井冲击地压危险性的电荷感应异常持续时间确定。各矿应根据具体的地质和开采技术条件及电荷感应变化规律,确定电荷强度或电荷变异系数相应的趋势变化率的趋势预警值和最小持续时间尺度。

5.9.5　电荷感应监测案例分析

采用便携式煤岩电荷监测仪对某矿 24030 工作面进风巷进行冲击地压危险性监测。电荷感应监测点布置如图 5-41 所示,距采煤工作面 80 m 开始,每隔 10 m 布置一个电荷监测点,共布置 10 个监测点,标号分别为 1~10 号。每个监测点监测孔深度均为 2 m,监测点距底板为 1.5 m。各监测点每次监测时间约为 5 min。

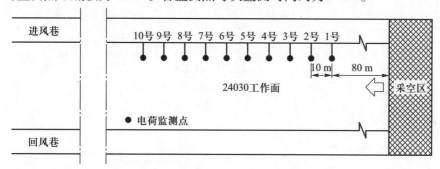

图 5-41　电荷监测点布置

2017 年 11 月 1 日至 5 日,各测点监测过程实时电荷强度及各测点平均电荷强度如图 5-42 所示。

由图 5-42a 可以看出,11 月 1 日各监测点电荷强度无明显规律性,但各监测点电荷强度均值最大值在距工作面 130 m 的 6 号监测点产生,其相邻的 5 号监测点电荷强度也较大。

由图 5-42b 可以看出,11 月 2 日 1~4 号监测点电荷强度具有明显的随距工作面距离的增大,逐渐减小的趋势,但到距工作面 116 m 的 5 号监测点,电荷强度突然增大,持续到 6 号监测点,到 7 号监测点有所减小,之后各监测点电荷强度均逐渐减小。11 月 1 日高值电荷强度也是在 5 号和 6 号监测点产生,可以推测此区域电荷信号异常,具有一定的冲击危险性。11 月 3 日在 5 号和 6 号监测点之间靠近 6 号监测点(距工作面约 118 m)发生了由应力调整造成的冒顶、片帮,部分单体支柱发生扭曲歪斜。

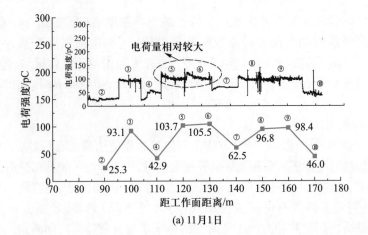

(a) 11月1日

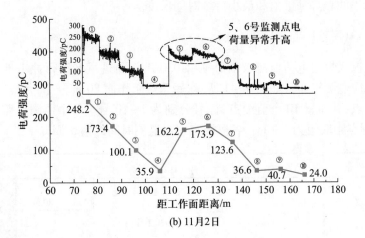

(b) 11月2日

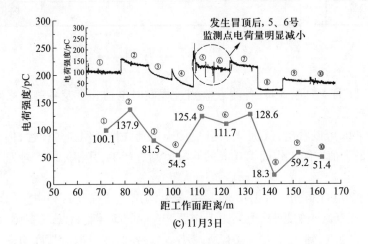

(c) 11月3日

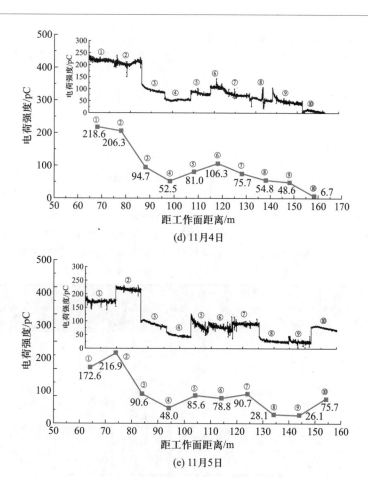

图 5-42　各监测点电荷强度监测结果

　　由图 5-42c 可以看出,11 月 3 日发生冒顶之后,5 号和 6 号监测点电荷强度明显减小,但电荷强度依然较高,各监测点电荷信号变化规律与前一天相似,高值电荷信号基本集中在工作面前方 100 m 范围内,此区域处于超前支承压力升高区。由图 5-42d 可以看出,11 月 4 日 5 号和 6 号监测点电荷强度相比前一天又有所减小,各监测点电荷信号变化规律与前一天相似,高值电荷信号基本集中在工作面前方 100 m 范围。由图 5-42e 可以看出,11 月 5 日各监测点电荷信号变化规律与 11 月 4 日基本一致。

　　综上所述,发生冒顶之前,电荷强度较大,发生冒顶之后,电荷强度有所减小。在超前支承压力升高区,电荷量均值较大;在原始应力区,电荷强度较小,各监测点电荷强度在空间上的变化趋势与超前支承压力分布具有较好的一致性。因此,可以通过电荷强度的大小和所在位置反映工作面前方煤体的应力集中程度以及应力分布规律,进而可预测出应力异常区,为冲击地压的防治提供指导。

5-8 拓展阅读 冲击地压多参量综合监测预警

思考与习题

习题 5-1　简述冲击地压区域与局部监测方法及原理。

习题 5-2　简述区域与局部相结合的冲击地压监测预警体系的工程意义。

习题 5-3　简述微震监测法的监测原理及预警判别方法。

习题5-4　简述地表沉降监测方法观测点布置方案。

习题5-5　钻屑法监测冲击地压危险时,施工的钻屑孔深度与什么因素有关? 是不是钻屑孔深度越深越好?

习题5-6　简述采掘工作面电磁辐射监测和电荷感应监测的测点布置方案。

现场真实问题思考

5-9 现场真实问题思考提示

某矿13210回采工作面巷道高度4.15 m,正常钻屑量测定结果如思考题表5-1所示。由于煤壁1~3 m范围已形成破坏带,钻屑量难以控制,所以1~3 m的钻屑量不作为检测指标。试计算13210工作面钻屑法监测冲击地压危险每米临界钻屑量。若工作面实际回采过程中,某钻孔4~10 m钻屑量分别为2.82 kg、2.95 kg、3.06 kg、4.32 kg、4.53 kg、4.90 kg、5.20 kg,判断该钻孔是否具有冲击地压危险? 若具有冲击地压危险,钻进多少米时钻屑量达到临界钻屑量?

思考题表5-1　13210工作面正常钻屑量测定结果

钻孔序号	每米钻屑量/kg						
	4 m	5 m	6 m	7 m	8 m	9 m	10 m
1	2.4	2.7	2.2	2.2	2.8	2.3	2.4
2	2.3	2.6	2.4	3.0	2.0	1.8	3.8
3	2.2	2.4	2.1	2.4	2.6	1.6	2.6
4	2.4	2.0	2.0	1.8	2.0	2.9	1.8
5	2.7	2.8	2.6	1.8	2.2	2.4	2.4
6	2.6	2.0	2.5	2.2	2.4	3.4	2.0

第6章 ▶▶▶

冲击地压区域防治

学习目标

1. 了解开采速度、采煤方法对冲击地压的影响规律。
2. 掌握冲击地压区域防治的基本原则及方法。

重点及难点

1. 如何针对矿井实际地质条件,确定采区上下山巷道布置、工作面回采巷道布置、工作面开采顺序、工作面切眼与停采线位置以及煤柱留设尺寸等区域防冲措施参数。
2. 煤层群开采条件下,如何选择保护层开采及确定保护层的保护范围。

6.1 区域防治原则及技术体系 ▶▶▶

区域防治属于冲击地压防治前瞻性工作,对后期冲击地压局部防治影响巨大。因此,冲击地压矿井在制定开采设计时要充分考虑冲击地压因素,防治冲击地压设计要与开采设计同时制定,并纳入到开采设计当中,优先执行冲击地压的区域防治措施,避免采掘工程开工后,还要投入大量的局部防治措施,浪费人力物力。因此,合理区域措施是防治冲击地压的根本措施。实施区域防冲措施应该遵循以下原则。

1. 降低应力集中原则

根据扰动响应失稳理论,冲击地压发生的根本原因为煤岩体应力集中,如何避免应力集中是解决冲击地压的根本。进行冲击地压区域防治时应首先考虑降低应力集中原则,合理确定开拓布置和开采方式,选择开采保护层,合理确定开采顺序,合理确定工作面长度,避免工作面开切眼、停采线外错以及合理确定大巷煤柱、采区煤柱、工作面区段煤柱的宽度等。

2. 避免采掘相互扰动原则

采煤工作面开采和巷道掘进都会在开挖空间附近产生采动应力,不同的采煤工作面、掘进工作面引起的采动应力如果发生叠加,将会明显增大冲击地压危险程度。冲击地压煤层开采布置时应确定合理的开采顺序,避免采掘集中布置,造成相互影响,一般情况下,冲击地压危险区域采煤工作面和掘进工作面的支承压力影响范围可分别达到 200m 和 100m 以上,两个掘进工作面之间、采煤工作面与掘进工作面之间、两个采煤工作面之间应留有足够的作业间距。《防治煤矿冲击地压细则》规定两个掘进工作面之间的距离不得小于 150m,采煤工作面与掘进工作面之间的距离不得小于 350m,两个采煤工作面之间的距离不得小于 500m。若小于上述规定距离,必须停止其中一个工作面作业。相邻采区、相邻矿井间的采掘工作面也应遵守上述规定。

3. 削弱扰动动载荷原则

当井田内有较大断层构造时,工作面开采诱发断层错动,释放大量能量,形成断层错动型冲击地压;工作面开采速度的增加导致顶板的弯曲弹性能随着悬臂段的悬露长度增加而增大,顶板岩梁达到垮落极限,突然断裂释放大量弹性能,诱发顶板断裂型冲击地压,特别是在坚硬顶板条件下,顶板断裂型冲击地压的频度与强度都将随着开采速度增加而增大。因此,在区域防治时应在以大断层为边界合理划分采区,合理确定断层保护煤柱,避免断层活化产生动载作用诱发冲击地压,合理确定开采速度,避免高强度快速开采加剧顶板断裂型冲击地压的频度与强度。

4. 区域-局部相结合原则

《防治煤矿冲击地压细则》第五十六条规定,冲击地压矿井必须采取区域防冲和局部防冲相结合措施。对矿井设计、采(盘、带)区设计阶段应当先行采取区域防冲措施;对已形成的采掘工作面以及时跟进局部防冲措施为主。

矿井尺度的区域防冲措施主要包括:开拓方式选择、矿井合理开拓布置、合理的采区划分、多煤层保护层选择、采煤方法合理选择等。采区尺度的区域防冲措施主要包括:采区上下山巷道布置、工作面回采巷道布置、确定工作面开采顺序、合理确定工作面长度、确定工作面开切眼与停采线位置及煤柱留设的尺寸等。采掘工作面尺度防冲措施主要包括:煤层钻孔卸压、煤层卸压爆破、顶板深孔爆破、煤层注水卸压等。

冲击地压区域-局部防治技术体系,如图 6-1 所示。

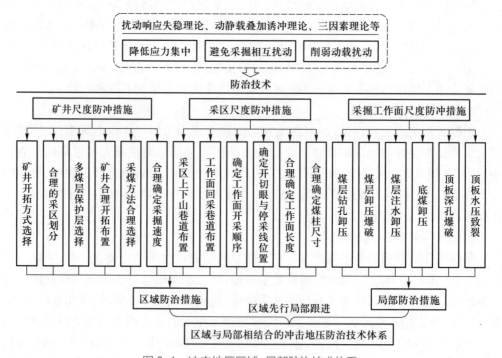

图 6-1　冲击地压区域-局部防治技术体系

6.2   开拓方式与开采布置   ≫≫≫

6.2.1   合理确定开拓方式

井田的合理开拓是开采设计中的重大问题。开拓和准备巷道应布置在底板岩层中或没有冲击地压危险的煤层中。合理的开拓方式是指从矿井整体开拓部署上降低各个开拓区域在回采阶段整体的应力水平。在选取开拓方式进行区域防冲时,主要从有利于降低开拓巷道自身和形成的准备区域(采区、盘区、带区)的应力水平和冲击地压危险水平来考虑。开拓巷道一般应选择布置在稳定的岩层中,并和煤层间留设合适的距离。开拓巷道的布置还需考虑地应力的影响,需要进行地应力测试,获得地应力场的分布特征。如无地应力场测试结果,也可以参考矿井所在区域地质构造的整体分布特征。具体而言,开拓巷道应该布置在不存在明显构造应力集中的区域,同时还要考虑其走向和构造应力主方向的夹角的影响。开拓巷道的布置还要考虑到后期准备巷道和回采巷道的布置在整体上少受构造应力的影响。

某矿的开拓布置示意图如图 6-2 所示。其中一盘区三条开拓大巷初期均布置在煤层中,在回采过程中发生了不少于 5 次的大巷冲击地压,使大巷破坏明显,影响矿井的正常生产,并对煤矿生产安全构成了严重威胁,鉴于冲击地压对大巷的影响和出于安全、生产及经济性等综合考虑,该矿调整矿井开拓布置,后期一盘区大巷和西区 4 条大巷均布置于岩层中,相关调整完成后,大巷冲击地压问题得到较好的解决。

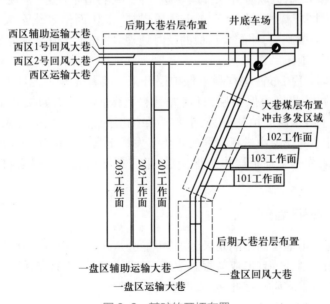

图 6-2   某矿的开拓布置

某矿是一个新矿井,矿井地质简单,开采深度约 600 m,主采煤层厚度平均 5.4 m,11 盘区区段煤柱为 30 m,311102 和 311103 工作面停采线至大巷距离只有 60 m,实际开拓布置如图 6-3 所示,在首采 311101 工作面时,工作面动力现象不显著,没有明显的动力破坏现象发生,当回采 311102 和 311103 工作面后,开始发生冲击地压现象,该煤矿在发生几次冲击地压事故后,实施矿井开拓系统改造,根据矿区地应力主控方向,

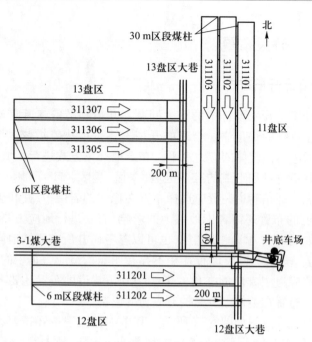

图 6-3 某矿的实际开拓布置情况及调整后情况

改变原盘区南北向巷道布置方案为东西向布置巷道,停止 11 盘区开采,调整为矿区南北两侧 12 盘区和 13 盘区联合开采,改"两进一回"式巷道布置为"常规一进一回"式布置,取消 30 m 大区段煤柱,改为 6 m 小区段煤柱,工作面停采线至大巷距离不小于200 m,采取这样的措施后,并配合顶板的及时处理,冲击地压现象显著下降,基本未再发生破坏性的冲击地压。

对于煤层群的开拓布置应有利于保护层开采。要首先开采无冲击地压危险或危险性小的煤层,并以此作为保护层,且优先开采上保护层。例如抚顺市、辽源市等煤矿,虽为厚煤层上行水砂充填法开采,但作为保护层的第一分层的开采都尽量布置在冲击地压危险性小的煤层中进行。西安矿为了发挥上保护层的作用,改变自下而上的分层开采顺序,首先开采顶板层作为保护层,采完顶板层后再反过来自下而上的开采其他各分层。

6.2.2 合理采区划分

采区划分对冲击地压的影响是长远的,可能会从矿井投产持续到整个矿井开采完毕。不合理的采区划分一旦形成就很难改变,到煤层开采时,只能采取局部防治措施,但局部防治措施效果有限。因此,要高度重视矿井的采区划分。

1. 以断层和褶皱轴部作为自然边界

当井田内有较大断层或褶皱构造时,采区划分应避免工作面或巷道穿过断层而诱发断层错动型冲击地压,应以断层或褶皱轴部作为自然边界。如果井田内小断层较多且对工作面回采存在一定影响,当采区划分避不开断层时,要避免工作面回采方向和断层走向呈小角度斜交。

某矿主采 3 号煤层,采深超过 700 m,煤层倾角 5～10°,平均厚度 4.1 m,走向北东,倾向东南,属于冲击地压煤层,采用综采放顶煤开采。3 号煤层直接顶是约60 m厚度的砂岩层,老顶是约 80 m 厚的砾岩层,直接底是约 20 m 厚的砂泥岩互层。

3 号煤层设计有 31、32 采区。31 采区类似正方形,面积约 0.8 km²,实际揭露地质条件复杂,采区内纵横分布落差大于 3 m 的断层数十条,已到开采末期,冲击地压较严重。

32 采区东西长约 1.2 km,南北宽为 0.6 km,煤层平均角度为 8°,总体西北高、东南低,呈单斜构造,北部为 3 号煤层露头区,南部是井田边界,西部是 F2∠35°~55°、$H=$ 0~28 m 的断层,东部是 F5∠60°、$H=10$~54 m 的断层,采区中部有 F4∠60°、$H=0$~66 m 的断层。因采区边界 F5∠60°、$H=10$~54 m 的断层向西南方延伸,该断层走向与采区主应力分布方位基本一致。32 采区划分以 F5∠60°、$H=10$~54 m 的断层为采区东边界,沿断层西侧,以断层开始布置首采工作面的开采顺序,实现无煤柱开采,从而避免应力集中,采区优化设计平面示意如图 6-4 所示。与已开采的 31 采区相比,采煤工作面生产过程中冲击地压灾害发生率有所降低。

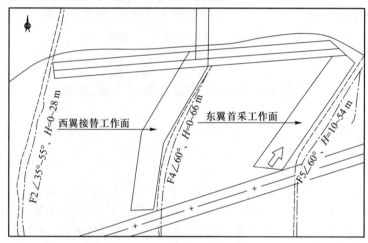

图 6-4 32 采区优化设计平面示意图

2. 加大采区走向长度

在煤层赋存条件允许的情况下,尽量加大采区走向长度,以便减少采区煤柱、减少应力集中点。当煤层上覆岩层中有巨厚砾岩、坚硬的厚层砂岩等采后不易垮落的结构时,对采区长度应合理计算,避免因采空区上覆岩层不垮落造成的大面积应力集中问题。

华丰矿原第四水平设计中,一采区为单翼采区,走向长 600~800 m;二采区为双翼采区,走向长 1300 m 左右。1991—1992 年间华丰矿初次冲击地压发生时,就是产生在一、二采区间煤柱周围。对于第四水平的 -608 m 水平以下,为了降低冲击地压危险,将一、二采区合并为一个采区,取消了一、二采区之间的煤柱,采区走向长度加大。实践证明,华丰矿第四水平一、二采 -608 m 以下冲击地压发生的频率大大低于 -608 m 以上。

3. 采区内减少或避免留设各种类型煤柱

开采可能会留下各种采区煤柱,在采区划分时要根据矿井的具体地质条件和矿井的整体设计,科学合理地划分采区,减少或避免留设各种类型的煤柱,尤其是孤岛、半孤岛、类孤岛煤柱或异型煤柱(如 Z 字形煤柱、边角煤柱)等不合理煤柱,避免开采后期的煤柱应力集中导致冲击地压危险。

老虎台矿冲击地压曾非常严重,为了降低冲击地压危险性,该矿对生产布局及开采顺序进行调整。将-730 m 水平原来按炮采划分的每个走向长 300 m 的采区(全矿井 50 余个采区),按其煤层赋存条件合并成东、中、西 3 个综采区,实行综合机械化放顶煤开采,采区间煤柱减少到 3 个,无段间煤柱及条带间实现无煤柱开采。在开采程序上,始终遵循自上而下、由南往北逐个条带及分层进行开采的原则,大大降低了冲击地压危险性。

6.2.3 合理开采布置

1. 控制工作面推采方向,避免应力集中

采区一翼内各工作面应向同一方向推进,避免相向采煤,以减少应力集中。当同一煤层同一水平相邻工作面,开采时间有一定时间间隔时,背向开采布置方式是最合理的方式,如图 6-5 所示。在开采初期两个工作面较近,相互之间有一定的影响,这种影响会随着工作面的不断推进而减小,直到大于一定距离后消失。

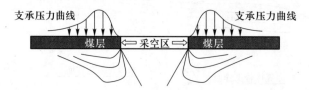

图 6-5　同一煤层同一水平相邻工作面背向开采

华丰矿 1406 工作面由西向东回采,其下层 1606 工作面从东向西回采,两工作面相向回采,采动应力叠加,造成应力集中,使工作面顶板管理困难,冲击地压显现较强。

当同一采场同一水平两个工作面,若相向开采形成煤柱时,在每个工作面周围形成一个应力增高区,如图 6-6 所示。当两个工作面相距较远时,这两个应力增高区不重叠,不会产生互相影响。随着工作面的不断推进,两个工作面的距离越来越小,这两个应力增高区发生重叠,互相影响,应力增高系数急剧增高,使煤体储存了较高的变形能,产生冲击地压的可能性迅速增大。这也是一种比较危险的布置方式,应尽量避免。

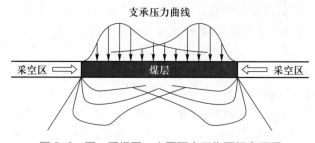

图 6-6　同一采场同一水平两个工作面相向开采

华丰矿 1405 工作面从东向西回采,面向 2405 东工作面采空区,造成了一、二采区之间煤柱应力集中,形成末期开采时多次冲击地压事故的发生,1991 年 1 月 5 日和 1992 年 4 月 20 日都发生严重的冲击地压事故。

2. 控制采掘工作面数量，避免采掘活动集中

当工作面处于三面采空区形成的煤柱中时，这是一种最危险的工作面布置方式，如图 6-7 所示。由于三面采空区已经形成，煤柱处的应力集中程度很高，处于极端不稳定状态，煤柱极易丧失稳定性，从而产生破坏性极强的冲击事故。

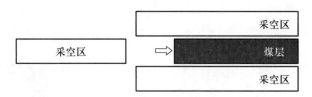

图 6-7　工作面处于三面采空区形成的煤柱中

华丰矿为多水平开拓，煤层群分组联合布置，断块式开采。四层煤厚 6.5 m，倾角 30°，平均采高 2.1 m，工作面采用走向长壁垮落法采煤，属高档普采工作面。一般走向长 600 m，倾斜长 150 m。经统计分析表明从 1992—2001 年发生的冲击地压中，受相邻工作面开采影响而发生的冲击地压约占 52%。

在生产过程中，采掘活动过于集中，会造成采动相互扰动大，遇扰动易发生冲击地压事故，在进行生产安排时，应防止采掘活动过于集中。

华丰矿 1992—1993 年在一、二采区的交界处，2406 工作面和 1405(2) 工作面同时生产，1406 工作面掘进准备，采掘过于集中，造成 1405(2) 工作面、2406 东工作面和 1406 工作面产生多次冲击地压事故，如图 6-8 所示。

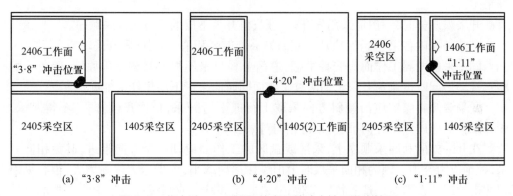

|(a) "3·8" 冲击|(b) "4·20" 冲击|(c) "1·11" 冲击|

图 6-8　华丰矿一、二采区的交界处冲击地压发生情况

1995 年 2 月，因 1407 与 1408 相邻工作面之间互相影响，发生多次冲击地压，如图 6-9所示。

如图 6-10 所示，由于两个相邻工作面之间存在平巷，在平巷周围产生应力集中区。在工作面 1 推进的过程中，平巷周围的应力重新分布，应力集中程度加剧。当工作面 2 推进时，在工作面 2 周围产生应力集中区。当两个工作面相距较远时，这两个应力集中区不重叠，不会产生互相影响；当两个工作面相距较近时，两个应力增高区重叠。当两个工作面相距很近时，这两个应力集中区进一步重叠，变成一个应力增高区，应力增高系数很大，平巷周围煤体或顶、底板发生冲击地压的可能性，明显增大。

华丰矿在 1997—2000 年间，工作面分布在一、二、三采区的三个采区中生产，生产

相对宽松,工作面距离较大,工作面之间相互影响较小,发生冲击地压的次数和震级相对较小。

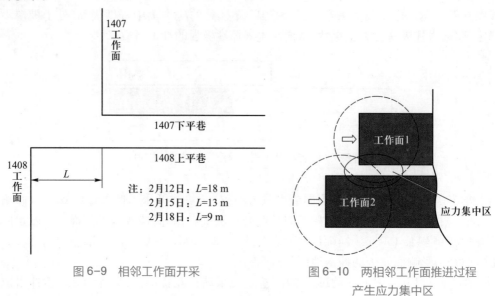

图 6-9　相邻工作面开采　　　　　　　图 6-10　两相邻工作面推进过程
　　　　　　　　　　　　　　　　　　　　　　　　　产生应力集中区

6.2.4　合理确定开采顺序

新建矿井采区开采顺序应遵循相对主井先近后远、逐步向井田边界扩展的前进式开采。

开采煤层群时,一般应采用先开采上层、再开采下层的下行式开采顺序。

矿井一翼内各采(盘)区应从一侧向另一侧逐区开采,不得间隔开采。

同一采区两翼工作面应交替采掘,遵循单翼只采不掘或只掘不采原则,避免采掘相互扰动。同时也避免开采末期两翼工作面同时向采区下山煤柱区推进。

开采缓倾斜煤层应沿倾斜方向采取上行或下行开采,依次逐段开采,不得跳采。相邻工作面应向同一方向推进,不得相向对采。

在开采方向和回采顺序上,采区或盘区的工作面应朝一个方向推进,避免相向开采,杜绝应力叠加。因为相向采煤时上山煤柱逐渐减小,支承压力逐渐增大,很容易引起冲击地压。在地质构造等特殊部位,应采取能够避免或减缓应力集中和叠加的开采程序。在向斜和背斜构造区,应从轴部开始开采;在构造盆地应从盆底开始开采,开采程序是由下至上;在有断层和采空区的条件下,应从断层或采空区开始开采。龙凤矿的统计资料表明,采掘工作面接近断层或向斜轴部附近时,冲击地压频度增加,强度加大。

工作面的回采方向要考虑采区最大主应力方向,最好保持一致。砚石台矿 112 次冲击地压的统计分析表明,属于正常开采并与构造应力有关的发生 91 次,采掘方向与构造主应力近似垂直时发生冲击地压共 82 次,占总次数的 90.11%;而与构造主应力顺向时,发生 9 次,占总次数的 9.89%。

6.2.5　合理确定工作面长度

回采工作面和采空区面积的大小对冲击地压的影响是巨大的。图 6-11 为冲击地

压危险性 W 与采空区宽度 S 的关系。当 $S<0.4H$（H 为开采深度）时，冲击地压危险性随着采空区宽度之和的增加而增大；当 $S=0.4H$ 时，冲击地压危险性达到最大；当 $S>0.4H$ 时，冲击地压危险性随着采空区宽度之和的增加基本不变。

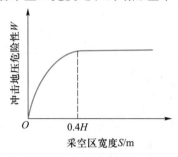

图 6-11　冲击地压危险性与采空区宽度的关系

　　对于一个新采区的第一个工作面来说，由于两边都是实体煤，开始回采时，顶板处于四周固支状态；当工作面回采形成"见方效应"时，本工作面所能影响到的岩层层位达到最高，危险性达到最大（首个工作面回采）；由于采空区短边的限制，随着工作面的回采，危险性基本不增加，这种状态下工作面的压力是最小的，冲击地压危险性也是最小的。

　　对于同一采区的第二、第三个工作面，当采空区的宽度之和还没有完全影响到地表时，由于采空区宽度 S 增加，其影响范围逐渐增大，影响的岩层层位逐渐升高，危险性逐渐增加，但是由于短边的限制，采空区并未影响到地表岩层，所以冲击危险性并未达到最大。

　　当采空区的宽度之和达到了完全影响地表的程度时，由于影响到的上覆岩层层位达到最高，在煤系地层中，震动释放的能量是最大的，即冲击地压危险性是最大的。

　　当回采工作面继续开采，采空区继续增加时，即 $S>0.4H$，在这种情况下，由于上覆岩层的移动已处于所能达到的最高层位，岩层中释放的震动能量将处于某一水平，冲击危险性基本不变。

　　在孤岛煤柱的情况下，由于三边均为采空区，因此开采时其释放的震动能量是很大的。

　　工作面长度对冲击地压危险程度的影响主要是在采空区宽度 $S>0.4H$ 时的条件下。此时，回采工作面的一边为采空区，另一边为实体煤。从工作面边缘到采空区形成一个直角，在这部分煤体上，因工作面前方移动应力集中区和采空区边缘煤体上的应力集中相互叠加，形成很高的应力集中现象。而且在工作面推进过程中，这种现象一直存在。

　　对于中厚煤层工作面，应力峰值距采空区边缘 10~20 m。在本工作面与上个工作面采空区交接的地方，该直角区的应力集中影响为 40~50 m。当工作面长度大于 50 m 时，直角对应力集中程度不会产生影响，而且对动力现象的发生也不会产生影响。而在综采放顶煤工作面，直角区的应力集中影响可达 80~100 m。在这种情况下，加大工作面长度对限制冲击矿压的发生是有利的，如图 6-12 所示。

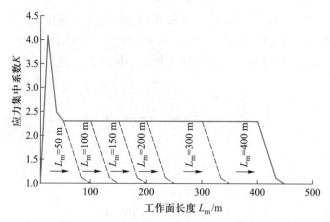

图 6-12　煤层中应力集中系数与工作面长度之间的关系

6.3　开采保护层　▷▷▷

6.3.1　开采保护层防冲原理

开采保护层属于区域性防治冲击地压方法,具有时空的长期性和区域性。开采保护层是指一个煤层(或分层)先采,能使临近煤层岩体应力得到一定时间的卸载。先采的保护层必须根据煤层赋存条件选择无冲击地压危险或弱冲击地压危险的煤层。在冲击地压危险较大的煤层附近,选取没有冲击地压危险或危险较小的煤层先开采,然后开采垂直下层或上层危险较大的煤层,先行开采的煤层称为保护层,后开采的煤层称为被保护层,如图 6-13 所示。

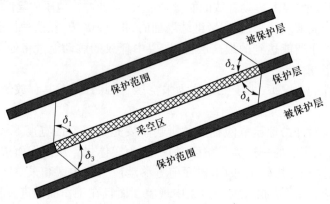

δ_1、δ_2、δ_3、δ_4 分别为不同方向的卸压角

图 6-13　开采保护层

开采保护层是防治冲击地压的一项有效的、带有根本性的区域性防治措施。冲击地压矿井应优先选择保护层开采,根据矿井实际煤层群分布情况,可以采用开采上保护层、开采下保护层或混合开采形式,如图 6-14 所示。

保护层开采之后,其顶底板岩层内部必然会产生裂隙,引起围岩向采掘空间移动,使采空区上、下方的岩层应力卸载,形成"卸压带",即被保护区域。在采用钻屑法监测

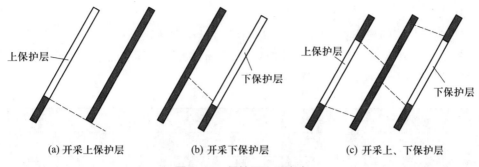

图 6-14 保护层开采方案

等确认无冲击地压危险时,可按无冲击地压煤层进行采掘工作。

开采保护层引起被保护层应力降低是一个时间过程,刚开始时岩层破裂移动是很剧烈的,随着与保护层的距离增大而减弱。采空区一侧垮落的矸石随着开采时间的延长逐渐被顶板压实,应力相应地逐渐增加,趋于原岩应力水平。所以保护层的作用具有时间性,卸压作用和效果会随时间的延长而减小,因此开采保护层的间隔时间不能太久。

此外,开采保护层引起被保护层应力降低是一个空间过程,部署保护层和被保护层中的采掘工作时,要确定保护层的卸压范围和卸压程度,在卸压带范围内,卸载作用随着向上或向下远离保护层而衰减。层间距大的煤层虽然处于卸压带范围,但开采时也不能绝对保证不发生冲击,只有在卸压带的某些范围内,应力降低到一定程度时,开采工作才会避免冲击地压灾害。对于不在卸压范围内,或处于卸压范围内在应力降低程度不够的煤层,必须采取顶板预裂、煤层注水、卸压钻孔、爆破松动或其他防治措施。卸压带的结构参数可以根据各矿井的实际情况,通过模拟实验、理论计算确定。

6.3.2 保护范围确定

保护层与被保护层之间的最大保护垂距可参照表 6-1 选取或采用式(6-1)、式(6-2)计算确定。

表 6-1 保护层与被保护层之间的最大保护垂距

煤层类别	最大保护垂距/m	
	上保护层	下保护层
急倾斜煤层	<60	<80
缓倾斜和倾斜煤层	<50	<100

下保护层的最大保护垂距:

$$S_{\text{下}} = S'_{\text{下}}\beta_1\beta_2 \tag{6-1}$$

上保护层的最大保护垂距:

$$S_{\text{上}} = S'_{\text{上}}\beta_1\beta_2 \tag{6-2}$$

式中,$S'_{\text{下}}$、$S'_{\text{上}}$为下保护层和上保护层的理论最大保护垂距,m。它与工作面长度 L_m 和开采深度 H(埋深)有关,可参照表 6-2 取值。当 $L_m > 0.3H$ 时,取 $L_m = 0.3H$,但 L_m 不得大于 250m。

β_1 为保护层开采的影响系数,当 $M \leq M_0$ 时,$\beta_1 = M/M_0$,当 $M > M_0$ 时,$\beta_1 = 1$。

M 为保护层的开采厚度,m。

M_0 为保护层的最小有效厚度,m,M_0 可参照图 6-15 确定。

β_2 为层间硬岩(砂岩、石灰岩)影响系数,以 η 表示在层间岩石中所占的百分比,当 $\eta \geqslant 50\%$ 时,$\beta_2 = 1 - 0.4\eta$,当 $\eta < 50\%$ 时,$\beta_2 = 1$。

表 6-2　$S'_\perp$ 和 $S'_\vdash$ 与开采深度 H 和工作面长度 L_m 之间的关系

开采深度 H/m	工作面长度 L_m/m								工作面长度 L_m/m						
	50	75	100	125	150	175	200	250	50	75	100	125	150	200	250
	$S'_\vdash$								$S'_\perp$						
400	58	85	112	134	155	170	182	194	40	50	58	66	71	74	76
600	45	67	90	109	126	138	146	155	24	34	43	50	55	59	61
800	33	54	73	90	103	117	127	135	21	29	36	41	45	49	50
1000	27	41	57	71	88	100	114	122	18	25	32	36	41	44	45
1200	24	37	50	63	80	92	104	113	16	23	30	32	37	40	41

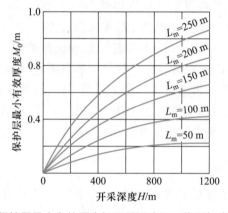

图 6-15　保护层最小有效厚度与开采深度和工作面长度之间的关系

保护层工作面的保护范围应根据卸压角确定,图 6-13 给出了保护层工作面的卸压范围与卸压角。卸压角应根据矿井实测结果确定,无实测数据时可参照表 6-3 取值。

表 6-3　保护层的卸压角

煤层倾角/(°)	卸压角 δ			
	δ_1	δ_2	δ_3	δ_4
0	80	80	75	75
10	77	83	75	75
20	73	87	75	75
30	69	90	77	70
40	65	90	80	70
50	70	90	80	70
60	72	90	80	70
70	72	90	80	72

煤层倾角/(°)	卸压角 δ			
	δ_1	δ_2	δ_3	δ_4
80	73	90	78	75
90	75	80	75	80

木城涧矿大台井田含煤 4 层,自上而下分别为 13 号煤、12 号煤、11 号煤和 10 号煤,且煤层为急倾斜,平均倾角 65°,埋深 500 m。13 号煤平均煤厚 1.36~1.98 m,煤层结构较复杂,含 1~5 层夹石,层数不稳定,可采性差,为不稳定煤层。13 号煤与 12 号煤平均间距为 75 m。12 号煤煤层厚度 1.37~3.01 m,平均厚度为 2.19 m,属于中厚煤层,煤层较稳定。11 号煤煤层厚度为 0.75~1.25 m,平均厚度为 1.21 m,属于薄煤层,煤层较稳定。11 号煤与 12 号煤平均间距为 15 m。

12 号煤主采煤层工作面相继发生多次较大破坏的冲击地压,造成人员伤亡和财产损失,采用开采保护层方法防治 12 号煤冲击地压。在 12 号煤保护层选择上,理论上可以选择 13 号煤为上保护层或者 11 号煤为下保护层开采,但是由于 13 号煤煤层结构复杂,可采性差,全区只有部分区段可采,并且全矿井未见揭露 13 号煤的石门剖面和相关技术资料。因此,选择 11 号煤作为 12 号煤的下保护层开采,保护层位置关系如图 6-16 所示。

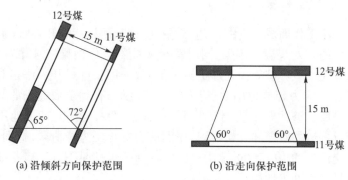

(a) 沿倾斜方向保护范围　　　(b) 沿走向保护范围

图 6-16　保护层位置关系

通过数值模拟计算,先开采 11 号煤再开采 12 号煤时,应力降低区域形状近似马蹄形,如图 6-17 所示。经分析可知,应力释放区与下方支承应力升高区界面的倾角,即伪走向下卸压角 53°,小于应力释放区与上方支承应力升高区界面的倾向,即伪走向上卸压角 89°,使 12 号煤再开采时处于 11 号煤的保护范围内。实际上,开采 11 号煤对 12 号煤的应力卸压程度为 50%~60%,且为了能使 12 号煤充分卸压,12 号煤开采时间滞后 11 号煤一个月以上,最终先开采无冲击危险的 11 号煤作为保护层,实现了安全开采。

开采保护层是冲击地压最有效的一种防治方法,但开采保护层是有条件的,即只有在煤层群多煤层的条件下才能实施。对于单煤层情况或多煤层,煤层间距太大起不到保护的情况下,潘一山教授提出自保护开采的概念与方法。在煤层中切割出一条具有一定深度的扁平缝槽,形成一定尺寸的缝隙,相当于在本层煤中开采一定厚度的保护层,从而使得本层煤得到保护。

在工作面两巷向开采区域煤体布置高压水射流钻孔,孔深为工作面长度的一半,

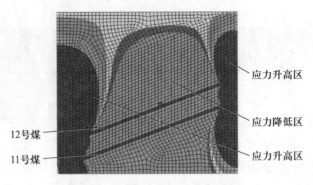

图 6-17　开采保护层数值模拟结果

打孔完成后退时进行高压水射流水力切缝。从喷嘴射出的高压水射流冲击煤层表面，煤屑从表面剥落，形成缝隙，露出新表面。随着射流对煤层的打击，缝隙加深，射流进入煤层缝隙中，使钻孔两边形成近 1m 的缝。沿着巷道每隔 1m 打孔，重复射流切割过程，最后所有钻孔割缝连接起来，就形成了一个开采的保护层。

6.4　合理选择采煤方法　▷▷▷

6.4.1　长壁式开采法

长壁式开采法工作面成一直线，一般只掘进风巷、回风巷和开切眼（遇断层等原因补掘巷道是个别的），对煤层切割少，同时顶板多能随工作面推进顺序冒落，即使顶板难冒落也可采取注水或爆破等预处理措施。因此，采用长壁式开采法相对其他采煤方法，煤柱相对较少，应力释放范围大、应力集中程度低，有利于减缓或消除冲击地压发生的条件。但采取长壁式开采法仍有发生冲击地压的可能。其冲击地压危险点多集中于采空区附近掘进的巷道和开切眼、工作面前方支承压力峰值区，特别是进风巷、回风巷与工作面交汇处的 10~100m 范围；另外，在回采煤柱时，断层、褶曲地带或构造应力异常地带也易发生冲击地压。

长壁式开采方法常采用综合机械化放顶煤开采与综合机械化单一煤层开采两种常见的采煤工艺，两种采煤工艺的工作面附近采动应力分布规律大致相同，但与单一煤层开采相比，在顶板以及煤层条件、力学性质相同情况下，放顶煤开采的支承压力分布范围大、峰值点前移，支承压力集中系数没有显著变化，如图 6-18 所示。采用综采放顶煤采开采时，工作面两巷沿底板掘进（受断层构造等局部影响区域除外），巷道不留底煤，避免煤层底板冲击显现。此外，综采放顶煤采开采与分层开采相比，采高大，相同产出煤炭量下，工作面推进速度较慢，有利于冲击地压防治。

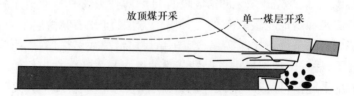

图 6-18　放顶煤开采与单一煤层开采的支承压力分布对比

对于上覆岩层中存在坚硬岩层或岩层组时,综采放顶煤采开采时,一次采出空间大,覆岩扰动影响范围大,采空区充填的程度降低,工作面两巷超前影响范围大。因此,放顶煤开采一旦发生冲击地压,巷道破坏范围与破坏程度要比单一煤层开采严重。

华丰矿、老虎台矿、唐山矿综采放顶煤开采实践证明,综采放顶煤开采冲击地压危险性厚煤层在一定程度上降低了破坏性冲击地压发生的强度,同时也减少了其发生的次数。但是华丰矿 1409 综采放顶煤工作面发生冲击地压统计数据表明,综采放顶煤开采并没有完全阻止冲击地压的发生。这是因为对于采煤工作面冲击地压发生的力源因素主要为煤层在大面积悬露的上覆岩层压力作用下压缩弹性能和高强度大厚度坚硬顶板弹性弯曲变形储存的弹性能。

短壁体系(房柱式、刀柱式、短壁水采等)采煤方法由于采掘巷道多,巷道交岔多,遗留煤柱也多,形成多处支承压力叠加,易发生冲击地压。

因此,对于冲击地压矿井,应该采用长壁式采煤方法、综合机械化采煤工艺,避免采用普通机械化采煤工艺和爆破采煤工艺。缓倾斜、倾斜厚及特厚煤层采用综采放顶煤工艺开采时,直接顶不能随采随冒时,应当预先对顶板进行弱化处理。工作面回采时宜匀速推进,不宜忽快忽慢。工作面推进速度影响微震能量释放,生产中需要根据微震能量释放情况确定合理的工作面推进速度。

6.4.2　"110 工法"

何满潮院士提出"切顶短臂梁"理论,即利用矿山压力,在采空区侧定向切顶,切断部分顶板的矿山压力传递,利用矿山压力切落顶板自动成巷,实现无煤柱开采。提出了切顶卸压自动成巷碎胀充填"110 工法"技术工艺,即回采一个工作面,只需掘进一个回采巷道,另一个回采巷道自动形成,取消区段煤柱,同时利用切落顶板岩石碎胀特性支撑未垮落顶板,如图 6-19 所示。

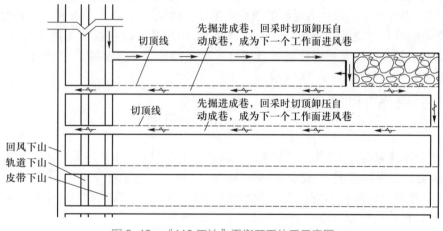

图 6-19　"110 工法"平衡开采体系示意图

"110 工法"在冲击地压控制方面的优势体现在:一方面,通过预裂切缝,可以切断巷道顶板与采空区顶板岩体间的压力传递路径,优化巷道和工作面围岩的应力环境;另一方面,将工作面顶板自然垮落改变为按照人为设计高度切顶垮落,从而利用岩石碎胀特性完全充填采空区空间,支撑未垮落顶板,实现卸压效应,使自动形成的巷道处于低应力环境,降低冲击地压灾害。图 6-20 为"110 工法"平衡开采体系顶板岩层移动与受力示意图,"110 工法"在开采过程中切断了巷道顶板与采空区顶板之间的联系,在一定程度上避免了应力高度集中、顶板与煤层被压坏、高应力区掘巷及采动超前压力高等问题,又多回收了煤炭资源和解决了采掘失衡的矛盾。

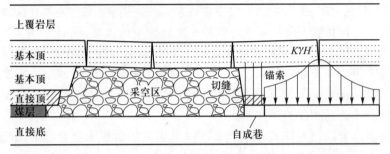

图 6-20　"110 工法"平衡开采体系顶板岩层移动与受力示意图

6.4.3　条带开采

条带开采是将要开采的煤层区域划分为比较正规的条带形状,采一条、留一条,使留下的条带煤柱足以支撑上覆岩层的重量,而地表只产生较小的移动和变形。条带开采按顶板管理方式分为冒落条带开采、充填条带开采;按条带长轴方向分为走向条带开采、倾斜条带开采和伪斜条带开采。

条带开采与一般长壁式采煤法相比,有采出率低、掘进率高、采煤工作面搬家次数多等缺点。但它的突出优点是开后引起的围岩移动量小、地表沉陷小。条带开采由于能有效地控制上覆岩层和地表沉陷,保护地表建筑物和生态环境,条带开采在"三下"压煤开采中具有广阔的推广应用前景。目前,我国山东省一些冲击地压矿井也采用条带开采成功防治了煤矿冲击地压,在采用条带开采防治冲击地压的主要原则为煤柱稳定性原则,即保证条带煤柱有足够的强度支撑覆岩的载荷,并且能够保持长期稳定。

条带防冲煤柱设计是条带开采的关键技术,条带开采时将留下孤岛煤柱,孤岛煤柱上的载荷是由煤柱上覆岩层重量及煤柱一侧或两侧采空区悬露岩层转移到煤柱上的部分重量引起的,如图 6-21 所示。

单位长度煤柱上的总载荷 P 为

$$P = \left[(B+D)H - \frac{D^2 \cot\delta}{4} \right] \gamma \tag{6-3}$$

式中,B 为煤柱宽度,m;D 为采空区宽度,m;H 为巷道埋深,m;δ 为采空区上覆岩层垮落角;γ 为覆岩平均容重,一般取 $2.5 \times 10^3 \mathrm{kg/m^3}$。

煤柱保持稳定的基本条件是煤柱两侧产生塑性变形后,在煤柱中央存在一定宽度的弹性核,该弹性核宽度应不小于煤柱高度的 2 倍。

煤柱宽度留设还应考虑避免煤柱的动力失稳,即冲击破坏。取工作面宽度为 D,孤岛煤柱宽度为 B,则采留比为 $\mu = D/B$,孤岛煤柱内应力服从对称的梯形分布,则有

$$\sigma(B - x_0) = P = \left[(B+D)H - \frac{D^2 \cot\delta}{4} \right] \gamma \tag{6-4}$$

煤柱内应力为

$$\sigma = \left(DH \cdot \frac{1+\mu}{\mu} - \frac{D^2 \cot\delta}{4} \right) \gamma \Big/ \left(\frac{D}{\mu} - x_0 \right) \tag{6-5}$$

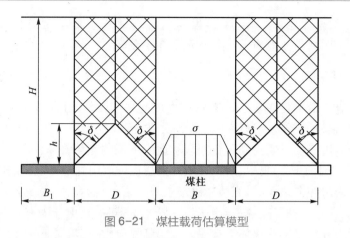

图 6-21 煤柱载荷估算模型

式中,x_0 为支承压力峰值与煤体边缘之间的距离。

$$x_0 = \frac{M}{2mf} \ln \frac{K\gamma H + C\cot\varphi}{mC\cot\varphi}, m = \frac{1+\sin\varphi}{1+\sin\varphi} \qquad (6-6)$$

式中,K 为应力集中系数,两侧采动时取 4.0;M 为煤层开采厚度,m;φ 为煤的内摩擦角;C 为煤柱侧已破坏部分的黏结力;f 为煤层与顶底板接触面的摩擦因数。

对某煤层,取 $H=1000$ m,$\delta=15°$,$\gamma=2.5\times10^3$ kN/m³,$x_0=20$ m,可求得保持煤柱长期稳定前提下不同采留比对应的煤柱冲击地压危险程度,如图 6-22 所示。可以看出,孤岛煤柱的冲击地压危险性随着煤柱宽度的增大和采留比的减小而减低;同等冲击地压危险状态下,采留比随煤柱宽度增大而增大。如在弱冲击地压危险状态,煤柱宽度留设 80 m、100 m、120 m 时允许的最大工作面宽度分别为 48 m、73 m、100 m,对应的采留比分别为 0.6、0.73、0.83;在中等冲击地压危险状态,煤柱宽度留设 80 m、100 m、120 m 时允许的最大工作面宽度分别为 67 m、100 m、135 m,对应的采留比分别为 0.83、1、1.125。因此,为保证煤柱不失稳,且尽可能提高煤炭采出率,煤柱宽度留设应取大些,这样工作面宽度也可相应取大,并增大了采留比。对于煤柱宽度 80 m、100 m、120 m 三种情况,首先应选 120 m,对应工作面宽度可选取 135 m 以下。

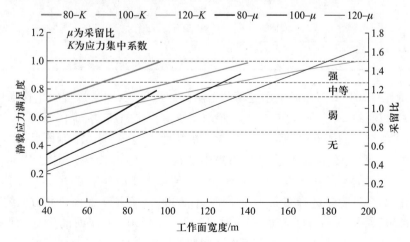

图 6-22 不同工作面及煤柱宽度下煤柱冲击地压危险程度

需指出的是,采深显著影响计算结果,对千米深井开采而言,工作面及煤柱宽度设计需要根据开采区域具体地质条件和开采条件仔细核定。

6.4.4 充填开采

充填开采方法最早是在"三下"采煤中发展起来的,对于建筑物下、铁路下和水下采煤,控制煤层顶板的断裂及地表下沉成为关键,因而提出了开采后的采空区或煤层顶板离层空间实施充填以便控制顶板断裂和地表下沉的充填开采法。实施充填后,控制了顶板断裂,减少了应力集中,所以充填开采法也可以用到冲击地压的防治中。

充填开采防治冲击地压时,充填率决定了采空区覆岩运动特征及其对煤体的动载加载效应,且存在一个临界充填率,当达到临界充填率时,充填开采有效减小了覆岩运动施加的动应力并最终实现煤体的总应力低于临界应力,充填降低甚至消除了冲击危险;当充填率小于减冲临界充实率时,充填开采不能有效减小覆岩运动造成的动载,导致煤体的总应力大于临界应力,充填工作面仍具有冲击危险。

济三矿不同充填率时工作面超前支承应力分布特征的数值模拟结果表明:当充填率为40%时,超前支承应力的分布规律与垮落法开采(充填率为0)时基本相同,超前支承应力峰值达43 MPa左右,影响范围均为45 m左右。当充填率达到82.5%和97%之后,超前支承应力分别减小至29 MPa和23.5 MPa,相较于垮落法开采,减小幅度达32.6%和45.3%,影响范围也大幅度降低,由45 m分别缩短为30 m和22.5 m,如表6-4所示。充填率为40%时,充填基本不影响工作面超前支承应力的分布规律,当充填率为82.5%和97%时,工作面超前支承应力及其影响范围均会大幅度降低,并且随着充填率的增加,其降低幅度也会随之增加,可有效防止冲击地压发生。

表6-4　不同充填率时工作面超前支承应力数值模拟结果

充填率	充填高度/m	顶板初次断裂距离/m	超前支承应力峰值/MPa	最大应力集中系数	超前支承应力最大影响范围/m
0	0	157.5	43.1	2.61	45.0
40%	1.75	165	42.3	2.56	45.0
82.5%	3.5	180	29.0	1.76	30.0
97%	3.5	无	23.5	1.42	22.5

济三矿在6304-1工作面采用充填开采防治冲击地压,回采过程中工作面两巷内,各布置了3组测站24个钻孔应力计,对超前支承应力进行实测,煤体不同深度的超前支承应力实测结果如图6-23所示。监测结果表明:由于充填体限制了坚硬顶板的变形,工作面采动影响较小,超前支承应力集中系数仅为1.44,影响范围约28 m,远小于济三矿类似条件的垮落法开采工作面。6304-1充填工作面开采期间,采用微震监测系统对工作面的微震能量进行实测,与此同时,在6304-1充填工作面正北方向约1700 m的位置,16305综采放顶煤工作面在同时进行开采,16305工作面的埋深及倾角等与6304-1充填工作面基本相同。两个工作面同期的微震事件分统计结果如表6-5所示。6304-1充填工作面发生能量大于5000 J的微震事件仅有2次,最大一次的微震能量为8760 J;同期16305综采放顶煤开采工作面发生能量大于5000 J的微震事件87次,其

中大于 10000 J 的 15 次,最大一次的微震能量达 39000 J;在微震总次数和平均能量方面,6304-1 充填工作面也远小于 16305 综采放顶煤工作面。

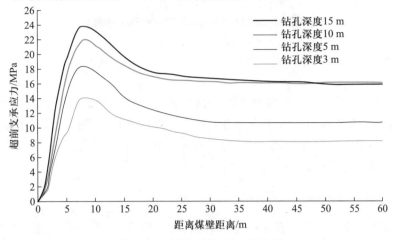

图 6-23　超前支承压力实测结果

表 6-5　6304-1 与 16305 工作面同期微震事件统计表

		6304-1 充填工作面微震次数	16305 综采放顶煤工作面微震次数
能量/J	<1000	202	1143
	1000~3000	51	949
	>3000~5000	10	165
	>5000~10000	2	72
	>10000	0	15
微震次数合计/次		265	2344
最大微震能量/J		8760	39000
平均微震能量/J		733.2	1428.6

6.5　优化巷道布置　>>>

6.5.1　选择低应力区布置巷道

冲击地压矿井的巷道布置在考虑技术经济条件的同时,应分析冲击地压危险影响因素,合理布置设计巷道,避免巷道布置在高应力集中区,降低冲击地压危险。

如图 6-24 所示,煤体边缘存在着处于破碎状态的低应力区,当巷道位于低应力区或采用沿空送巷布置方式时,对煤体支承压力的影响较轻,所引起的围岩应力扰动和支承压力变化较小,巷道的掘进或存在不会导致冲击地压危险程度的明显上升。当巷道在高应力区掘进时,则会破坏煤体的极限平衡状态,容易诱发冲击地压。

煤层中尽量少布置巷道,把巷道对煤层的切割破坏限制在最低程度。根据顶底板岩性适当加大掘进巷道宽度,在围岩条件允许的情况下,一般巷道宽度超过 2~3 倍的采高,确保巷道的畅通,减少片帮煤或振起的杂物击打和碰伤人员。

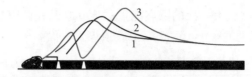

图6-24　巷道位置与支承压力分布

1—未掘巷道；2—巷道处于低应力区；3—巷道处于高应力区

开拓巷道、准备巷道及永久硐室的布置应参考地应力测试结果，依据地应力分布方向布置巷道，避免巷道与水平应力方向垂直。煤层巷道避开应力集中区送巷，在低应力区布置。对于倾斜煤层回采巷道，一般采取沿空留巷、错层位巷道布置或邻近采空区巷道外错布置等方式。

6.5.2　合理选择巷道布置层位

有冲击地压危险的煤层开拓或准备巷道、永久硐室、主要上下山、回采巷道，应布置在底板岩层或无冲击地压危险煤层中，不得布置在严重冲击地压煤层中，以利于消除或减小冲击地压危险。

采区开拓巷道服务年限相对较长，一般在3~5年之间，并且直接和工作面两巷相连，随着采动的变化，矿山压力逐渐集中到采区开拓巷道的煤柱上，从而形成冲击地压发生的条件。若采区开拓巷道布置在煤层底板，巷道围岩为岩石材料，不具备冲击地压发生的物质条件，可避免冲击地压发生。

城子矿1971年回收八层-250 m水平西巷护巷煤柱时，按常规布置方法，造成严重的冲击地压伤亡事故，被迫停采封闭。时隔近20年后再行回收时，采用底板集中大巷，分区小石门进入煤层，以及避开应力峰值区送巷及宽巷掘进等开采方式，历时11个月安全回收该煤柱，没有发生冲击地压灾害。

南阳矿夏塘井可采煤层倾角变化大，平均倾角45°~70°，局部直立倒转，急倾斜冲击地压煤层226采区巷道布置，为了防治冲击地压，采区巷道布置上增大了采区内区段垂高，采用工作面岩石上山布置方式，如图6-25所示。此种布置方式取消区段、工作面煤层上山或反眼布置，沿工作面走向布置两条底板岩石伪斜上山（每隔100~150 m布置一条），用小阶段斜石门揭穿煤层，将工作面沿倾向分成若干小阶段，变工作面走向条块推进为倾向小阶段下行推进。

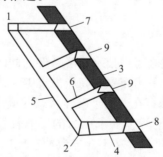

图6-25　工作面岩石上山布置方式

1—100 m水平中巷；2—-145 m水平中巷；3—-100 m水平回风石门；4—石门；5—工作面岩石上山；
6—小阶段斜石门；7—100 m水平风巷；8—-145 m水平溜子道；9—工作斜坡

由于采用岩石上山掘进,工作面以两条底板岩石伪斜上山取代三条煤层上山和反眼,岩石上山布置在距煤层 10~15 m 底板岩层中,完全可以避开煤层冲击地压影响。此外,工作面沿倾斜小阶段下行开采,交替采掘,由上而下,层层剥落,有利于卸压。工作面走向长一般在 200~300 m,用两条岩石上山将工作面分成两翼,两翼交替采掘,采掘间隔时间长,靠近采空区边缘的煤层有充分卸压时间。上一小阶段回采对下一小阶段开采具有卸压和解放应力作用。特别是对有淋水煤层开采,采空区积水浸到下一个小阶段,起到降低煤层弹性变形,增加塑性变形,对防治冲击地压有利。

对于特厚煤层,尽可能布置沿底巷道、半煤岩巷道、甚至全岩巷道,如图 6-26 所示。对强冲击地压厚煤层,应力集中区域进风巷,采用起底 1/3~1/2 的布置方式,降低冲击地压危险性。

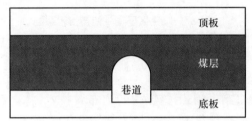

图 6-26   沿底巷道布置情况

在冲击地压煤层内掘进巷道时,不应留底煤,如果留有底煤必须采取底板预卸压措施。在厚煤层中巷道沿顶板布置留底煤时,巷道开挖后,一定范围的煤层底板中的水平应力升高,垂直应力降低,巷道开挖卸荷过程中,底板由于没有支护,容易使底板成为冲击破坏的突破口。

郓城矿 1300 工作面开采深度 850~890 m 巷道掘进时留有底煤,部分底煤厚度较大,经常发生冲击地压。在巷道底板开掘卸压槽进行卸压处理,由于卸压槽破坏了底板岩层的连续性,增加了底板的空缝和裂隙,减小了该区域积聚的能量,使冲击能量向下部坚硬岩层转移,降低冲击地压发生的可能性,确保 1300 工作面回风巷的安全掘进。

6.5.3   临空侧巷道错层布置

回采工作面临空侧巷道受上区段采动影响,上覆岩层受到不同程度的弯曲、破坏,导致承载位置向临空区侧移动,使接替区段临空侧回采巷道承受的静载增加;同时接替区段工作面回采时,高能量矿震动载主要由于上区段未完全稳定的覆岩断裂诱发,对于临空区侧回采巷道动载扰动最为强烈;因此临空侧回采巷道动静载叠加后应力更容易超过其围岩支护体系的承载极限,从而增加其冲击破坏的可能性。

华丰矿为解决大倾角煤层冲击地压问题,采用临空侧巷道错层布置(也称为错层位负煤柱布置),在上区段工作面回采时,采用全部垮落法形成上区段采空区,然后在临近上区段采空区下方的底煤中布置接替区段回采巷道,接替区段回采巷道与上区段内侧回采平巷平行交错间隔一段距离,在接替区段工作面的另一侧布置与上区段内侧回采平巷平行的接替区段非临空区回采巷道,使接替区段工作面呈倾斜布置,之后进行接替区段工作面的回采工作,布置示意图如图 6-27 所示。临空侧巷道错层布置使接替区段回风巷处于完全采空状态,其顶板为采空区垮落矸石层,所承受的静载大大降低,同时垮落碎胀矸石也可吸收高位顶板岩层断裂释放的能量,避免巷道承受动载冲击。错层位巷道布置不仅对冲击地压防治有利,也减少了煤炭损失。

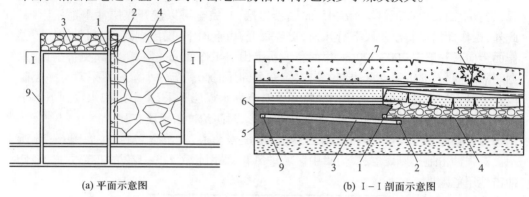

(a) 平面示意图 (b) Ⅰ-Ⅰ剖面示意图

图6-27 临空区巷道外错布置示意图

1—上区段内侧回采平巷;2—接替区段临空区回采巷道;3—接替区段工作面;4—上区段采空区;

5—底煤;6—顶煤;7—覆岩亚关键层;8—矿震;9—接替区段非临空区回采巷道

河南省某矿 25110 工作面采用错层位巷道布置技术,将上部回风巷往外平错离25090 综采放顶煤工作面运输巷 15.8 m,竖直错距 2.0 m,布置在 25090 综采放顶煤工作面采空区下方。采用外错布置方式后,临空巷道矿震分布明显较实体煤巷道稀疏,且最大能量也远低于实体煤巷道,如图 6-28 所示。采空区侧冲击地压危险性明显低于非采空区侧,甚至没有发生冲击地压,从根本上避免了冲击地压威胁,取得了明显的防治效果。

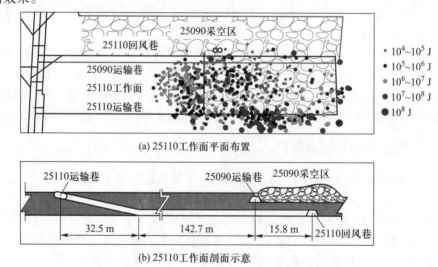

(a) 25110工作面平面布置

(b) 25110工作面剖面示意

图6-28 25110 综采放顶煤工作面布置及矿震分布

6.5.4 避开地质构造带布置巷道

断层、向斜轴部、翼部往往存在构造应力,是冲击地压危险区域。因此,巷道布置应避开断层、褶皱等构造带,当无法避免时,尽可能垂直于断层带等掘进穿过。

山东省某矿 2222 断西运输巷位于-1100 m 水平二采区第二亚阶段,埋深 1060 m。巷道沿 2 号煤层掘进,2 号煤层平均厚度 3.0 m,直接顶为 3.75 m 厚的细砂岩,直接顶以上为一层煤平均厚度 0.4 m,老顶为 10 m 厚的细砂岩-砂岩,单向抗压强度 66.7 MPa。2012 年 3 月 16 日,2222 断西运输综掘工作面发生一起冲击地压事故,造成掘进迎头以外 30 m 范围,巷道上帮煤体冲出,其中距迎头 4 m 至 24 m 范围内冲击地压显现最为强烈,巷道上帮煤体向下帮冲出,锚杆被拉出,巷道宽度由 3.8 m 缩小为 1.1~1.4 m,如图 6-29a所示。

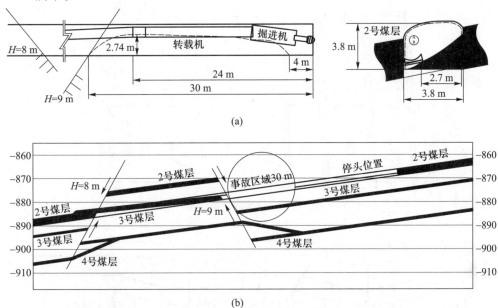

图 6-29 某矿 2222 断西运输综掘工作面事故平面、剖面示意图

造成此次事故的主要原因是事故地点处于矿井落差 $H = 180$ m 的 F10-6 断层附近,并且位于该断层次生的落差分别为 8 m 和 9 m 的断层交汇三角地带,如图 6-29b所示,巷道受到断层构造残余应力的严重影响,巷道围岩应力水平很高,煤体集聚的弹性能量高度集中。在采掘应力的诱发影响下,断层发生运动,造成巷道煤体集聚的弹性能量释放而引发冲击地压事故。

6.6 合理留设煤柱 >>>

留设煤柱是煤矿采取的主要护巷方法,同时留设的煤柱正是应力集中的部位,易引起冲击地压。煤柱留设位置、煤柱留设宽度及煤柱形状等对冲击地压防治和巷道稳定性起着至关重要的作用。

6.6.1 煤柱留设原则

1. 煤层群开采时严禁在本煤层遗留煤柱

在煤层群开采时,可能会在本煤层采空区内遗留煤柱。煤柱是应力集中的部位,承受的集中应力较高,煤柱附近的顶底板岩层内形成高应力集中区域,上煤层或下煤层开采时,采掘工作面过煤柱时极易导致冲击地压事故。

大同矿区同忻矿石炭系煤层 8105 工作面上覆的侏罗系 14 号煤层已在 1980—1983 年期间开采完毕。14 号煤层顶板经长时间的运动调整,顶板岩层活动基本趋于稳定。采空区留设的煤柱承受覆岩重量,导致 14 号煤层采空区留设煤柱下方出现较高的应力集中区。8105 工作面与 8202 工作面推进方向相互垂直,8105 工作面切眼位于 8202 工作面边界煤柱下方,如图 6-30 与图 6-31 所示。8105 工作面推进至靠近 8202 工作面采空区,发生冲击地压。

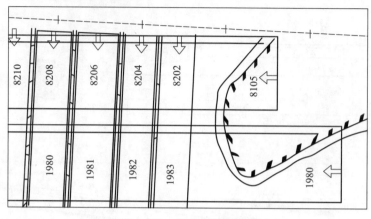

图 6-30　煤层群遗留煤柱

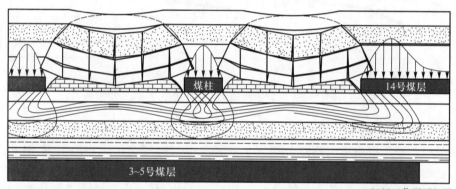

8105工作面开切眼

图 6-31　同忻矿双系煤层工作面层位关系及煤层覆岩结构

鹤岗矿区峻德矿综采一区北 17 层三四区一段工作面 2013 年 3 月 15 日发生冲击地压,位置于 9 号煤层与 11 号煤层煤柱叠加下方附近,如图 6-32 所示。其原因之一就是 9 号煤层、11 号煤层残留煤柱应力叠加引起底板裂隙向下发育,17 号煤层开采引起断裂拱裂隙向上发育,裂隙贯通引起巨厚组合岩层垮落,引起冲击地压。

2. 避免留设不规则煤柱

由于地质条件和开采布局等影响,煤层开采过程中在相邻和相近的两工作面间,可能留下不规则的煤柱,如 Z 字形煤柱、三角形煤柱等不规则的煤柱。这些煤柱容易在拐角处或尺寸突变处形成应力集中,更易于引发冲击地压。

如义马常村矿在 21 采区下山煤柱中布置了一个延伸工作面,已回采完毕。2113 工作面采用分层开采,2113_1 工作面开采后周围形成 Z 字形煤柱,如图 6-33 所示。2113_2 工作面开采时,工作面下巷外错上分层 25 m 布置,这时 2113_2 工作面下平巷整体处于 Z 字形煤柱高应力区域内,而靠近上分层停采线附近的下平巷处于煤柱应力集中区域,该区域发生冲击地压的次数较其他区域高很多。

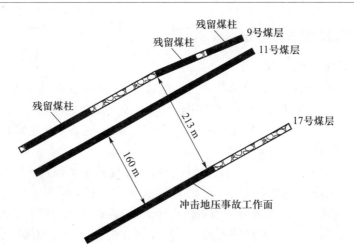

图 6-32 峻德矿叠加煤柱

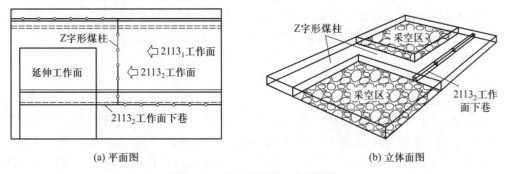

(a) 平面图   (b) 立体面图

图 6-33 义马常村矿 Z 字形煤柱

    唐口矿 3303 工作面平均埋深 880 m,地应力高,地质构造复杂,煤层具有强冲击倾向性。该工作面为旋转工作面,工作面里段三面为采空区,且回采煤柱不规则,煤柱宽度变化大,最窄处仅为 5 m。工作面开采期间煤柱受力将极不稳定,旋采区段内有多条巷道交叉,将工作面煤体切割成多个三角形煤柱,多方向支承压力叠加引起煤体应力高度集中。工作面推进时,与超前支承压力共同叠加,围岩应力场极为复杂,三角形煤柱稳定性问题更为突出。如图 6-34 所示的 I 区域为临近上区段采空区区域,II 区域为工作面开采过程中的转弯区域,3303 工作面在推进这两区域时冲击地压显著增加。

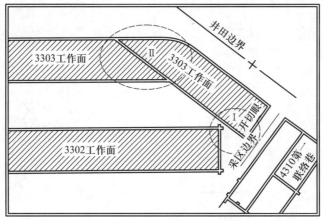

图 6-34 唐口矿 3303 工作面开采环境

6.6.2 区段煤柱宽度确定

1. 区段煤柱的承载类型

煤柱是应力集中部位,承受的集中应力较高,易引起冲击地压。煤柱合理宽度的确定对冲击地压防治起着至关重要的作用,同时合理的煤柱宽度对回采巷道稳定性及维护有着积极作用。一般来说,煤柱尺寸的宽高比(B/H)在5~10之间时,对预防煤柱型冲击地压是不利的。

区段煤柱可分为屈服煤柱和承载煤柱。屈服煤柱和承载煤柱都能够有效的保证巷道的稳定性,承载煤柱的弹性核区较宽,能够支撑住上覆岩层所施加的载荷,煤柱不易发生突然失稳破坏。屈服煤柱在现场的应用表明,该技术也能够有效减少冲击地压次数,相比承载煤柱可节省大量的煤炭。屈服煤柱方法容许巷道和煤柱在侧向支承压力作用下产生一定的变形,从而把大量的载荷转移到周围的实体煤中,降低自身的应力集中程度,防止大量弹性能积聚后的突然释放造成煤柱型冲击地压的发生。

承载煤柱尺寸若留设不合理,煤柱内部可能存在不稳定的弹性核,导致煤柱不能平稳地进入屈服状态。屈服煤柱的尺寸若太小,而不能完全承受其上的支撑载荷。因此,合理的煤柱设计不仅要能保证巷道内支护质量和人员设备安全,在具有冲击地压危险的矿井,还要能够降低冲击地压危险性。

2. 承载煤柱的设计

当煤柱从其周围岩体分离出来后,将经历初始承载、巷道有限稳定和极限抵抗三个阶段。初始承载阶段时,煤柱两侧失去约束,并开始屈服,屈服区域不具有较高的承载能力,但由于摩擦阻力的存在,会在煤柱屈服和开挖的自由面之间对煤柱的弹性核起到限制作用。而随着工作面开采所造成的应力的增加,在巷道有限稳定阶段,煤柱核所受的平均应力也在增加,直到与屈服区域边界上的峰值应力相等。煤柱应力的持续增加将导致塑性区域的进一步扩展,最终整个煤柱连同核心都进入屈服阶段。

图 6-35 为煤柱的力学模型,考虑宽度为 B 的煤柱,其中即包括弹性区域,也包括塑性区域。从塑性区中取宽度为 dx 单元,τ 为煤层顶板剪切应力,σ_z 为上覆岩层垂直应力,σ_x 为单元一侧的侧向应力,另一侧为 $\sigma_x+d\sigma_x$,忽略单元质量。假设水平应力等于煤柱侧已破坏部分的黏结力。当 $x=0$ 时,$\sigma_x=C=0.1$ MPa;在弹塑性交界面处水平应力达到原岩应力状态,即水平应力等于垂直应力;当 $x=X_b$ 时,$\sigma_x=\sigma_v=\gamma Z$。

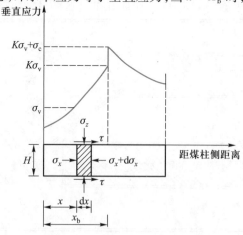

图 6-35　巷道有限稳定阶段煤柱的力学模型

巷道有限稳定阶段塑性区的宽度为

$$X_b = \frac{H}{2}\left(\left(\frac{\gamma Z}{C}\right)^{\frac{1}{m-1}} - 1\right), m = \frac{1+\sin\varphi}{1-\sin\varphi} \qquad (6-7)$$

式中,H 为煤柱的高度;γ 为覆岩平均容重,一般取 2.5×10^3 kg/m^3;Z 为采深;φ 为煤的内摩擦角;C 为煤柱侧已破坏部分的黏结力。

在选择设计承载煤柱时,为保证巷道稳定性,就要保证煤柱不能从有限稳定阶段向极限抵抗阶段转化,煤柱在有限稳定阶段的承载力就必须大于上覆岩层施加在煤层上的载荷。将煤柱及其顶板视为一个力学系统,则煤柱中弹性核的宽度为 $T=B-2X_b$,煤柱弹性区受到两侧塑性区的约束,处于三向应力状态。

采用突变理论,得出煤柱失稳的判别方程:

$$B \leqslant H\left(\left(\frac{\gamma Z}{C}\right)^{\frac{1}{m-1}} - 1\right)\left(\frac{(1-\upsilon)e^2 + 1 - \upsilon - \upsilon/m}{(1-\upsilon)e^2}\right) \qquad (6-8)$$

式中,υ 为泊松比;e 为自然常数,取 2.72;其他符号同上。

当煤柱宽度满足上式时,则煤柱容易发生突然的失稳,故承载煤柱的宽度应必须大于上式右面的式子才能保证巷道的稳定性。针对某煤矿的实际条件,γ 取 2.5×10^3 kg/m^3,采深取 650 m,煤的内摩擦角取 27°,煤柱高度取 3.4 m,最终计算支撑煤柱不易失稳的条件为 B 大于 37.4 m。

3. 屈服煤柱设计

理论上,有限稳定阶段的煤柱承载力应小于施加在煤柱上的载荷才能保证煤柱进入极限抵抗阶段,即进入完全塑性区,但是如何确定煤柱合理尺寸,则牵涉到煤柱破坏的峰后承载特性,由于目前无法从理论上描述弹性核向屈服阶段转化的过程是否会出现突然的失稳,一般采用数值模拟方法来解决此问题。

图 6-36 为甘肃省某矿不同煤柱宽度的垂直应力分布的模拟结果,当煤柱宽度小于等于 5 m 时,煤柱中的垂直应力小于 15 MPa,应力水平很低,煤柱已完全进入屈服状态,屈服煤柱失去承载特性后,多余的载荷转移到了实体煤侧,煤柱发生冲击地压危险性较低;当煤柱宽度在 14~18 m 之间时,煤柱中的最大垂直应力达到 60 MPa 以上,并随着煤柱宽度的增加,应力高于 60 MPa 的范围逐渐扩大,随着应力集中程度的增加,煤柱中弹性压缩核内积聚的弹性变形能也将相应增多,此时,煤柱发生冲击地压的危险性较高,从防止冲击地压的角度上讲,屈服煤柱应避免煤柱内出现弹性压缩核。

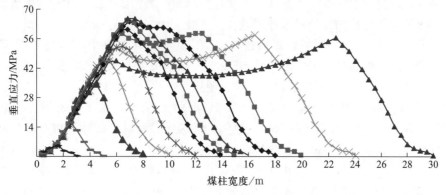

图 6-36 不同宽度煤柱的垂直应力分布

4. 从避免煤柱失稳发生冲击地压角度确定煤柱宽度

根据扰动响应失稳理论,通过解析分析,能够得到顶板挠度与煤柱应力分布规律。当煤柱和顶板的几何尺寸、材料常数给定时,可确定损伤区范围 ρ,顶板位移和煤柱的应力场。当上覆岩层载荷 P 达到临界值时,煤柱处于临界状态,在外部扰动影响下,煤柱失稳,产生冲击地压现象。通过绘制 P—ρ 关系曲线,寻找曲线极值点的方法确定临界点,再计算曲线极值点的方法确定冲击地压发生的临界点,进而得到临界载荷与煤柱宽度关系曲线。图 6-37 与图 6-38 分别为华丰矿上覆岩层载荷与损伤区深度关系曲线和临界载荷与煤柱半宽度关系曲线,可见临界载荷随煤柱宽度增加而增大,说明煤柱较宽时比较稳定。当煤柱宽度大于 7 m 时,临界载荷不再增加,所以煤柱宽度取 7 m 已经足够。

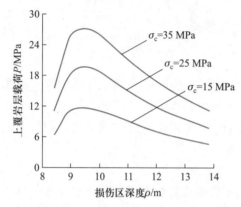

图 6-37　上覆岩层载荷与损伤区深度关系曲线　　图 6-38　临界载荷与煤柱半宽度关系曲线

6.6.3　开切眼及停采线位置选择

开切眼及停采线的位置对冲击地压的发生有较大的影响。多个工作面的开切眼及停采线不对齐的区域冲击地压危险程度急剧升高。开切眼外错,靠近采空区附近工作面周围煤岩体的应力集中程度非常高,应力集中系数最高达 7。因此,合理的工作面开切眼与停采线位置对于冲击地压的有效防控至关重要。应尽量保持每一个采(带)区工作面停采线在一条直线上,相邻工作面开切眼、停采线应对齐,避免出现梯形、三角形或锯齿形等不规则煤柱。在保证安全高效生产及提高煤炭资源采出率的前提下,尽量使得开切眼位置也在同一条直线上。多煤层(或单一煤层分层)开采时,下层工作面不应越过上层工作面的开切眼或停采线。

双翼开采采区,若停采线留设不合理造成上下山保护煤柱支承压力叠加,导致冲击地压危险加剧。两侧均已采空的煤柱,其应力分布状态主要取决于回采引起的支承压力影响距离 L 及煤柱宽度 B,主要有三种类型:

当 $B > 2L$ 时煤柱中央的载荷为均匀分布,且为原岩应力 γH,如图 6-39 所示。由于煤柱内应力集中,煤柱从边缘到中央,一般仍为破裂区、塑性区、弹性区以及原岩应力区。此种情况下,煤柱较为稳定,发生冲击地压的可能性较小。

当 $2L > B > L$ 时,在煤柱中央,由于支承压力的叠加,应力大于 γH,沿煤柱宽度方向应力呈马鞍形分布,弹塑性变形区及应力分布如图 6-40 所示。此时,煤柱内应力较高,发生冲击地压的可能性较大。

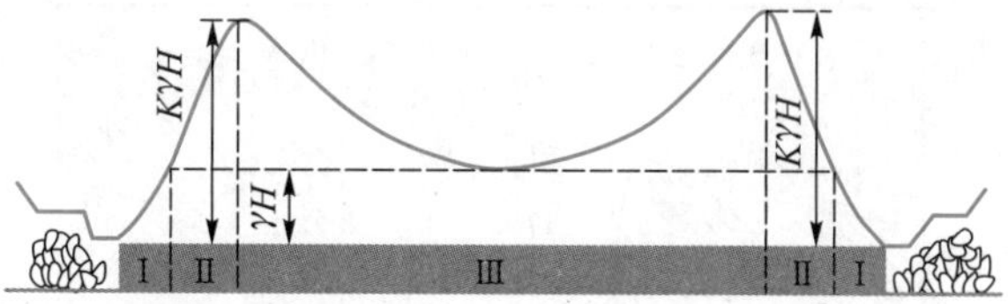

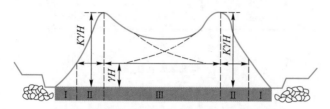

图 6-39　煤柱宽度很大时弹塑性变形区及应力分布
Ⅰ—破裂区；Ⅱ—塑性区；Ⅲ—原岩应力的弹性区（弹性核）

图 6-40　煤柱宽度较大时弹塑性变形区及应力分布
Ⅰ—破裂区；Ⅱ—塑性区；Ⅲ—应力升高的弹性区（弹性核）

当 $B<L$ 时，两侧边缘的支承压力峰值将重叠在一起，煤柱中部的载荷急剧增大，应力趋向于均匀分布，如图 6-41 所示。受两侧采动影响时，应力集中系数 K 值可达到 5 以上，发生冲击地压的可能性极大。

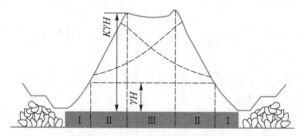

图 6-41　煤柱宽度很小时弹塑性变形区及应力分布
Ⅰ—破裂区；Ⅱ—塑性区；Ⅲ—应力升高的弹性区（弹性核）

因此，对于双翼开采采区两侧工作面的停采线位置与上下山距离应大于支承压力影响距离 L（可通过矿压监测获得）。

黑龙江省某矿三段暗井下山两侧均为大面积采空区，暗井下山和暗副井下山间煤柱宽度 30 m，两翼工作面留设的下山保护煤柱为 20～30 m，如图 6-42 所示，煤柱经长达 5 年的承压下已处于极限平衡状态。2021 年 10 月 7 日在煤柱区域下山内实施回撤单体液压支柱、轨道及管线时诱发煤层大巷发生冲击地压，造成多人伤亡。其主要原因是该区域回采工作面为两翼布置，下山距两侧工作面停采线最近距离仅为 20 m，停采线不合理致使两条暗井下山煤柱两侧采空区边缘支承压力叠加，形成高应力集中。

6.6.4　无煤柱开采

无煤柱开采是通过合理安排矿井的开拓部署、采煤工作面和巷道布置及采掘顺序，取消护巷煤柱的开采方法。无煤柱开采消除煤柱引起的应力集中，使巷道处于应力降低区，有利于巷道维护，可降低由煤柱集中应力引起冲击地压。此外，无煤柱开采

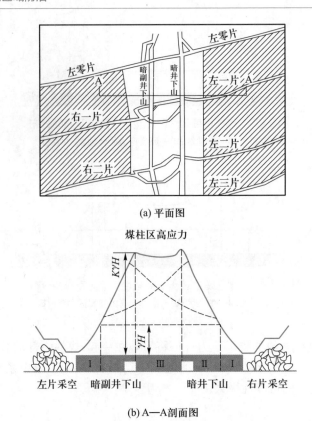

(a) 平面图

图 6-42   某矿三段暗井下山事故区域平面剖面图

显著减少巷道掘进量,降低矿井掘进率,有利于缓解采掘接续紧张,避免采掘失调等生产管理问题造成冲击地压隐患。

无煤柱开采一般在上区段工作面顶板运动稳定下来,侧向顶板的运动结束,老顶触矸,开掘活动对顶板形成的结构影响较小时进行,可分为沿空留巷、沿空掘巷、留掘复合等形式。无煤柱开采时,由于一侧为采空区,需要对发火、瓦斯等危险进行控制,为防止巷道漏风以及采空区有毒有害气体溢入巷道,要做好注浆防火密闭采空区。

华丰矿在 1991—2015 年间发生破坏性冲击地压共 108 次,绝大多数造成人员伤亡的冲击地压都发生在煤柱附近。为进一步提高防冲效果,华丰矿将下工作面回风巷置于已采上区段运输巷底板下方卸压区域,实现了无区段煤柱开采。

华丰矿 1410 工作面已开采完毕,相邻的 1411 工作面煤厚 6.3 m,倾角 32°,采用综采放顶煤采全高。煤层具有弱冲击倾向性,上覆 300～500 m 厚的巨厚砾岩等特殊的地质条件,冲击地压情况比较严重。1411 工作面沿空回风巷道,埋深 1010～1050 m,走向长 2190 m,已掘进 1170 m,采用留设煤柱的方法,与已采的 1410 工作面进风巷有 5.0 m 煤柱,如图 6-43 所示;1411 工作面沿空回风巷道剩余长度 1020 m,采用无煤柱开采,取消区段煤柱,把 1411 工作面回风巷设计在 1410 工作面运输巷正下方,如图 6-44 所示。根据已施工完毕的 1411 工作面回风巷,取消区段煤柱有效降低了冲击地压危险性。

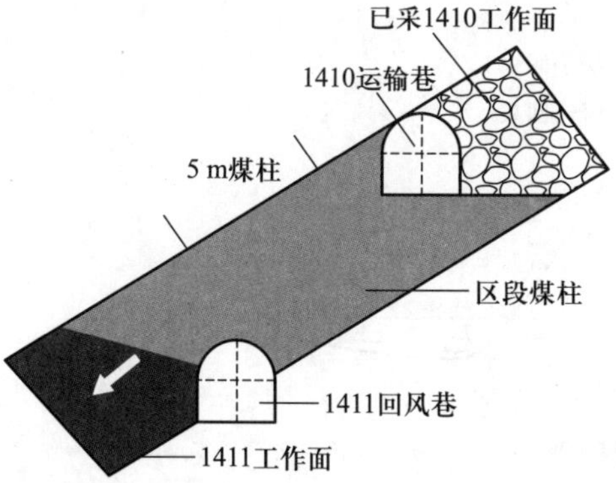

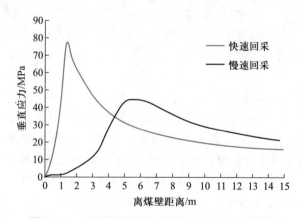

图 6-43 1411 工作面留设区段煤柱开采 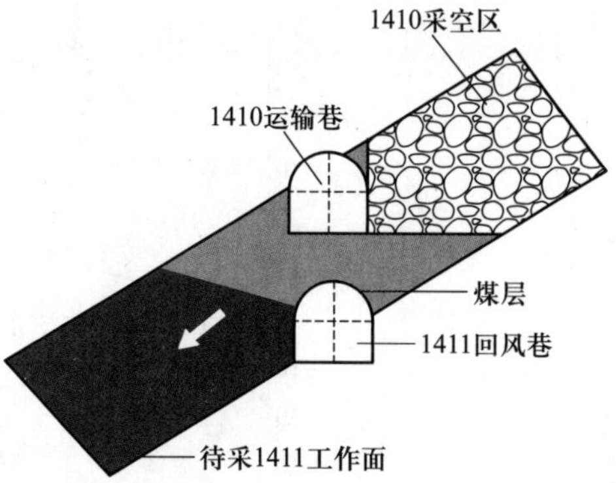　　　　图 6-44 1411 工作面无煤柱开采

6.7 合理确定采掘速度 ▶▶▶

6.7.1 合理确定工作面回采速度

1. 回采速度对支承压力的影响

由于煤岩体具有蠕变特性,强度具有时间依赖性,回采速度越快应力向前传递越不充分,支承压力峰值越高、距煤壁距离越近,如图 6-45 所示,增大回采速度导致煤岩层中的应力和能量峰值累积升高,弹性核更靠近巷道自由面。回采速度越快,割煤产生的应力降越大,扰动越强,煤体越容易失稳释放能量,如图 6-46 所示。另一方面,工作面回采速度越快,覆岩悬顶越长,来压步距加大,快速开采工作面时,覆岩悬顶及破断运动强度与范围都较低速开采时强烈,快速回采诱发冲击地压的危险性更大。因此,具有冲击地压危险的工作面应该合理控制回采速度,尽量采用低速均匀开采。

图 6-45 不同回采速度下煤体支承压力分布特征

2. 回采速度对微震的影响

微震发生的频次、能量与工作面开采速度具有明显的相关性。山东省某矿 1303 工作面在 2019 年 10 月份回采速度、微震事件日累计总个数、微震事件日累计总能量、微震单个事件最大能量变化规律统计结果如图 6-47 所示,统计时间段工作面回采速度变化不定,且不受地质构造因素影响。各微震指标变化趋势与工作面回采速度变化具

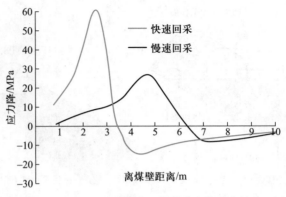

图 6-46　不同回采速度下煤体应力降分布特征

有较好一致性。从 10 月 7 日开始,工作面回采速度从 0.4 m/d 开始逐渐增大,到 10 月 10 日增大到 1.6 m/d,在此期间各微震指标呈线性增长趋势。10 月 11 日工作面回采速度减小到 0.8 m/d,各微震指标急剧减小。

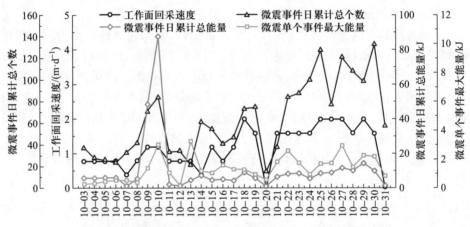

图 6-47　某矿 1303 工作面 2019 年 10 月份微震指标变化规律

3. 利用微震监测数据确定回采速度

东滩矿 6303 工作面回采速度与大能量微震事件数量统计分析表明:当工作面回采速度小于 2.0 m/d 时,大能量微震事件数量占比仅为 7%;当工作面回采速度为 2.0～3.0 m/d 时,大能量微震事件数量占比为 22%;当工作面回采速度超过 3.0 m/d 时,大能量微震事件数量占比为 71%,如图 6-48 所示。6303 工作面自 2019 年 4 月 13 日至 6 月 20 日严格将回采速度控制在 2.3 m/d,累计发生微震事件数量 233 个,仅发生一次 1.0 级以上微震事件,最大震级为 1.49 级。根据开采期间微震事件统计数据分析可知,6303 工作面回采速度控制在 2.3 m/d 时,几乎不发生 1.0 级以上微震事件。因此,6303 工作面回采速度控制在 2.3 m/d 能够满足防冲要求。

图 6-49 与图 6-50 为东滩矿 6304 工作面不同回采速度对应的矿震的频次统计。6304 工作面开采期间共发生 1.5 级以上矿震 131 次,2.0 级以上矿震 34 次,工作面回采速度与矿震发生频次具有较大相关性。工作面回采速度为 0.75～1.5 m/d 时未发生 2.0 级以上矿震;当工作面回采速度不超过 2.25 m/d 时,发生 1.5 级以上矿震频次占总频

次的比例为 10.7%,且大部分为 1.5~2.0 级以内矿震,发生 2.0 级以上矿震频次占总频
次的比例为 5.8%;当工作面回采速度超过 3 m/d 时,大能量矿震频次快速增加。通过
控制回采速度可使大能量矿震发生的频次大幅降低。

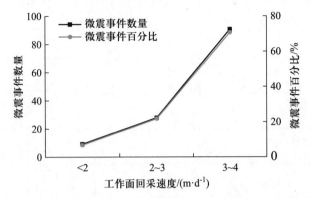

图 6-48　6303 工作面回采速度与大能量微震事件关系曲线

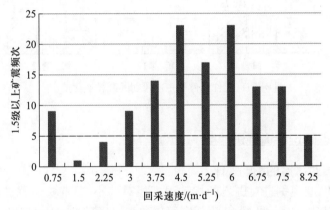

图 6-49　不同回采速度对应的 1.5 级以上矿震频次

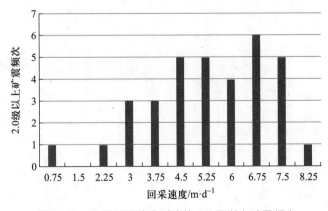

图 6-50　不同回采速度对应的 2.0 级以上矿震频次

　　工作面匀速回采对防治冲击地压的发生是有利的。工作面停采以后的恢复生产时期,回采速度突然加速等均有可能引发冲击地压。图 6-51 为某矿一工作面在停采两周前(第一阶段)、停采两周期间(第二阶段)及复采两周期间(第三阶段)释放的能量的大小的对比情况。可看出,复采两周期间释放的能量比停采两周前的要大 6 倍,这对工作面防冲极为不利。

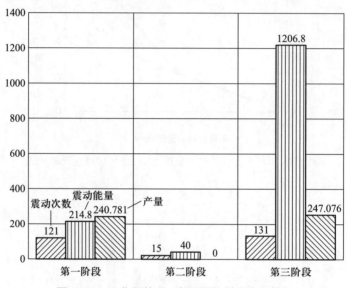

图 6-51　工作面停采—复采期间微震变化情况

6.7.2　合理确定巷道掘进速度

1. 掘进速度对微震的影响规律

　　与回采相比,巷道掘进对围岩的扰动程度相对较小,目前关于掘进速度对冲击地压影响的研究相对较少。图 6-52 为胡家河矿和张双楼矿掘进速度与微震平均频次的关系。可以看出,随着推进速度的增加,微震总频次和大于 $1.0×10^3$ J 的震源频次均呈增加趋势,某种程度反映出掘进速度增加增大了巷道冲击的可能性。

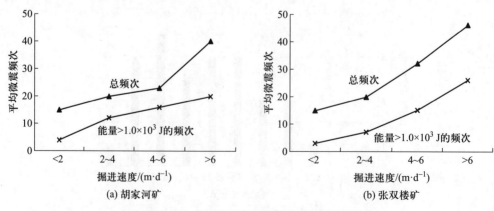

图 6-52　掘进速度与微震平均频次的关系

张双楼矿"5·23"和"7·30"冲击地压发生前,煤巷的掘进速率达到 6~8 m/d,较快的掘进速率使煤体弹性能快速积聚并未进行有效的预释放。高掘进速率给予煤岩的高应变率使煤岩能量易瞬间释放,形成强大的冲击源,最终形成张双楼矿最强两次冲击地压事故。

"5·30"冲击地压发生前,由于意识到掘进速率对冲击地压形成的重要作用,强冲击危险区的掘进速率基本控制在 4 m/d 以下,故此次虽然也发生冲击地压,但是其冲击强度明显较"5·23"和"7·30"冲击减弱。

2. 利用微震监测数据确定合理的掘进速度

与确定回采速度方法类似,通过统计分析掘进速度-平均日总能量-大能量微震平均日频次的曲线关系,便可得到不同冲击地压危险区域的合理掘进速度。

我国一些冲击地压矿井的煤层顶板十分坚硬,特别是远场巨厚坚硬顶板条件下冲击地压治理难度非常大,且目前冲击地压治理以井下近场危险源防控为主,防控范围小,存在高位远场冲击危险源精准防控的装备短板和技术空白。近些年,地面水力压裂技术作为一种区域防治措施开始在一些矿井应用,采用地面压裂技术在计划开采区域预先在地面对煤层顶板上方的坚硬岩层进行压裂,使完整的目标岩层内产生密集网状裂缝,弱化岩层的整体强度,降低开时高位顶板的动载作用。

6-1 拓展阅读 高位厚硬顶板地面水力压裂技术

思考与练习

习题 6-1　开采保护层是防控冲击地压的有效方法之一,矿井选择保护层开采需要考虑哪些因素?

习题 6-2　《煤矿安全规程》和《防治煤矿冲击地压细则》均要求坚持"区域先行、局部跟进、分区管理、分类防治"的防冲原则,为什么冲击地压防治要"区域先行"?

习题 6-3　试分析综采放顶煤开采对冲击地压的影响。

习题 6-4　试分析煤柱对冲击地压的影响,冲击地压矿井应该如何确定区段煤柱的尺寸。

习题 6-5　简述采掘速度对冲击地压的影响规律。

习题 6-6　简述冲击地压矿井回采巷道布置应遵循的基本原则。

习题 6-7　冲击地压矿井采区、煤层、工作面的开采顺序应遵循什么原则?

习题 6-8　冲击地压矿井开拓巷道布置应遵循什么原则?

现场真实问题思考

2017 年 1 月 17 日,山西省某矿 4203 综采工作面进风巷转载机前方发生冲击地压事故。事故区域 4203 综采工作面位于 4 号煤层大巷北侧,西部和北部与东坡井田相邻,之间为矿界保护煤柱;东部为 4202 采空区,4202 采空区下方为 9 号煤层 9202 采空区,事故区域 9202 工作面、4202 工作面位置关系如思考题图 6-1 所示。该工作面走向长度 1091 m,倾向长度 215 m;煤层平均厚度5.68 m;煤层倾角为 2°~14°,平均 5°;采用长壁采煤方法,综采工艺,全部垮落法管理顶板。事故造成 4203 工作面进风巷破坏 69 m,巷道垮落位置示意图如思考题图 6-2 所示。试从区域布局角度分析本次冲击地压事故原因。

6-2 现场真实问题思考提示

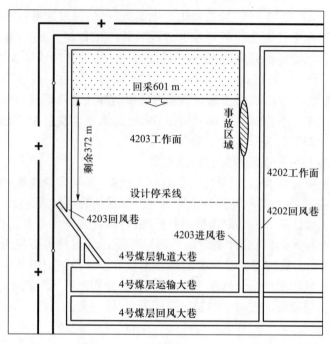

(a) 平面图

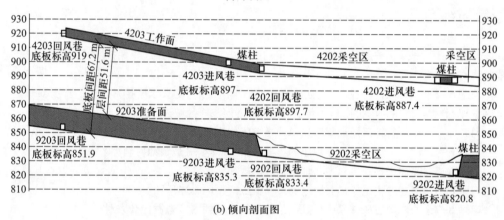

(b) 倾向剖面图

(c) 走向剖面图

思考题图 6-1   9202 工作面、4203 工作面相对位置示意图

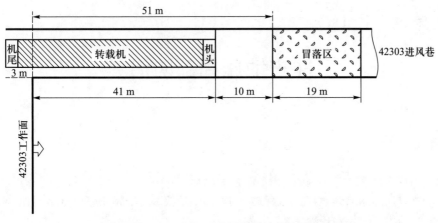

思考题图 6-2 4203 工作面巷道垮落位置示意图

第7章 »»»

冲击地压局部防治

学习目标

1. 了解不同局部防治措施的适用条件与适用性。
2. 掌握煤层钻孔卸压、煤层卸压爆破、煤层注水、顶板深孔爆破、顶板水压致裂、底煤断底卸压等冲击地压局部防治技术原理与方法。

重点及难点

1. 如何针对不同类型的冲击地压采用针对性的防治措施,并设计相关技术参数。
2. 选用顶板深孔爆破、顶板水压致裂防治顶板型冲击地压时,如何设计相关技术参数。

7.1 局部防治原则及技术体系 »»»

对于已经采取区域防冲措施后,不能有效消除冲击地压危险的采掘工作面,在采掘生产时,还需要针对局部区域所具有的冲击地压危险等级和类型,采取针对性的局部防治措施。目前,矿井生产中常用的局部防冲措施有煤层钻孔卸压、煤层卸压爆破、煤层注水、顶板深孔爆破、顶板水压致裂、底煤断底卸压等。冲击地压矿井应当在采取区域措施基础上,根据冲击地压类型及主控因素,按照不同的危险等级择优选取至少一种有针对性、有效的局部防冲措施。在进行局部防治时主要遵循以下原则。

1. 降低应力集中原则

巷道开挖、工作面开采会造成采掘工作面周围煤岩体应力集中。根据扰动响应失稳理论,采掘工作面周围煤岩体应力集中是冲击地压发生的主要原因,如何降低应力集中,使应力集中水平低于冲击地压发生的临界应力是避免冲击地压的根本方法。因此,采取局部防治措施时应该遵循降低应力集中原则。

2. 煤体物性弱化原则

冲击地压扰动响应失稳理论指出,煤体冲击能量指数和抗压强度是煤岩变形系统的控制量,决定煤岩变形系统失稳的临界载荷大小。单轴抗压强度越低,巷道周围软化区,也即冲击地压发生时的阻力区越大,发生冲击地压难度越大;冲击能量指数越低,发生冲击地压的临界载荷越高,冲击地压不容易发生。因此,在进行局部防治时,应该采用物理或机械方法等使煤体破碎,改变煤体物理力学性质,降低煤体单轴抗压强度、冲击能量指数进行煤体弱化。

3. 削弱扰动动载荷原则

对于顶板断裂型、断层滑移型冲击地压在考虑降低巷道周围煤岩体应力集中程度、弱化煤体物性,使巷道周围的应力低于冲击地压发生的临界载荷的基础上,同时还应考虑降低动载扰动,对顶板进行弱化降低顶板强度,削弱顶板断裂产生的动载荷对巷道的扰动作用;对断层带可采用爆破卸压等进行弱化处理,降低断层错动产生的动载荷。

4. 能量调控原则

从能量释放与吸收角度来看,冲击地压启动到停止过程是煤岩体弹性能突然释放与快速吸收的过程。冲击地压防治应该从减少能量释放和增加能量吸收两个方面进行,应对断层、顶底板岩层进行弱化降低释放能量,对巷道围岩进行煤体改性弱化,增加吸收能量。

5. 分区管理原则

根据冲击地压危险性评价结果,对划定的无、弱、中、强冲击危险区域进行监测、防治、管理上区别对待。实际应用过程中必须注意的是划定的冲击地压危险区域及危险等级随着地质、开采等条件动态变化,因此存在各分区危险等级、范围动态确认问题。

6. 分类防治原则

冲击地压存在各种类型,且分类方法较多,但是从防治角度来讲,现场实际操作过程中可以根据冲击地压释放能量的主体进行分类,针对不同能量释放主体区别来进行冲击地压分类防治。煤体压缩型冲击地压局部防治方法优先顺序为煤层钻孔卸压、煤层卸压爆破、煤层注水、底煤卸压;顶板断裂型冲击地压局部防治方法优先顺序为顶板深孔爆破(顶板水压致裂)、煤层钻孔卸压、煤层卸压爆破;断层滑移型冲击地压局部防治方法优先顺序为断层带弱化、顶板深孔爆破、煤层钻孔卸压和煤层卸压爆破。

采掘工作面冲击地压局部防治技术体系如图 7-1 所示。

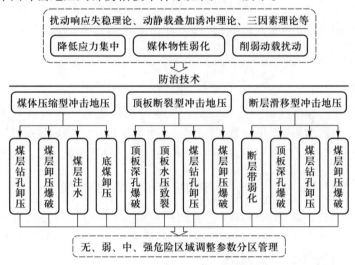

图 7-1 冲击地压局部防治技术体系

7.2 煤层钻孔卸压 >>>

煤层钻孔卸压是指在煤层具有冲击地压危险性的区域中施工钻孔,降低煤体应力集中程度、弱化煤体力学性能的一种冲击地压局部防治方法。煤层钻孔卸压可分为预卸压和解危卸压,在煤层中经评价具有冲击地压危险的区域实施的钻孔卸压称为预卸压;在监测分析有冲击地压危险的或观测有冲击地压危险的区域施工钻孔卸压称为解危卸压。由于操作便捷、实施灵活、卸压效果显著等优点,煤层钻孔卸压已成为我国煤矿防治冲击地压的重要手段。

7.2.1 煤层钻孔卸压防冲原理

煤层钻孔卸压实质是利用高应力条件下煤层中积聚的弹性能来破坏钻孔周围的煤体,使煤层力学性能弱化、煤层应力降低,减缓冲击地压危险(图7-2)。通过实施大直径钻孔,造成巷道一定深度围岩发生结构性破坏,形成一个弱化带,引起巷道周边围岩内的高应力向深部转移,从而使巷道周边附近围岩应力降低。冲击地压启动后弱化带内煤体能够吸收冲击能,阻止冲击释放能量造成围岩强烈震动或煤体抛射。

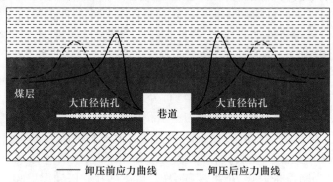

图7-2   煤层钻孔卸压原理示意图

根据冲击地压扰动响应失稳理论,煤的冲击能量指数 K_E 和发生冲击地压的临界载荷 P_{cr} 的关系为

$$\frac{P_{cr}}{\sigma_c} = \frac{n}{2}\left(1+\frac{1}{K_E}\right)\left(1+\frac{4p_s}{\sigma_c}\right) \qquad (7-1)$$

根据式(7-1),冲击能量指数 K_E 越大,发生冲击地压的临界载荷 P_{cr} 越小,越容易发生冲击地压。反之冲击能量指数 K_E 越小,发生冲击地压的临界载荷 P_{cr} 越大,越不容易发生冲击地压。假设在煤层中打半径为 d_0 的钻孔,钻孔深度为 L。由于应力集中,孔口周边附近半径为 $\rho_c = d_0\sqrt{1+\dfrac{1}{K_E}}$ 范围内应力超过煤的抗压强度而发生破坏,相当于把原来 $\rho_c \times L$ 范围内的煤体给破坏了。若间距近似为 ρ_c 布置钻孔,则钻孔破坏将连通成片,进而降低了整个煤层的冲击能量指数 K_E,联系上述公式可知,发生冲击地压的临界载荷增加了,自然防治了冲击地压。

7.2.2 煤层钻孔卸压参数设计

1. 钻孔布置方式

对于不同的钻孔布置方式,由于钻孔彼此距离和方位不同,卸压区和应力集中区的整体分布情况将有所不同,最终的卸压效果不同。目前常用的布置方式有单排布置与双排布置两种,双排布置可采用三花布置与四方布置。

2. 钻孔直径

钻孔直径是影响钻孔卸压效果的重要参数,钻孔直径的大小直接影响钻孔卸压效果。目前,常用的钻孔直径一般大于100 mm。

3. 钻孔深度

合理的钻孔深度应该与待卸压煤体的应力集中范围、峰值位置相适应,理想的卸压效果应为应力峰值区向煤体深部转移明显远离巷道。对于煤层开采厚度小于 3.5 m 时,钻孔深度一般不小于 15 m;煤层开采厚度 3.5~8 m 时钻孔长度一般不小于 20 m;煤层开采厚度大于 8 m 时钻孔长度一般不小于 25 m;掘进巷道迎头钻孔深度一般不小于 20 m。

4. 钻孔间排距

卸压钻孔间距确定原则:保证各钻孔周围的卸压区相互贯通,形成弱化带。卸压钻孔间距一般为 1~3 m。可先按式(7-2)进行计算,再根据经验类比法调整后最终确定。

$$D_0 = n_0 d_0 \sqrt{1 + \frac{1}{K_E}} \tag{7-2}$$

式中,D_0 为卸压钻孔间距,m;n_0 为卸压钻孔间距危险性修正系数,对于弱冲击危险区域,取 18.84,对于中等冲击危险区域,取 12.56,对于强冲击危险区域取 6.28;d_0 为卸压钻孔直径,m;K_E 为煤体冲击能量指数。

5. 卸压钻孔布置

(1) 掘进巷道煤层卸压钻孔布置。

掘进迎头煤层卸压钻孔布置如图 7-3 所示。

(a) 平面图   (b) 断面图

图 7-3   掘进迎头煤层卸压钻孔布置示意图

对于弱冲击地压危险区和中等冲击地压危险区,掘进迎头一般施工 1 个或 2 个卸压钻孔。单孔施工时,卸压钻孔布置在巷道中间处,垂直迎头煤壁施工;对于强冲击地压危险区,掘进迎头施工三个卸压钻孔,一般为三花布置,三花布置卸压钻孔时,相邻钻孔孔口间距 D_0 为 0.8~1.2 m,中间钻孔垂直迎头煤壁施工。掘进巷道距交叉点或贯通点 30 m 时,应在三花布置的基础上在掘进迎头两侧各增加一个卸压钻孔,钻孔终孔位置控制在巷道轮廓线以外 8~10 m。掘进迎头卸压钻孔深度为 $L+S$,其中 L 为掘进迎头支承压力峰值距煤壁距离,S 为当日计划进尺;卸压钻孔距底板的距离为 0.5~1.5 m,也可根据现场实际情况进行调整。钻孔与巷道坡度一致。

掘进巷道帮部煤层卸压钻孔布置如图 7-4 所示。

掘进巷道帮部煤层卸压钻孔施工滞后巷道迎头的距离 X 一般为 5~20 m,强冲击地压危险区域取下限值,弱危险区域取上限值。掘进巷道为实体巷道时,煤层卸压钻孔施工在巷道两帮;掘进巷道为沿空掘进巷道(采用小煤柱护巷)时,煤层卸压钻孔施工在巷道的实体帮,卸压钻孔深度不小于支承压力峰值距煤壁距离,煤层卸压钻孔距

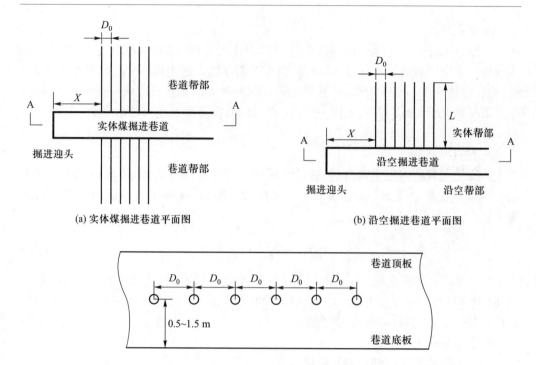

图 7-4　掘进巷道帮部煤层卸压钻孔布置示意图

巷道底板的距离一般为 0.5~1.5 m。煤层卸压钻孔施工方向垂直巷道轴向。

　　采用宽度大于 15 m 的宽煤柱护巷沿空掘进巷道时,沿空掘进巷道煤柱侧卸压钻孔应留有不小于 5 m 的保护宽度,防止煤柱漏风、渗水等,其他施工参数与实体煤掘进巷道相同。

　　(2) 回采巷道卸压钻孔布置。

　　实体煤工作面回采巷道的煤层卸压钻孔布置示意图如图 7-5 所示。煤层卸压钻孔布置在回采巷道两帮,施工超前工作面的距离 X 不小于 150 m,钻孔间距一般为 1~3 m;煤层卸压钻孔至巷道底板的距离为 0.5~1.5 m,施工方向垂直巷道轴向。

　　沿空巷道采用小煤柱护巷的沿空工作面,小煤柱侧不布置钻孔,其他卸压钻孔布置与实体工作面相同。

　　沿空巷道采用宽度大于 15 m 的宽煤柱护巷的沿空工作面,沿空巷道煤柱侧卸压钻孔应留有不小于 5 m 的保护宽度,防止煤柱漏风、渗水等,其它施工参数与实体煤工作面相同。

　　采用双巷布置的实体煤工作面,进风巷、回风巷的两帮布置煤层卸压钻孔,同时辅助回风巷两帮也布置煤层卸压钻孔,其他施工参数与实体煤工作面相同。

　　(3) 采煤工作面卸压钻孔布置。

　　采煤工作面卸压钻孔深度为 $L+d$,其中 L 为工作面支承压力峰值位置距煤壁距离,d 为工作面当日计划进尺;卸压钻孔间距 D_0 可参考式(7-2)计算;卸压钻孔距底板的距离为 0.5~1.5 m;钻孔垂直工作面煤壁布置,靠近回风巷侧的卸压钻孔距离上端头不大于 8 m,靠近进风巷侧的卸压钻孔距离下端头不大于 8 m,卸压钻孔布置示意图如图 7-6所示。

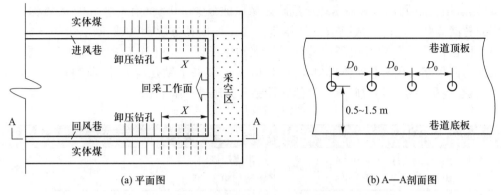

图 7-5 实体煤工作面回采巷道煤层卸压钻孔布置示意图

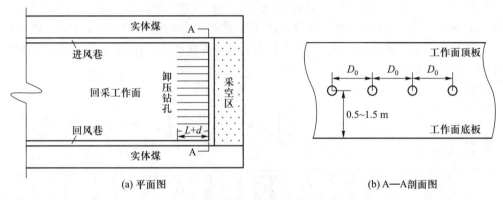

图 7-6 采煤工作面煤层卸压钻孔布置示意图

6. 解危钻孔布置

在监测分析有冲击地压危险的或观测有冲击地压危险的区域实施解危卸压时,解危钻孔直径应大于或等于卸压钻孔直径,解危钻孔深度应大于卸压钻孔深度 5~10 m。

解危钻孔间距应采用由大到小的步骤确定,首先钻孔间距为 1.0 m 进行施工,若施工完第一轮钻孔后没有消除冲击地压危险,在第一轮钻孔中间补打钻孔,进行第二轮钻孔施工,若三轮以上施工后仍未消除冲击地压危险,可采取其他办法。

实施解危钻孔卸压时,一般按照由外向里施工,在距离危险区域一侧 10~15 m 位置,按照设计钻孔间距逐渐向危险区域施工,直到冲击地压危险区域另一侧 10~15 m。

7. 煤层钻孔卸压效果评价

煤层钻孔卸压效果评价优先推荐根据实施钻孔卸压后的钻屑煤粉量指标评价为主,应力变化量、地磁辐射指标、电荷辐射指标、地音指标、微震指标等其他方法评价为辅,相应指标应低于冲击地压危险的临界值。

7.2.3 工程实例

某矿 5113 工作面开采深度为 1 082~1 212 m,工作面走向长度为 600 m,倾向回采长度为 182 m,煤层厚度为 8~12 m,平均厚度为 10 m,倾角为 10°~20°,平均倾角为 15°。采用综采放顶煤开采。5113 工作面两巷掘进期对实体煤巷帮采用煤层钻孔卸压方法防治冲击地压,钻孔间距 1.0 m,孔深 20~30 m。工作面回采过程中,再次施工卸压钻孔,钻孔间距1 m,强冲击地压危险区域保证至少每0.5 m有1个钻孔,始终保持工作面超前200 m范围形成有效的卸压带。在工作面见方影响区域、断层影响区域、相邻工作面停采线影响区域等均进行了加强卸压设计。钻孔施工参数表如7-1所示。工作面回采期间在两巷实体煤侧每间隔30 m安装一组钻孔应力计,监测采动应力变化情况,当采动应力超过临界预警值采用钻孔卸压进行解危。

表7-1　帮部煤层钻孔设计参数

施工位置	间距/m	深度/m	角度/°	孔径/mm	布置方式	距底板/m
进风巷、回风巷实体煤帮	钻孔保证0.5 m有1个钻孔	20~30	沿煤层倾向(下帮仰角3°~5°)	153	单排	0.5~1.5

图7-7为5113工作面回采期间进风巷y12号(距工作面开切眼180 m)应力测点变化情况(2020年)。可以看出,在回采初期应力较快进入增长期,实施卸压解危后,煤体应力出现下降,但随时间增加应力开始恢复,再次卸压后应力又降低,直至工作面推进至该测点近6个月的时间内,该测点附近开展了4次卸压工作,多次的钻孔解危卸压保障了工作面安全开采。

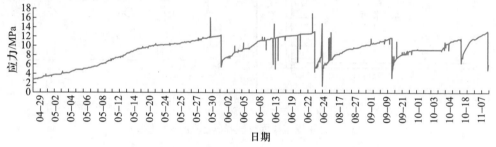

图7-7　5113工作面回采期间进风巷y12号应力测点变化情况

7.3　煤层卸压爆破　>>>

煤层卸压爆破是通过对煤层冲击地压危险区域实施爆破达到降低冲击地压危险的一种冲击地压防治方法。一般在评价具有冲击地压危险的区域实施的卸压爆破称为松动爆破,在监测分析确定的冲击危险区域实施的卸压爆破称为解危爆破。

7.3.1　煤层卸压爆破防冲原理

煤层卸压爆破属于内部爆破,主要作用是使煤体产生大量裂隙。爆破后冲击波首先破坏煤体,然后爆生气体进一步使煤体破裂,由于气压的作用,钻孔周围形成切向拉应力,产生径向拉破裂。当裂隙前端的应力强度因子小于断裂韧性时,裂隙止裂。造成煤层力学性质变化的主要因素是径向裂隙,裂隙的存在导致弹性模量减小,冲击能量指数降低、单轴抗压强度降低。从能量释放与吸收角度来看,爆破后破碎煤体积聚的弹性能减少,吸收能量的能力增强。煤层卸压爆破主要适用于煤体压缩型冲击地压的防治。其显著特点是对各种生产地质条件均具有良好的适应性,我国大部分冲击地压矿井应用煤层卸压爆破进行冲击地压防治。

7.3.2 煤层卸压爆破参数设计

1. 爆破孔布置

爆破孔的布置比较灵活,主要依据具体条件确定。当顶板条件不好时,孔位应尽量低。掘进工作面巷道两帮与掘进迎头的滞后距离松动爆破不大于 30 m,解危爆破不大于 5 m。回采工作面两巷爆破超前范围一般不小于 150 m。

2. 爆破孔深度

掘进迎头钻孔深度一般为煤壁到应力集中区峰值点距离与两次爆破之间掘进长度之和。掘进工作面两帮钻孔深度一般到应力集中区峰值点位置,在煤柱两侧满足最小抵抗线要求。掘进工作面卸压爆破钻孔布置示意图如图 7-8 所示。

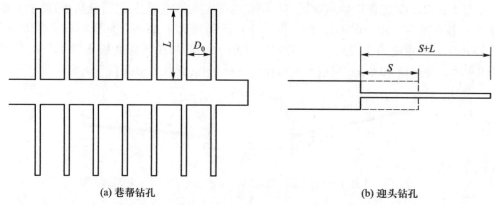

(a) 巷帮钻孔　　　　　　　　　　　　　(b) 迎头钻孔

图 7-8　掘进工作面卸压爆破钻孔布置示意图

S—两次爆破之间掘进长度;L—煤壁到应力集中区峰值点距离;D_0—钻孔间距

对于回采工作面两巷两帮爆破孔深度应不小于 3~5 倍的采高,且达到支承压力峰值区。

3. 钻孔方位与倾角

掘进迎头钻孔一般应平行于巷道轴向,特殊条件钻孔方位可与巷道轴向呈一定夹角,倾角与巷道倾向一致。掘进工作面两帮、回采工作面两巷两帮爆破钻孔一般应垂直于巷道轴向,倾角与煤层倾角一致。孔口应布置在巷道中下部,钻孔直径一般为42~100 mm。

4. 爆破孔间距

炸药爆炸后,从爆源向外依次形成破碎区、裂隙区和非破坏扰动区。计算爆破作用下产生的裂隙区范围,可以确定合理的炮孔间距。由于爆破是在无自由面情况下进行的,不耦合装药时,可以按爆炸应力波计算单孔卸压爆破的裂隙区范围。爆破孔间距一般 5~20 m。

5. 封孔长度及装药量

封孔应用水泥封孔剂、水炮泥、黏土炮泥或者用不可燃性的、可塑性松散制成的炮泥封实,封孔长度不小于孔深的 1/3,回采工作面两巷爆破封孔长度还要保证爆破不破坏煤帮,同时使靠近巷帮的煤体免受支承压力作用。

装药长度不超过钻孔深度的一半,装药位置越靠近峰值区,爆破效果越好。松动爆破区域每个钻孔装药量不超过 5 kg。解危爆破区域根据煤体强度和解危效果的需要确定药量。

6. 爆破效果检验

在卸压爆破后,采用微震监测、电磁辐射监测、钻屑法监测等对冲击地压危险区域爆破卸压的效果进行检验,经检验各项监测预警指标均在临界值以下,表明冲击地压危险已经消除。否则说明煤层仍然具有冲击地压危险,还需要采取其他措施消除冲击地压危险。

7.3.3　工程实例

1. 两帮卸压爆破

千秋矿 21112 工作面回风巷掘进期间在两帮实施卸压爆破,进行解危处理,上下帮每 5 m 各布置一个卸压爆破孔,滞后掘进迎头距离不大于 15 m。卸压爆破孔深 20 m,孔径 ϕ75 mm,角度为上帮 +13°,下帮 +5°,间距 5 m,孔口位置距底板 0.5~1.2 m,如图 7-9 所示。装药量 10.8 kg,利用水泥封孔剂进行封孔,封孔长度不低于 6.5 m。

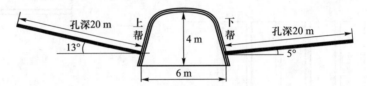

图 7-9　千秋矿 21112 工作面回风巷掘进期间两帮卸压爆破剖面图

2. 掘进迎头卸压爆破

21112 回风巷过冲击危险区域掘进期间,在掘进迎头开始实施卸压爆破,进行解危处理,掘进迎头卸压爆破采用两个炮孔,孔深 15 m,孔径 ϕ75 mm,采用"15 进 9"的卸压爆破循环制度(每打 15 m 放一次,掘进 9 m 后再重新打眼放卸压炮),始终保证 6 m 的安全距离,两个炮眼呈扇形布置,(如图 7-10 所示)。

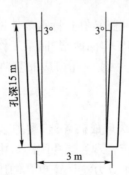

图 7-10　千秋矿 21112 回风巷掘进迎头卸压爆破剖面图

掘进迎头卸压爆破参数:孔深 15 m,孔径 ϕ75 mm,角度与掘进坡度平行,间距 3 m,孔口位置距底板 1.5 m,卸压爆破孔装药量 10.8 kg,利用水泥封孔剂封孔,封孔长度不低于 6.5 m。

7.4 煤层注水 ▶▶▶

煤层注水是指在煤层具有冲击地压危险性的区域注水,改变煤层冲击倾向性等力学性质,降低冲击地压危险性的方法。在煤层中经评价具有冲击危险性的区域施工的煤层注水为预注水,在煤层中经监测分析具有冲击危险的区域施工的煤层注水为解危注水。

按照煤层注水压力煤层注水可以分为高压煤层注水和静压煤层注水。利用高压注水泵对开采的具有冲击危险性的煤层注水,使高应力区域煤层裂隙增加,释放或转移煤层应力,称为高压煤层注水。利用供水管道中的静水压力将水注入具有冲击危险性的煤层,使煤体含水率增加,降低或释放煤体应力,称为低压煤层注水。

7.4.1 煤层注水防冲原理

煤层注水主要通过改变煤体力学性质及冲击倾向性而起到防治冲击地压的作用。煤层注水对煤的力学性质的影响主要体现在随着水分的增加,煤的抗压强度、黏结系数、内摩擦角、弹性模量显著降低,残余形变和塑性指数增大;注水后煤体的应变远大于注水前煤体的应变,冲击地压发生时煤体吸收能量能力增强。含水量对冲击能量指数亦有一定影响,含水量越大,冲击能量指数越小。当煤层的含水状态为饱和时,其抗压强度远低于自然状态,有利于防止冲击现象发生。表 7-2 给出了耿村矿不同含水率煤样的冲击倾向性试验结果,可以看出,煤样经浸水 3 h 以及饱水后,抗压强度、弹性模量、冲击能量指数均明显降低,且煤样冲击能量指数 K_E 随含水率 w 的增加线性减小,如图 7-11 所示。

表 7-2 不同含水率煤样的冲击倾向性试验结果

试件编号	处理方式	含水率 w/%	弹性模量 E	冲击能量指数 K_E	抗压强度/MPa	冲击倾向性
c1	天然	7.34	0.640	4.238	9.54	弱冲击
c2	天然	7.45	0.728	4.347	13.47	弱冲击
c4	天然	7.71	0.605	4.223	8.39	弱冲击
b2	浸水 3 h	7.79	0.258	3.615	6.99	弱冲击
b3	浸水 3 h	8.06	0.164	2.473	6.49	弱冲击
b6	浸水 3 h	9.61	0.574	4.105	8.75	弱冲击
a3	饱水	8.54	0.802	1.513	8.83	无冲击
a4	饱水	8.01	0.302	1.444	5.76	无冲击
a6	饱水	9.28	0.256	1.043	5.39	无冲击

注水后由于煤的结构发生改变,导致强度下降,变形特性明显塑化。煤体积蓄弹性能的能力下降,以塑性变形方式消耗弹性能的能力增加。煤的冲击倾向大为减弱,甚至完全失去冲击能力。煤层注水后降低了煤层冲击倾向性,从而防治了冲击地压。煤层注水措施主要适用于煤体压缩型冲击地压的防治,对于顶板断裂型冲击地压,有时也采用顶板注水措施。煤层注水主要适用条件:

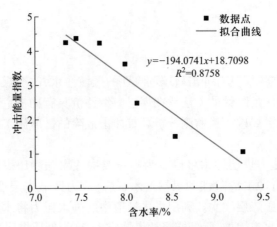

图 7-11　冲击能量指数与含水率的关系

（1）煤层具有一定的孔隙率和亲水性，对于孔隙率和亲水性差的煤层可采用注水添加表面活性剂增强注水效果。

（2）煤层赋存较稳定，能够保证钻孔施工和成孔后的钻孔壁稳定。

（3）煤和顶底板较完整，无断层等较大的泄水通道。

7.4.2　煤层注水参数设计

1. 注水孔的布置形式

采煤工作面注水时有三种布置方式，即与煤壁垂直的短钻孔注水法，与煤壁平行的长钻孔注水法和联合注水法。短钻孔注水法主要是在工作面的机道或其他部分进行，钻孔通常垂直煤壁，且在煤层中线附近。长钻孔注水法是通过平行工作面的钻孔，对原煤体进行高压注水，钻孔长度应覆盖整个工作面范围。根据工作面冲击地压危险性情况选择回风巷、进风巷单独或同时注水，如图 7-12 所示。

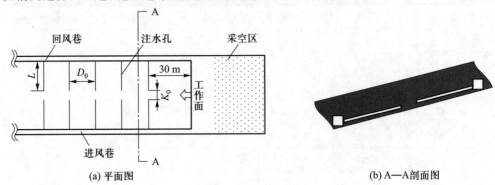

(a) 平面图　　　　　　　　　　　　　　　(b) A—A剖面图

图 7-12　采煤工作面长钻孔注水钻孔布置图

掘进工作面注水时，钻孔一般布置在掘进迎头及后方巷道实体煤帮，掘进迎头一般布置 3~4 个钻孔，钻孔间距一般取 $b/3$（b 为巷道宽度）；掘进工作面后方巷道实体煤帮注水布置及参数与采煤工作面长钻孔注水法布置及参数相似，如图 7-13 所示。

2. 注水孔参数

注水孔直径：一般为 42~90 mm。

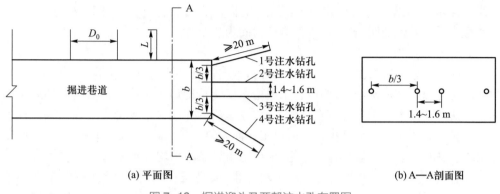

图 7-13　掘进迎头及两帮注水孔布置图

注水孔长度:长钻孔注水时,进风巷上帮或回风巷下帮注水深度 L 一般根据实际情况确定,双巷注水钻孔终孔间距 K_0 取 5.0~8.0 m。短钻孔注水时,注水钻孔深一般不小于 10.0 m。掘进工作面迎头注水孔孔深不小于 20 m。

注水孔倾角:一般应考虑钻杆下沉的影响,使成孔倾角与煤层倾角一致,不穿入顶板及底板。

注水孔间距:按煤的透水性确定,一般为 10~20 m。对透水性较差的煤层,间距要适当缩小,以便使水分尽量均匀。

封孔深度:一般要求封孔长度大于巷道破碎圈的深度 5 m 以上,且不应小于 10 m,并应随注水压力的升高而加大封孔长度。封孔方法主要有水泥砂浆封孔、合成树脂封孔以及胶筒封孔器、胶垫封孔器等专用封孔器等。

3. 注水压力

每个钻孔安设流量计及压力表。静压注水压力不小于 1.5 MPa,高压注水压力一般不小于 8 MPa。

4. 注水量

对于不同煤种,其含水量与冲击倾向性的关系有所不同。应以冲击倾向性消失为原则确定合理的含水量增量和总含水量。注水量根据注水孔承担的湿润煤量按(7-3)确定。

$$Q = \frac{K_f G w}{q} \qquad (7-3)$$

式中,Q 为单个注水孔的注水量,m^3;q 为水的密度,kg/m^3;K_f 为富余系数,一般为 1.00~1.50;G 为一个注水孔承担的湿润煤量,kg;w 为预计含水率增量(取 3%)或者设计含水率增量。

一个注水孔承担的湿润煤量按下式计算:

$$G = 2L \cdot D_0 \cdot M \cdot \rho \qquad (7-4)$$

式中,L 为注水孔深度,m;D_0 为注水孔间距,m;M 为注水孔扩散半径,m;ρ 为煤的密度,kg/m^3。

5. 超前注水时间

煤样浸水实验表明,煤的力学性质变化不仅与含水率增加有关,而且与浸水时间长短有关。在开始采煤前进行注水的时间段称为超前注水时间。超前注水时间应参考煤样浸水实验结果进行确定。超前注水时间不宜过长,因为随时间的推移,注水效果就会降低。实践证明,超前注水的有效时间为三个月。

6. 注水效果检验

预注水效果检验根据含水量与煤的冲击倾向性的关系应通过实验,以煤层冲击倾向性弱化为原则合理确定,最终以含水率增量变化情况体现。注水前后含水率分布的测定方法是在注水前取样测定自然含水率,注水后的煤层含水率分布要在回采过程中测定。具体方法是工作面每推进5m,沿工作面倾斜方向,每5m取一组样,沿煤层厚度方向按上、中、下取三个煤样作为一组,测出每组样品的平均含水率。

没有实验测定时,注水直到煤壁渗水为止;或高压注水时,以含水率增量不小于3%为准,静压注水时,以含水率增量不小于2%为准;或煤层原始含水率低于5%时,增量不得低于3%;煤层原始含水率高于5%时,增量不得低于2%。

解危注水效果检验应利用应力监测或微震监测等手段检验注水效果。

7.4.3 工程实例

老虎台矿55002工作面煤样的原有水分为1.37%,孔隙率为17.99%,吸水率为1.59%,坚固性系数为1.41,按照MT/T 1023—2006《煤层注水可注性鉴定方法》,判定该煤层为可注水煤层。因此,进行煤层注水可降低该面冲击地压危险性。

55002工作面选用长钻孔高压注水法进行注水,注水孔布置在进风巷和回风巷回采侧实体煤中。注水孔径 ϕ89 mm,回风巷孔深90 m,孔间距15 m,进风孔深100 m,孔间距15 m,仰角15°,注水孔布置如图7-14所示。注水压力不低于10 MPa,注水孔封孔深度为15 m,注水量按照式(7-4)计算。注水采用超前注水,超前时间为90 d,即保证回采工作面前方150 m范围注水完毕。

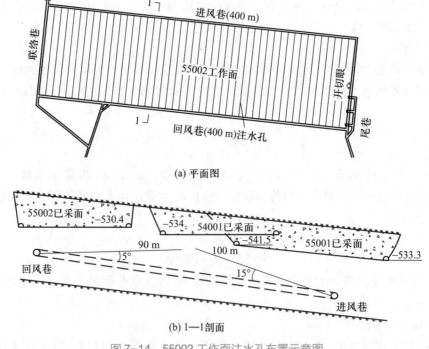

(a) 平面图

(b) 1—1剖面

图7-14　55002工作面注水孔布置示意图

图 7-15 为 55002 工作面高压注水前后电磁辐射强度变化情况。可以看出,高压注水后电磁辐射强度有所下降。高压注水前,电磁辐射强度发生连续大幅度震荡,强度值在 100~200 mV 之间,震荡幅度 100 mV;高压注水后,电磁辐射强度值围绕 100 mV 波动,震荡幅度 50 mV。注水前后电磁辐射指标变化表明,高压注水后,冲击危险性明显下降。

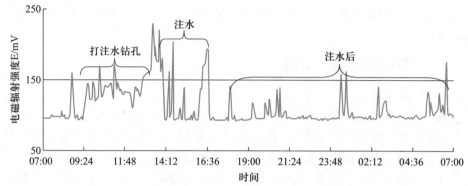

图 7-15　高压注水前后电磁辐射强度变化情况

目前主要的煤层卸压技术为煤层钻孔卸压,由于钻机功率与体积的增大,煤层钻孔卸压往往超前工作面实施预卸压,然而在工作面回采过程中,超前支护段监测出现冲击危险时,卸压钻机(钻车)却很难及时进入超前段进行卸压。煤体高压水射流钻割卸压技术是近年来发展较快的一种卸压手段,目前主要应用于煤层改性与增透领域。基于水射流破岩与钻孔作用,提出顺层钻孔高压射流卸压技术,利用高压水射流在顺煤层切割并扩孔,煤、水经过钻孔向孔外排出,钻孔周围煤体剧烈向孔道方向移动,同时发生煤体的膨胀变形和顶底板的相向位移,引起钻孔周围一定范围内的应力降低,并使高应力向煤体深部转移,从而起到煤体局部卸压的效果。该技术还可以降低煤体的脆性,增加塑形变形,降低煤体的弹性势能。

7-1 拓展阅读 煤层钻孔高压射流卸压技术

7.5 顶板深孔爆破 >>>

顶板深孔爆破是指为增加顶板岩体裂隙、破坏顶板完整性与连续性、释放顶板储存的弹性能而在顶板中进行的孔深大于 10 m 的爆破作业。根据爆破岩层位置、爆破目的等的不同,顶板深孔爆破主要分为区段煤柱侧爆破、实体煤侧爆破和开切眼爆破。

7.5.1　顶板深孔爆破防冲原理

厚层坚硬顶板具有强度大和节理裂隙不发育等特点,容易在采空区形成悬顶。悬顶岩层中会储存大量的弯曲弹性能,同时也会造成工作面周围煤体的静载应力集中,岩层储存的弯曲弹性能和煤体的静载应力集中程度均会随着悬顶长度的增大而大幅度增加。一旦承载系统中岩体载荷超过其强度,就发生剧烈破坏,瞬时释放出大量的弹性能并作用在煤体上,造成冲击、震动和暴风。岩石越坚硬,刚度越大,塑性越小,相对脆性就高,破坏时间短促,发生冲击地压的危险性就大。

弱化顶板一方面可以减小因悬空顶板形成的煤体静载,另一方面更有利于减小由于顶板大面积断裂或垮落导致的冲击动载,从而起到减小甚至消除冲击破坏的目的。可以通过对顶板进行爆破,人为地切断顶板,进而促使采空区顶板冒落。因此,深孔断顶爆破能够有效地降低顶板岩层积聚的能量,减少冲击释放能量,从而降低了冲击地压发生的危险性。

顶板深孔爆破适用于顶板断裂型冲击地压的治理与解危,同时由于顶板预裂能够在一定程度上改善煤层的应力状态,所以对煤体压缩型冲击地压也有一定的防治作用。

7.5.2　顶板深孔爆破参数设计

1. 断顶孔钻孔布置

钻孔布置方式可依据实际情况布置。如果工作面采空区侧区段煤柱留设较宽,能对上方顶板起到较好的支承作用,侧向顶板悬露面积大,当出现断裂或垮落时对冲击地压有较大影响,为确保侧向采空区顶板和本工作面采空区后方顶板及时断裂,应采用区段煤柱侧爆破和本工作面实体煤侧爆破相结合的断顶措施。如果侧向顶板悬露面积不大,当出现断裂或垮落时对冲击地压影响较小,则可采取实体煤侧爆破进行本工作面顶板超前预裂。

区段煤柱侧爆破一般在临空侧巷道沿巷道走向布置一排倾向采空区的爆破孔,爆破开孔位置宜布置在巷道肩窝附近,终孔位置应当根据现场条件、关键层位置、爆破岩层层位等综合考虑,爆破孔布置如图 7-16 所示。

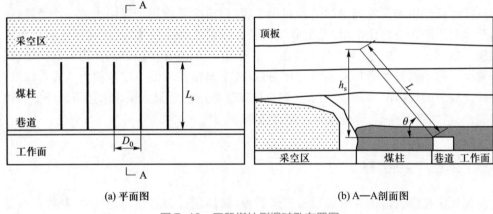

(a) 平面图　　　　　　　　　　　　(b) A—A 剖面图

图 7-16　区段煤柱侧爆破孔布置图

D_0—爆破孔排距;L_s—爆破孔开孔位置与终孔位置的水平距离;θ—爆破孔倾角;
L—爆破孔深度;h_s—爆破孔开孔位置与终孔位置的高差

实体煤侧爆破一般超前采煤工作面在两巷采用扇形布置爆破孔,每扇形断面布置爆破孔 2~4 个,爆破开孔位置宜布置在巷道肩窝附近,终孔位置应根据现场条件、关键层位置、爆破岩层层位等综合确定,爆破孔布置如图 7-17 所示。

开切眼爆破在工作面切眼区域沿倾向方向实施断顶爆破,使其尽可能在短距离回采形成第一次垮落,顶板由两侧支撑转变为一侧支撑,减少悬顶施加在煤体的应力集中程度和降低顶板初次破断产生的动载强度。

开切眼断顶爆破示意图如图 7-18 所示。沿开切眼倾向布置一排爆破钻孔,在工作面回采前,进行切眼断顶爆破,其钻孔深度、钻孔间距、装药量等要尽可能保证爆破区域能够沿切眼倾斜方向形成连续的破坏面,达到最佳断顶效果。

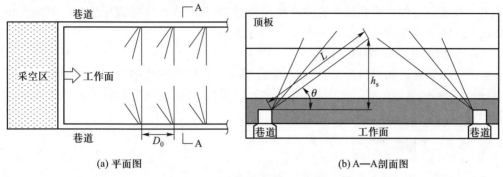

(a) 平面图   (b) A—A剖面图

图 7-17 实体煤侧爆破孔布置图

D_0—爆破孔排距;θ—爆破孔倾角;L—爆破孔深度;h_s—爆破孔开孔位置与终孔位置的高差

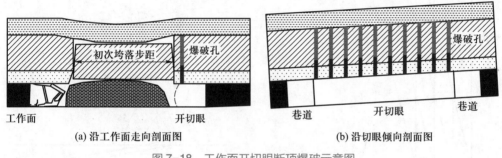

(a) 沿工作面走向剖面图   (b) 沿切眼倾向剖面图

图 7-18 工作面开切眼断顶爆破示意图

2. 炮孔直径

根据钻机的性能及钻头成孔能力确定为炮孔直径,一般为 42~100 mm。

3. 炮孔深度

炮孔深度可依据工作面煤层综合柱状图给出的坚硬岩层层位及其厚度确定。

4. 炮孔间排距

根据顶板力学参数实验数据,可以近似计算破碎区半径、裂隙区半径,然后即可确定出炮孔间距。一般情况下,区段煤柱侧爆破孔间距取 5~10 m;实体煤侧爆破炮孔排距应小于工作面周期来压步距,一般为 10~20 m;开切眼内炮孔间距为 4~10 m,也可根据现场爆破试验确定合理的炮孔间距。

5. 装药量及装药

装药量可根据孔深、封孔长度以及孔径的关系进行计算,单孔装药量等于炸药线密度乘以装药总长度。深孔爆破时,炮孔深较大采用传统的装药工艺很难达到设计的装药深度。对于深孔装药目前使用较为广泛的设备有装药车、压入式装药器、装药封孔器等,这些设备的应用不但很好地解决了深孔装药深度不够的问题,而且极大地提高了劳动效率。

6. 封孔长度

岩体抗爆能力随炮孔深度增加而增加,而炸药破坏煤岩能力与封孔长度和煤岩体抗爆强度有关。若封孔长度过短,抗爆能力降低,在爆炸时会产生抛掷漏斗影响爆破

7-2 拓展阅读 爆破断顶封孔新工艺

效果,特别是将破坏巷道的稳定与支护。如果封孔长度大于其临界长度,使爆煤岩能力小于抗爆能力,爆炸时封孔段煤岩体不能形成裂隙,同样影响爆破效果。因此,合理的封孔长度既要保证封孔段煤岩体松动预裂,同时又不能产生抛掷漏斗。一般情况下封孔长度不低于爆破孔深度的 1/3,且不小于 5 m。

7. 顶板深孔爆破效果的检验

可在爆破孔之间打检验钻孔,通过钻孔窥视仪对检验钻孔不同位置的裂隙进行观察分析,以确认爆破效果。同时,可通过钻屑法监测、微震监测等检验顶板断顶爆破的效果。

7.5.3　工程实例

1. 集贤矿西二采区某一工作面顶板深孔爆破

图 7-19 为集贤矿西二采区某一工作面顶板深孔爆破布置情况。

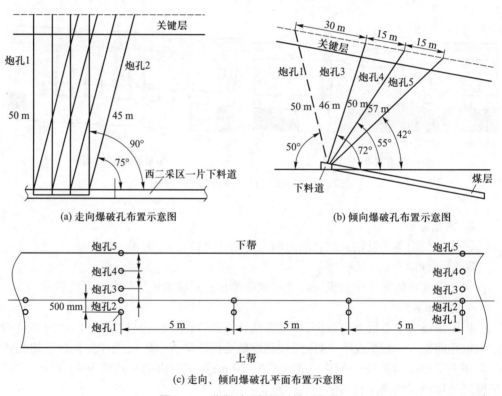

(a) 走向爆破孔布置示意图　　　　(b) 倾向爆破孔布置示意图

(c) 走向、倾向爆破孔平面布置示意图

图 7-19　集贤矿顶板爆破钻孔布置

集贤矿中一下九层左六片高能量冲击事件震源大都位于距煤层上方 25 m 以上厚度为 7.3 m 粉砂岩和 9.43 m 中砂岩中,为确保侧向采空区顶板和本工作面采空区后方顶板及时断裂,中一下九层左六片采用区段煤柱侧爆破沿走向布置炮孔进行侧向空区断顶和实体煤侧爆破沿倾向布置炮孔控制面后顶板相结合的方式。

走向爆破孔:从切眼向外 100 m 开始,沿巷道中线施工,每隔 5 m 打设一组,顶板开孔,孔深分别 50 m 与 45 m,角度分别为 90° 与 75°,孔径 ϕ94 mm,如图 7-19a 所示。

倾向爆破孔:从切眼向外 100m 开始,沿巷道中线左帮(下帮),每隔 15 m 打设一组,顶板开孔,孔深分别为 46 m、50 m、57 m,角度分别为 72°、55°、42°,孔径 ϕ94 mm,如图 7-19b 所示。

2. 某矿 1203 W 工作面深孔爆破

图 7-20 为某矿 1203 W 工作面深孔爆破钻孔布置情况。该矿二煤层上方存在约 9 m 的中砂岩和 5 m 的细砂岩,共约 14 m,同时考虑应力释放充分,在顶板深孔爆破前后应力变化明显,将爆破高度按 20 m 确定。在实体煤侧爆破,沿工作面倾斜方向上,一组孔布置三排孔,每排孔布置三个孔,孔与煤层倾角分别成 30°、45° 和 60°,经计算可确定孔长分别约为 40 m,28 m 和 24 m,各个钻孔装药量与封孔长度如表 7-3 所示。

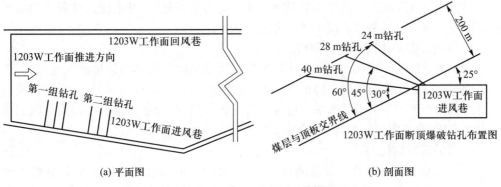

(a) 平面图   (b) 剖面图

图 7-20 某矿 1203W 工作面深孔爆破钻孔布置

表 7-3 爆破参数表

钻孔编号	眼深/m	每眼装药量/kg	封孔长度/m
1#	24	40.32	7.2
2#	28	46.8	8.4
3#	40	66.96	12

图 7-21 为爆破前后煤体钻孔应力计变化曲线,可以看出,埋深为 9 m、5.8 m 及 7.6 m 的钻孔应力计应力均发生了明显的应力降低,这充分说明爆破破坏了关键层的结构,煤体的应力有所降低。

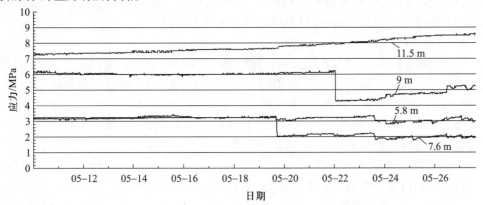

图 7-21 爆破前后煤体钻孔应力计变化曲线

7.6　顶板水压致裂　▶▶▶

顶板水压致裂是指在顶板岩层中注入高压液体,使顶板岩层产生新的或扩大原有裂隙,达到控制顶板断裂与能量释放的防冲技术。在高压水的作用下,顶板岩体的致裂半径范围可达 6~10 m,有的致裂半径甚至可达到 30 m。

7.6.1　顶板水压致裂防冲原理

顶板水压致裂防治冲击地压的机理主要为应力高峰转移、冲击倾向性弱化和减小蓄能体单元体积以减弱蓄能能力 3 个方面。

1. 促使应力高峰向煤体深部转移

高压水力压裂使得压裂区域及压裂影响半径范围内的岩体内部形成大量裂缝,裂缝面的存在导致其附近的应力降低,高应力向周围转移,促使应力再分布,宏观表现为在压裂孔附近形成卸压区,再往外是应力升高区。因此,通过对顶板进行大范围高压定点水力压裂,可实现应力转移,达到一次性卸压。

2. 岩体注水软化减冲

通过水力压裂产生的大量裂缝改变岩体的宏观和微观结构,降低岩体的整体强度;岩体饱水状态下,弹性模量降低、抗压强度降低、结构面的黏结力降低和塑性增强,从而降低冲击倾向性;由于岩体的塑性增强,其积聚弹性能的能力下降,顶板断裂释放的能量减少。

3. 减小蓄能体单元体积以减弱蓄能能力

将整体顶板压裂成预定的“小块”,并形成结构面,当外部压力增加时,小块煤体将沿压裂形成的结构面滑动,“均化”应力从而实现能量的传递与扩散,减小蓄能体单元体积,减弱蓄能能力。

7.6.2　顶板水压致裂参数设计

1. 致裂层位选择

致裂层位选择一般应根据压裂区域的钻孔柱状图,选取顶板岩层厚度较大,强度较高,对工作面矿压显现影响较明显的关键岩层;也可按照垮落带岩层厚度是垮落碎胀后能充满采空区自由空间的岩层总厚度,选择致裂岩层层位。

2. 钻孔倾角

压裂裂缝的发育半径与扩展方向直接影响压裂效果,原生裂隙的存在会使压裂裂缝发生扭转,但断层、陷落柱等地质构造或采空区的存在,则会阻断压裂裂缝的持续发育,导致压裂提前结束。因此,压裂钻孔施工前需对设计致裂层位附近的裂隙及构造发育情况进行观测,工程施工中一般采用钻孔窥视的办法,钻孔倾角选择时尽可能地将起裂位置选择在完整岩层段内,避开构造及采空区的影响。

3. 钻孔间距设计

钻孔间距由压裂裂缝扩展半径决定,不同开采条件、不同围岩条件下的扩展半径也不尽相同,需要根据现场试验结果来确定。通过对压裂钻孔附近不同距离的控制孔进行观测,观测裂隙扩展范围(依据钻孔窥视结果判定)及出水情况,从而确定目标区域的压裂裂缝扩展半径,为了裂缝间能更好地贯通,钻孔间距一般不大于 2 倍压裂裂缝扩展半径。根据工程经验,压裂裂缝扩展半径一般在6~10 m,通常钻孔间距可设定为10~20 m,根据现场实际条件进行调整。

4. 顶板水压致裂孔布置

为不影响工作面正常生产,水压致裂孔位置距离工作面应大于150 m,具体位置根据现场条件调整。

(1) 临空巷道水压致裂。

临空巷道水压致裂主要切断相邻工作面采空区的悬顶和预裂本工作面坚硬顶板。为减轻超前支承压力,需要对工作面顶板进行预裂,使坚硬顶板到采空区后及时垮落,减轻巷道的动载;为减轻侧向支承压力,需要切断煤柱上方延伸到相邻工作面采空区的悬顶,减轻巷道的静载。在临空巷道分别向本工作面的采空区侧和相邻工作面的采空区侧施工压裂孔,如图7-22所示。

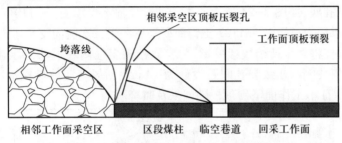

图7-22　临空巷道水压致裂钻孔布置剖面图

对于工作面顶板预裂时,一般在巷道靠煤壁侧每间隔10~20 m,向采空区方向施工1个水压致裂孔,终孔位置应当根据致裂岩层层位等综合考虑。

对于相邻采空区顶板压裂时,一般沿巷道走向每间隔10~20 m,向相邻工作面采空区施工1~2个水压致裂孔,其开孔位置宜布置在巷道肩窝附近,终孔位置应当根据现场条件、致裂岩层层位以及相邻采空区岩层移动等综合考虑。

(2) 回撤通道水压致裂。

回撤通道水压致裂为减小采空区悬露顶板对大巷保护煤柱区域应力分布状态的影响,降低大巷保护煤柱区域冲击地压危险程度,同时为保证工作面安全回采、顺利回撤,往往需要对采空区上覆坚硬厚顶板进行处理,在回撤通道内沿巷道走向每间隔10~20 m向工作面采空区顶板布置一排裂孔水压致裂孔,其孔位置宜布置在巷道肩窝附近,终孔位置应当根据现场条件、关键层位置、致裂岩层层位以及相邻采空区岩层移动等综合考虑,如图7-23所示。

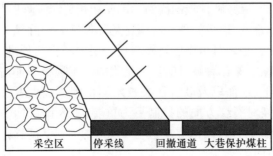

图7-23　回撤通道水压致裂钻孔布置平面图

7.6.3　工程实例

某矿 31102 工作面为一采区第二个工作面。该工作面东侧为 31101 工作面,右侧为 31103 工作面。31101 工作面已回采完毕,31102 工作面回风巷受 31101 工作面悬空顶板的影响,巷道变形大,底鼓严重,而 31102 工作面辅运巷道后期将作为 31103 工作面回风巷,若不采取治理措施同样面临着 31102 工作面回风巷的困境。

31102 工作面断顶致裂层选择厚度分别为 6.92 m 与 14.7 m 的两层细粒砂岩,起裂位置由下至上分别位于 6.92 m 细粒砂岩层中部与 14.7 m 细粒砂岩层中部。31101 与31102 工作面煤柱宽度为 20 m,附近无断层等构造,仅需确保选定的两个起裂位置的裂缝均不会扩展至采空区内即可。

综合确定 31102 工作面回风巷水压致裂孔深度 38 m,倾角 70°,起裂位置分别位于孔深 18 m 处及孔底,如图 7-24 所示。由于区段煤柱不仅承受了 31101 工作面采空后带来的侧向支承压力,还将在 31102 工作面回采后承受二次侧向支承压力的叠加,受高应力的作用,煤柱将发生持续快速变形,为有效控制煤柱侧巷道的矿压显现,将 31102工作面回风巷煤柱侧水压致裂孔间距设计为 10 m。回风巷实体煤侧水压致裂孔间距设计为 15 m,保证本工作面坚硬顶板随回采及时垮落。

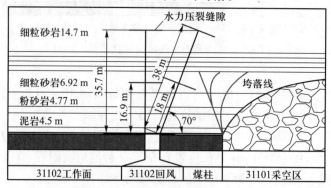

图 7-24　水压致裂钻孔参数示意图

7-3 拓展阅读 顶板高压定向水力致裂技术

31102 工作面开采过程中,通过对比工作面超前应力影响范围内的水压致裂区段和非水压致裂区段微震事件数,发现在水压致裂区段上覆岩层微震事件数较少,且每日微震事件分布较为均匀,而在非水压致裂区段顶板经常产生突然破坏,微震事件较多。表明在水压致裂区段顶板岩层逐步弱化,顶板应力传递和能量储备能力下降,能量释放相对缓慢,而在非压裂区段顶板岩层整体性好,承载能力强,释放能量较快。

冲击地压灾害与厚层坚硬顶板的破断运动密切相关,受厚硬岩层(组)控制的冲击地压矿井在我国十分普遍,顶板的预裂与弱化是降低甚至消除该类冲击地压危险最主要也是最有效的技术方法。对于厚层坚硬顶板岩层的弱化与处理,主要有深孔爆破技术和水压致裂技术,顶板深孔爆破目前仍然是我国煤矿顶板型冲击地压防治的主要技术手段。近年来,井下、地面以及联合压裂技术均得到了较大发展。作为冲击地压防治技术,顶板水压致裂对裂纹方向的控制更为重要,实现该目标的主要技术手段即为定向割缝(切槽)压裂。目前,国内煤矿进行了大量实验室与现场试验,已经在我国主要的冲击地压矿区使用。

7.7 底煤断底卸压 >>>

工作面巷道采掘过程中,为防止底煤产生能量积聚诱发冲击地压,需对巷道留有底煤区域实施卸压处理,卸压方式可采用底煤卸压爆破或底煤钻孔卸压。

7.7.1 底煤断底防冲原理

底板冲击是冲击地压的一种类型。巷道及其上覆岩层压力通过煤壁向底板传递,致使底板一定区域内产生应力集中,形成底板冲击的发生条件。特别是当底板留有较厚底煤时,底板冲击的强度将会加大。采用断底卸压爆破、底煤钻孔卸压或底煤注水等,可有效对底板应力集中和积聚的大量弹性能进行有效释放,并能改变底板的蓄能结构,减少冲击释放能量,达到消除冲击地压危险的目的。

7.7.2 底煤卸压爆破参数设计

(1)钻孔参数:钻孔孔径 $\phi 42 \sim \phi 76$ mm,孔深需根据底煤厚度决定,必须施工至煤层底板,对于特厚煤层分层开采时,应根据实际情况确定孔深。

(2)钻孔布置:沿巷道走向布置,每排布置 3 个钻孔,钻孔排距 3 m,两帮钻孔距巷道底角 0.3~0.5 m,与巷道水平面成 75° 布置,底煤区域爆破卸压钻孔布置如图 7-25 所示。

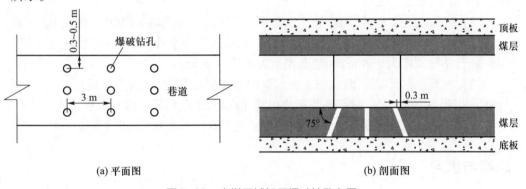

图 7-25 底煤区域卸压爆破钻孔布置

(3)炮眼装药:采用正向装药,联线时孔内并联,孔外串联。

(4)装药量:装药量根据孔深及爆破效果适当调整。少于 3 支乳化炸药时,使用 1 发电雷管起爆,大于 3 支乳化炸药时,采用不少于 2 发电雷管起爆。

7.7.3 底煤钻孔卸压参数设计

采用底煤钻孔卸压防治冲击地压时,应当依据冲击地压危险性评价结果、底板煤岩层力学性质、开采布置等实际具体条件综合确定卸压钻孔参数。

一般沿巷道走向每间隔 1~3 m 布置 1 排卸压钻孔,每排布置 3~5 个钻孔,靠近巷道两侧底角的两个钻孔与底板夹角为 45°~60°,其他钻孔垂直巷道底板施工,钻孔直径不小于 100 mm,钻孔深度保证见底板岩层,如图 7-26 所示。

底煤钻孔卸压有时也可配合底煤注水或底板爆破等其他卸压措施,采用底煤钻孔

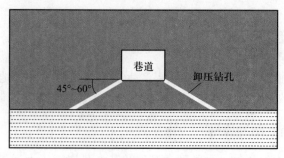

图 7-26　底煤钻孔卸压示意图

配合底煤注水时,底煤钻孔施工完钻孔后及时下直径不小于 75 mm 套管,钻孔采用静压注水自然渗透煤体,软化煤体。

7.7.4　工程实例

耿村矿 13230 工作面进风巷掘进施工中采用了底煤卸压爆破与煤层注水相结合措施,在防治冲击地压方面取得了良好效果,已普遍应用到井下各个采掘工作面。

（1）进风巷两帮采用 $\phi76$ mm 钻头、$\phi69$ mm 钻杆从下巷口以里 8m 向里在岩柱小于 3 m 的部位依次施工钻孔。钻孔与底板夹角为 45°,间距为 1 m,钻孔深度不低于 10 m,底煤厚度小于 7 m 时,钻孔施工见岩为止;底煤厚度大于 7 m 时,钻孔深度不得低于 10 m。

（2）钻孔施工完毕后,间隔装药实施断底爆破(一个孔装药为断底爆破孔,相隔 1 m 的孔为注水卸压孔),炸药使用乳化炸药,钻孔深度小于 6 m 时,装药用量为 0.5 节(0.9 kg);钻孔深度大于 6 m 时,装药用量为 1 节(1.8 kg)。

（3）在下巷底板每隔 20 m 施工一组纵向卸压爆破孔,每组施工爆破孔三个,孔深与两帮相同,实施底煤卸压爆破,炸药使用乳化炸药,装药用量参照两帮断底装药量。

（4）巷道底煤卸压爆破完成后,将未爆破的钻孔连接上水管,进行静压注水。

思考与练习

习题 7-1　试分析煤层卸压爆破、煤层钻孔卸压技术原理及适用条件。

习题 7-2　简述深孔断顶爆破技术与顶板水压致裂技术的原理及适用条件。

习题 7-3　选择顶板深孔爆破防治技术时,主要涉及哪些参数?

习题 7-4　请分析《防治煤矿冲击地压细则》的主要精神,如何把握其关键要点?

习题 7-5　煤矿冲击地压防治的关键之一是分析诱发冲击地压的主控因素,并根据主控因素采取不同的防冲措施。对于煤层上方有坚硬难以垮落的厚岩层顶板,应该优先采取什么措施?

现场真实问题思考

7-4 现场真实问题思考提示

某矿 513 工作面位于五采区南翼 -950~-1010 m 水平,北翼为暗斜井及 -1010 m 车场,留设大巷保护煤柱 80 m。南翼为 DF39 断层,留设断层保护煤柱 40~99 m。西翼为 515 工作面(未开采)。东翼为 411 工作面采空区,留设保护煤柱 6 m,513 工作面相对位置如思考题图 7-1。

工作面开采深度 1082~1212 m。工作面走向长度 600 m,倾向回采长度 182 m,煤层厚度

8~12 m,平均厚度 10 m,倾角 10°~20°,平均倾角 15°。采用综采放顶煤开采,采放高度比不大于 1:3。

　　513 工作面煤层属矿井Ⅱ、Ⅲ煤层合层,为稳定的主采煤层。煤层倾角 13°~15°。

　　Ⅱ、Ⅲ煤层为复杂结构,含 2~6 层夹矸,煤分层厚度在 0.35~9.35 m 之间,可利用总厚度 4.33~16.8 m,平均 10.0 m。

　　煤层伪顶为炭质泥岩,厚 0.5 m,较软易冒落。直接顶为黑色、灰色泥岩,厚 10 m,从南至北逐渐变厚。层理较发育,块状构造,夹薄层白色砂岩,性脆较易冒落。老顶为灰绿色凝灰岩及灰绿色砾岩,凝灰岩质纯较脆,致密块状,砾岩以安山岩、凝灰岩为主,含少量泥岩岩砾,砾径 3~35 mm,磨圆度较差,基底式凝灰质胶结,坚硬,老顶岩层厚 50 m。

　　煤层老底为角砾岩,灰至灰白色,以凝灰岩砾为主,灰黑色泥岩次之,局部夹煤线,砾径 5~15 mm,凝灰质胶结较硬。直接底为炭质泥岩,其中夹有薄层砂岩,厚 0.5 m,由北向南逐渐变薄。

　　本工作面内断层情况如思考题表 7-1 和 7-2。

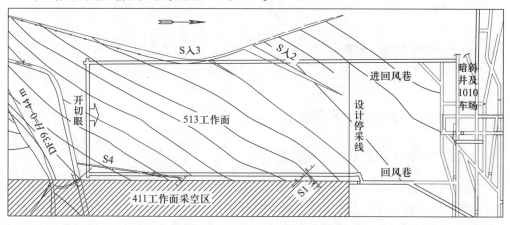

思考题图 7-1　513 工作面相对位置

思考题表 7-1　运输巷断层构造情况表

断　层	长度（实见）/m	落差/m	距口门（范围）/m
S 入 2	30	5	230~260
S 入 3	100	6	335~435

思考题表 7-2　回风巷断层构造情况表

断　层	长度（实见）/m	落差/m	距口门（范围）/m
S1	10	3	85~95
S4	85	3	330~415

　　请根据该工作面的实际地质与采掘情况设计局部防冲方案。

第8章

冲击地压巷道防冲支护

学习目标

1. 了解冲击地压巷道防冲支护基本原理及防冲支护设计要求。
2. 掌握巷道冲击地压对支护的要求及防冲支护基本原则。

重点及难点

1. 冲击地压巷道防冲支护基本原则。
2. 巷道三级支护设计与参数的选取。

8.1 巷道冲击地压破坏特征

8.1.1 冲击破坏显现位置和区域

巷道冲击地压包括发生在掘进巷道、工作面回采巷道以及大巷中的冲击地压。其中,工作面回采巷道的冲击地压约占巷道冲击地压总数的80%以上。2020年山东省某矿的冲击地压事故,造成巷道486 m破坏。工作面回采巷道冲击地压破坏范围从30~500 m不等,较为严重的情况基本都在工作面超前200 m以内。掘进巷道发生的冲击地压主要集中于掘进头后方10~100 m范围,发生位置常存在局部地质构造或地质异常区域,故破坏范围相对较小。大巷在煤层中时也会发生冲击地压,其主要集中于巷道密集的区域或巷道交叉口位置,破坏范围较小,一般为几米至几十米距离,且破坏程度较工作面巷道弱一些。煤层中大巷的冲击地压发生原因在于巷道密集区域应力集中程度较高,并受工作面回采靠近停采线时的超前支承压力影响所致,也有因工作面顶板超前预裂爆破产生的动载诱发所致。

8.1.2 冲击破坏显现形式

巷道冲击地压常会导致巷道顶板下沉、冒顶、片帮、底鼓和断面整体收缩,甚至闭合等破坏情况。顶板如果不破碎,较为完整,则通常是突然地一震,下沉几厘米或十几厘米,但在厚煤层沿底托顶煤布置的巷道,巷道顶部为煤体,则往往造成冒顶式的坍塌破坏,如图8-1a所示。若冲击能量较大时,巷道围岩的破坏以煤体破碎或整体向巷内移位为主,使巷道横向收缩率可达60%~80%,如图8-1b所示。2017年辽宁省某矿冲击地压事故造成214 m巷道完全闭合。薄煤层坚硬顶板条件下巷道破坏以两帮片帮为主,如图8-1c所示。巷道底鼓破坏则是巷道冲击地压破坏必然出现的情况,一般情况下底鼓量为0.5~1.0 m,特别严重时底鼓可超过2 m,使巷道收缩率超过50%,如图8-1d所示。因此,巷道防冲支护从巷道断面上来看,对顶部、两帮以及底板都要进行有效的控制。其中,对于巷道顶部的支护必须是最强支护,因为巷道顶部一旦破坏坍塌,必然对巷内人员的生命威胁;对巷道两帮的支护也比较重要,因为巷道两帮煤体的破坏是造成巷道收缩率大的主要原因;对于巷道底部的支护相比顶部和两帮可以弱一些,但也不可忽视较硬的底板破坏时对巷内人员强震构成的伤害。

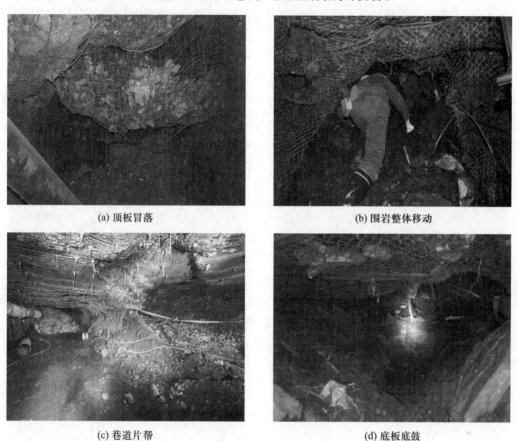

(a) 顶板冒落　　　　(b) 围岩整体移动

(c) 巷道片帮　　　　(d) 底板底鼓

图 8-1　巷道冲击破坏显现形式

近 10 年我国冲击地压矿井统计表明,造成人员伤亡的冲击地压事故,巷道破坏收断面缩率一般都在 20% 以上,如果在冲击地压中能够保证巷道断面高度不低于 2 m,内部人员就能保住生命。因此,巷道防冲支护必须要保证巷道在最大冲击能量或载荷下变形后的断面高于 2 m,而设计的指标需保证巷道断面收缩率不超过 20%,以最大程度保障内部作业人员的生命安全。

8.1.3　冲击破坏的能量特征

冲击源释放的冲击能从远场以冲击应力波的形式传递到巷道围岩及支护上,转换为冲击载荷对巷道支护做功。通过研究大量巷道冲击地压现场的地质条件和开采条件发现,巷道冲击地压的能量主要与上覆坚硬厚岩层、复杂地质构造和复杂覆岩空间结构形式有关。

煤柱在采场中承担大部分上覆岩层及部分冒落拱范围外的岩层重量,导致煤柱内高应力集中,如果煤柱宽度较小,煤柱在高应力及采动应力叠加下几乎全部煤体都进入软化阶段,也就不会存储大量的弹性能,这样即使失稳发生冲击地压释放的冲击动能也比较小;如果煤柱宽度较大,煤柱中大部分煤体都处于弹性阶段,相当于煤柱内存在着"弹性核",在高应力下煤柱成为高能量密度集聚体,当煤柱达到极限平衡状态时,受顶板断裂、放炮、巷道扩修等开采扰动影响,则会突发失稳,形成煤体压缩型冲击地压,煤柱中积蓄的能量瞬间释放,造成巷道严重变形,坍塌,甚至闭合堵塞。

顶板若为坚硬厚岩层,随着工作面推进顶板不容易垮落下沉,在已采工作面周围形成了残余支承压力,随着采空区不断增加,顶板的悬露面积逐步扩大,工作面周围的支承压力和影响范围不断增加,致使已采工作面周围的煤体始终处在较高的支承压力状态,与回采工作面的超前支承压力形成叠加,引起巷道周围煤岩体高度应力集中,坚硬顶板中也集聚大量的弹性能,坚硬顶板破断或滑移失稳,也能释放大量弹性能,因此冲击源位于巷道两帮或顶板断裂处。

复杂地质构造主要是工作面附近煤岩层的产状变化极大,断层极发育,有时受火成岩的严重破坏,断层密集、发育,褶皱复杂、紧密。断层本身构造应力、褶皱的向斜轴部和翼部存在的残余应力与采动应力叠加,可在工作面附近围岩中产生高应力集中区。逆断层在受挤压的过程中,岩层将产生变形发生塑性屈曲和断裂,会消耗部分能量,但断层体内仍存有弹性能或残余应力,内部积聚大量的弹性能在断层滑移或活化时,将突然释放成为冲击源。

复杂覆岩空间结构主要指工作面附近存在本煤层开采形成的孤岛煤柱和煤层群开采条件下形成的上覆煤柱。孤岛或半孤岛开采,造成临近工作面的采空区应力峰值向孤岛工作面煤岩体深部转移,在开采中可能形成多个支承压力叠加,造成工作面围岩内产生局部应力急剧集中;多煤层开采中,上层煤开采遗留下的煤柱会造成下方区域的下层煤层与顶板产生应力集中。因此,冲击源主要位于巷道两帮之中。

8.1.4　冲击过程载荷时频特征

冲击应力波通过巷道围岩介质传递至巷道支护上,冲击应力波对巷道支护的影响可分为两个方面:

(1) 振动效应,指冲击应力波从煤岩介质传递到巷道支护上,引起巷道支护产生高速振动;

(2) 冲击力效应,表现为巷道围岩作用在巷道支护上短时间的冲击压力。

冲击地压发生过程迅速,持续时间较短,冲击载荷作用在支架上时间极短。波兰的 Nierobisz A 通过连续测试架设在回采工作面前方巷道中的摩擦金属支柱的承载力,得到了冲击载荷作用下巷道支柱的承载力变化特征,如图 8-2 所示。图 8-2a 所示,为一次释放能量为 3×10^5 J 的冲击地压事件发生过程中金属支柱的承载力变化曲线。此次冲击地压发生时,冲击源距支架距离为 135 m,冲击载荷造成支柱在极短时间内承载力急剧突变,支柱的最大承载力较静压时增大 2% 左右,连续出现两个较大的峰值后,支柱承载力逐渐下降,并逐渐趋于稳定,支柱承载力回落至冲击前静压下的状态,甚至略低于冲击前承载力。图 8-2b 所示,为一次释放能量为 9×10^7 J 的冲击地压发生过程中,金属支柱的承载力变化曲线,冲击地压发生时,金属支柱位于回采工作面前方270 m 处,冲击源距支架距离为 160 m,冲击地压发生时支柱的承载力突然急剧增大,相对于静压时增大 50% 左右,冲击过后,支柱承载力较冲击前增长 20%

左右。

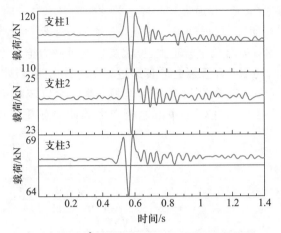

(a) 3×10⁵J的冲击地压中立柱承载力变化曲线

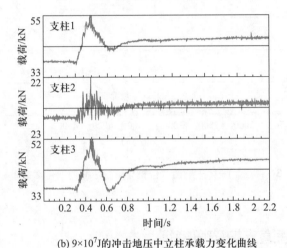

(b) 9×10⁷J的冲击地压中立柱承载力变化曲线

图 8-2 冲击地压载荷作用下巷道支柱承载力变化特征

从巷道冲击地压发生时围岩作用于支护体的载荷来看,支护受冲击载荷从0.1 s左右就可以增加至峰值,过程非常短暂。根据微震系统监测得到,冲击地压发生时微震波持续时间从几秒到几十秒,而围岩震动在不足0.1 s即可增加至最大值。如河南省某矿某次冲击地压 100 ms 左右载荷上升到峰值,山西省某矿某次冲击地压 50 ms 时载荷上升到峰值。冲击地压产生的冲击动载作用在巷道支护上的时间极短,因此造成巷道支护承载力急剧增大,并引起巷道支护的振动,若支护振动频率接近支护结构固有频率,则会引发支护结构产生共振,进而造成巷道支护更严重的破坏。冲击地压巷道支护要抵抗冲击动载,就必须利用吸能材料和构件的缓冲减振特性,降低巷道支护受到的冲击载荷,保护支护主体不受损坏。

巷道冲击地压发生时,如果巷道支护能够抵抗住煤岩变形而未使巷道发生崩塌式破坏,则巷道围岩一般在 0.5 s 时间内变形收缩量可达 0.5~1 m,围岩变形或冲击速度可超过 1 m/s;如果巷道支护未能够抵抗住煤岩变形而使其彻底崩塌破坏,则在不足 1 s 时间里破坏的煤岩体会充满4~6 m 宽巷道,破碎煤岩的冲击速度可达几米每秒,甚至接近 10 m/s。

对冲击地压释放能量 E_s、巷道支柱到冲击源的距离 R 和冲击时支柱承载力增长率 k 三者之间的关系进行研究,发现冲击地压发生时,冲击源距支柱越近,释放到巷道中的能量越大,支柱的承载力增长率就越大,反之支柱的承载力增长率越小,其关系如图 8-3 所示。由此可知,冲击能在煤岩介质传递过程中衰减迅速,当冲击源距巷道达到一定值时,冲击地压产生的冲击载荷对支护的作用力基本可以忽略不计;巷道围岩的吸能量有限,当冲击能达到一定值后,冲击地压产生的冲击载荷对支护的作用力快速增长。

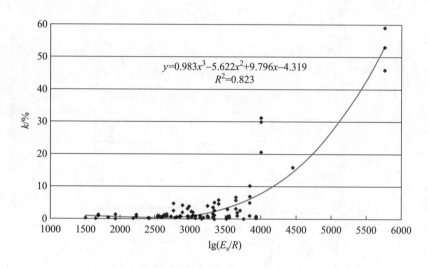

图 8-3　冲击地压释放能量、位置与支柱承载力变化率关系特征

8.2　冲击地压巷道支护破坏特征　〉〉〉

8.2.1　锚杆、锚索支护失效与破坏特征

冲击地压发生时,冲击载荷引起煤岩介质振动,由于煤层中钻孔壁面的刚度低、强度低,加之在复杂应力作用,孔壁围岩性质急剧恶化,进而导致围岩与锚固剂的黏结力急剧较小,锚固质量差时,在冲击载荷的作用下,瞬间剪应力大于或等于锚固剂的剪切强度,则黏结剂开始变形与围岩脱黏滑移,失去对围岩的约束,锚固系统支护力瞬间消失,如图 8-4a 所示。锚固质量好时,锚杆受到冲击载荷应力超过其强度极限,而锚杆尾部由于螺纹的抗剪能力较低,使螺纹段成为最危险段,最终导致锚杆尾部螺纹脱扣托盘脱落。当冲击应力波到达巷道自由表面时,冲击应力波波头与反射波波尾叠加后高于巷道围岩及与其护表强度时,巷道周边煤岩体就将被破坏,导致锚杆失去锚固基础,如图 8-4b、c 所示,此种情况多发生于巷帮表面煤体。当冲击载荷足够大时,冲击应力波传播至锚固区外边界处时,在瞬间一次性就摧垮了巷道,如图 8-4d 所示。

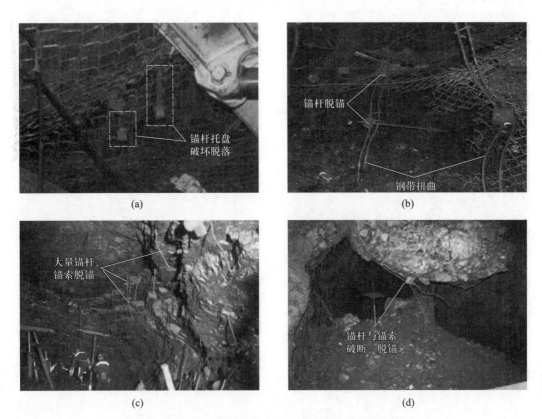

图 8-4　锚杆、锚索在冲击地压中支护失效与破坏情况

8.2.2　U 型钢支架支护破坏特征

U 型钢支架支护在巷道冲击地压发生时会造成弯折、屈曲或卡缆破坏等情况,导致支架承载力大幅衰减,支护结构失稳破坏。U 型钢支架支护接头处的滑动性能,决定了其承载力与让位防冲性能。接头处的滑动性能主要由两方面因素决定:一是卡缆预紧力,卡缆预紧力不足,支架承载力未达到额定值,就开始收缩发生非稳定滑移,不能为围岩提供足够支撑力,无法维护巷道围岩稳定,在围岩冲击作用下,发生严重变形破坏,导致搭接段折断与撕裂、卡缆失效与破坏,彻底失去承载力,如图 8-5a 所示;二是接头处接触面摩擦性能,卡缆与 U 型钢间接触面的压力分布不均,接触面上局部摩擦力过大,出现严重磨损、擦伤、划伤甚至咬死现象,造成支架产生拒缩、支护阻力突跳现象,造成 U 型钢支架局部屈曲变形及弯折破坏,如图 8-5b 所示。若冲击能量足够大,在强冲击载荷在围岩中传递,引起大范围的围岩震动、变形和破坏,最终作用在支架上,使得围岩沿某单一方向冲击挤压支架,由于 U 型钢支架支护强度较低,围岩压力远大于 U 型钢支架支护的支护强度,在煤岩的挤压下,引起个别支架发生倾斜、弯曲甚至折断,进而诱发支护整体发生失稳破坏,如图 8-5c、d 所示。

8.2.3　单体液压支柱破坏特征

单体液压支柱属于恒阻式支柱,其通过安全阀的调控可以实现额定的工作阻力。单体液压支柱可以与金属铰接顶梁配合使用,也可以独立使用,其主要用于回采工作

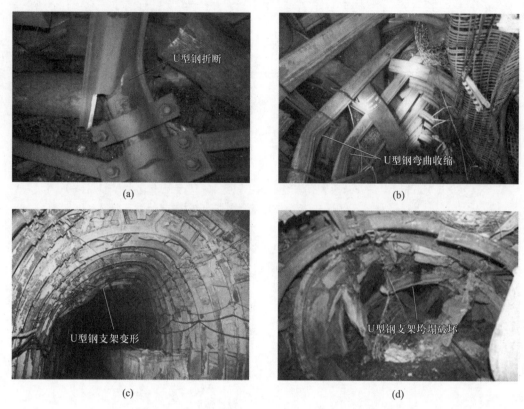

图 8-5　U 型钢支架在冲击地压中失效与破坏情况

面的顶底板支护、工作面端头支护以及工作面回采巷道的临时支护。但是,单体液压
支柱在冲击地压巷道支护中会显露出一些缺点和不足。巷道冲击地压发生时,围岩剧
烈震动或突发局部变形时,单体液压支柱结构形式细长,在冲击作用下极易发生失稳,
往往出现倾倒、弯曲或折断等情况。如图 8-6a、b 所示,山东省某矿发生的一起冲击地
压事故中,巷道内多数液压支柱发生倾倒、折弯;如图 8-6c、d 所示,黑龙江省某矿发生
的一起严重冲击地压事故中,巷道内液压支柱发生爆缸损坏,以及大量液压支柱倾倒、
折弯、折断,进而导致整个支护体系失效,巷道严重变形破坏。

(a) 支柱活柱弯折

(b) 支柱二级活柱折断

(c) 支柱爆缸

(d) 支柱倾倒

图 8-6　单体液压支柱在冲击地压中失效与破坏情况

8.2.4　液压支架破坏特征

　　液压支架的高支撑力和高密度支护使工作面支护强度显著提高,因此,工作面的冲击地压事故明显减少。液压支架的广泛应用以及支撑力不断加大,使采煤工作面设计的长度不断加长,采煤速度也不断加快,因此导致工作面两侧的巷道冲击地压危险性开始加剧。2000 年后,我国冲击地压灾害问题逐渐突显,并且主要集中于工作面两侧的巷道区域,该区域巷道受静压力大,并受大能量事件影响极易发生失稳破坏,导致冲击地压难以防控。

　　有专家学者研究提出,通过增加巷道支护应力能够在一定程度上提高冲击地压的临界条件,从而起到对巷道冲击地压的防控作用。现场也逐渐开始研制用于巷道的液压支架,重点支护采煤工作面端头及超前支撑压力影响的巷道区域。巷道液压支架的使用在一定程度上提高了巷道支护体系的抗冲击能力,对于释放能量较小的冲击地压基本上能够抵抗,但是对于释放能量较大的冲击地压,冲击动载极易超过液压支架的承载能力,因此造成支架的局部损坏或整体破坏。如支架立柱短时间内泄压阀无法打开,不能及时让位,造成弯折、爆缸等损坏,如图 8-7a 所示;或造成支架倾倒、顶低梁折断等破坏,如图 8-7b~d 所示。因此,普通的液压支架难以满足较大能量的冲击地压对支护的防冲要求。

(a) 支柱折断

(b) 顶梁拉裂

(c) 结构失稳　　　　　　　　　　　(d) 底座破断

图 8-7　巷道液压支架在冲击地压中失效与破坏

8.3　巷道防冲支护的作用原理 ▶▶▶

巷道冲击地压的防冲支护应从静-动力学角度出发,同时考虑启动-破坏-停止全过程,兼顾支护与围岩协同治理。一是在冲击启动前,依据冲击启动的应力条件,降低煤体远场应力,提高巷道支护强度,增加启动难度;二是依据冲击停止的能量条件,在冲击过程中,从冲击应力波传播路径上入手,通过改变煤岩体结构与介质属性,吸收或消耗冲击能;三是在冲击应力波传播的末端,通过提高巷道支护结构的阻尼特性有效吸收剩余冲击能,减弱冲击应力波对巷道支护结构的破坏,避免巷道支护失效。因此,防冲支护设计应从以下三方面进行考虑。

(1) 从冲击源头做起不让冲击地压发生。降低远场应力,使其小于冲击地压发生的临界应力;增加支护阻力,降低冲击倾向性,提高临界应力。

根据冲击地压扰动响应失稳理论,冲击地压的发生存在临界应力条件 P_{cr},因此,冲击地压发生的条件是巷道实际地应力达到冲击地压启动的临界应力条件,即

$$P_{cr} = \frac{n\sigma_c}{2}\left(1+\frac{1}{K_E}\right)\left(1+\frac{4p_s}{\sigma_c}\right) \tag{8-1}$$

根据式(8-1),首先,采用调整开采布局、采掘顺序、优化煤柱尺寸等区域防冲措施避免巷道高应力集中,使巷道实际地应力不满足冲击启动的应力条件,即 $P<P_{cr}$;其次,采用煤层注水、钻孔卸压、煤层爆破预裂、锚杆(索)支护等措施,从围岩做起,改变煤岩介质属性,降低其冲击倾向性 $1/K_E$,同时增加支护阻力,从而提高巷道支护应力 p_s,进而提高巷道冲击地压发生的临界应力 P_{cr},使得巷道实际地应力难以达到冲击地压发生的临界应力 P_{cr},让冲击地压难以发生。

同时降低远场应力,将降低冲击地压发生释放的能量 W_r,使得 $W_r<W_1+W_h$,即虽然发生冲击地压,但不足以产生剩余能量使冲击地压显现。

在断层、向背斜轴部、煤柱以及煤岩层变化处容易产生应力集中,积聚高能量,开采扰动下高能量突然释放,为冲击地压提供能量源,造成冲击地压事故,物理过程如图8-8所示。因此,首先采用调整开采布局、采掘顺序、优化煤柱尺寸等区域防冲措施避

免高应力积聚,使其不满足冲击启动的应力条件,从源头做起,改善震源特性,降低或避免震动能量释放。

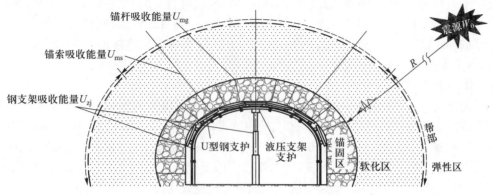

图 8-8 远场冲击地压震源对近场围岩的冲击破坏物理过程

(2)从冲击过程的围岩做起,围岩改性,增加围岩吸收能量。

冲击地压显现的能量条件是释放能量大于吸收能量,产生诱发巷道破坏的剩余能量,即

$$W_r > W_1 + W_h \qquad (8-2)$$

式中,W_r 为断层错动或顶板断裂等扰动释放的能量经衰减后传递到近场围岩的能量;W_1 为近场围岩塑性区吸收能量;W_h 为巷道支护结构吸收能量。

从围岩做起,基于煤岩冲击倾向性鉴定、煤岩物理力学性能测定、煤的浸水试验以及开采区域冲击危险性评价结果,通过采用煤层注水、煤层爆破预裂等措施改变煤岩介质属性,增加围岩裂隙增强阻尼吸能特性。同时,根据式(8-2)可知,改变并增加近场围岩的阻尼耗能能力后,将增加近场围岩的吸收能量 W_1,使得 $W_r < W_1 + W_h$,即使得近场围岩尽最大可能吸收剩余能量,保障巷道安全。

(3)从冲击末端的巷内支护做起,改善支护结构和力学特性,增加支护吸收能量。

同时,根据式(8-2)可知,增强巷道支护的吸能能力后,将增加近场围岩的吸能量 W_1,使得 $W_r < W_1 + W_h$,即使得近场尽最大可能吸收剩余能量,保障巷道安全。煤岩的冲击能指数越小,支护对临界载荷的提升作用越大。因此,通过加强巷道支护,基于防冲能量设计支护,即通过支护具有吸收耗散冲击能的功能,并使围岩保持完整,实现支护与围岩共同吸收冲击地压能量,最终使冲击地压停止下来。

8.4 冲击地压巷道对支护的要求 ⟫⟫⟫

巷道支护的目的是约束围岩向巷道内的变形位移,使巷道满足生产的使用需求。非冲击地压危险巷道的支护主要考虑的是巷道围岩的静载,即准静态压力下支护-围岩系统的抗变形能力,而对于冲击地压巷道,支护既要承受一般情况下的静载作用,又要在突发的冲击动载叠加时防止围岩破坏或避免围岩变形后失去原有的完整性,冲向巷道内。因此,冲击地压巷道的支护不但要考虑围岩慢变形状态下产生的巷道收缩位移,还要考虑围岩冲击启动后可控的让位位移,以避免刚性支护受到的破坏或失效,保证支护-围岩系统的完整与稳定性。因此,冲击地压巷道对支护的要求有以下几点。

1. 让位阻力可变

防冲支护既要具备很高的支护阻力,使其在巷道冲击地压刚开始启动时能够利用支护阻力抗冲击,还要能够在支护阻力超过一定阈值时,以相对恒定的阻力让位,直到停止,支护阻力是可变的。因此,支护中需特别设计一种可定阈值的装置,当作用于支护上的冲击载荷超过该阈值时,能够立即启动变形,实现支架整体的一个快速缓冲过程,保证支护不破坏,并且能继续发挥支护作用,进而保护人员不受伤害。

2. 让位位移可变

防冲支护应实现可变让位位移,即支护的让位位移需要与围岩形变相协调,当支护遭受围岩的冲击载荷超过阈值时,支护中特设的装置立即启动变形,实现支护整体的一个快速让位过程。围岩冲击启动前支护结构弹性形变让位,位移小,用于限制围岩变形;围岩冲击启动后支护形变让位,位移大用于让出围岩的变形位移,同时保证支护不因位移过大而失稳破坏,又要避免对围岩突然撤载而发生冲击地压。

3. 让位刚度可变

巷道围岩的刚度是非线性的,静态应力下围岩结构刚度较大,但随着应变增大,围岩结构刚度逐渐降低,在冲击地压发生时,围岩变形过程中刚度为零,因此,要保全巷道完整性,支护就要保证自身结构刚度与围岩刚度协调一致,即让位刚度可变。未发生冲击地压时,支护应具备较高的结构刚度,约束巷道围岩变形,当突发围岩冲击并且作用于支护上的冲击载荷超过阈值时,支护立即跟随围岩形变,进行恒阻让位过程,该过程中支护结构刚度快速变为零,与巷道围岩刚度相协调,同时也避免了因刚度过大而发生过载损坏。当围岩冲击停止,支护让位停止,再次恢复支护作用,达到比冲击让位前更高的结构刚度。

4. 让位频率可变

巷道支护的破坏程度与冲击地压的震级大小并不是完全的对应关系,有时冲击地压震级比较大,但支护的破坏却比较轻;有时冲击地压的震级并不是很大,但支护的破坏却比较严重,其原因除了和震源点距支护远近有关外,还和震动波的频率有关,当震动频率与支护固有频率接近时,会导致支护产生共振,故较小震级的震源也会造成支护的严重破坏。因此,防冲支护应具有固有频率可变的功能,即一旦发生巷道冲击,支护启动让位过程后固有频率迅速调整为零,防止支护受震动载荷作用而发生共振。由于冲击地压作用在巷道支护上的动力载荷是以波的形式产生的震动载荷,不同类型的冲击地压作用在支护上的震动频率是不同的。煤体压缩型冲击地压、顶板断裂型冲击地压、断层错动型冲击地压,优势频率分别为 $25 \sim 40\ Hz$、$10 \sim 25\ Hz$ 和 $1 \sim 10\ Hz$。因此,冲击地压发生时,支护体的固有频率需要避开这些冲击地压的优势频率,当冲击停止下来时再次恢复支护作用,拥有一个新的固有频率。

5. 让位速度可变

巷道冲击地压发生时,围岩向巷道空间迅速变形,对支护构成冲击作用。根据微震监测可得,发生冲击时巷道围岩震动速度为 $0.01 \sim 0.1\ m/s$,而根据冲击地压造成巷道破坏的收缩位移和破坏时间估算,围岩破坏时的冲击速度一般为 $0.1 \sim 10\ m/s$。目前国内外巷道支护设计没有考虑到围岩冲击速度和支护收缩速度的关系,并未建立起围岩冲击速度与巷道支护让位速度的关系。因此,在围岩冲击作用下,常规支护由于响应速度慢而导致过载破坏。所以,防冲支护必须具备让位速度可变的原则,即一般支护状态下作用于支护上的准静态载荷过大时,支护能够缓慢让位卸压,而一旦突发冲击动载超过支护阈值时,支护必须立即快速让位构件立即启动变形,实现支护整体的一个快速让位,迅速消减围岩对支护的冲击载荷,最终围岩冲击停止后支护再次达到一个稳定的支护状态。

6. 让位能量可变

冲击地压发生时,围岩弹性区储存的变形能部分释放出来,以动能形式传递到围岩塑性区和支护上。调研发现,小于 $1×10^4$J 的冲击能量对支护无影响,大于 $1×10^4$J 的冲击能量对支护的影响明显。所以,防冲支护必须具备让位吸能的功能,即在突发较大的围岩能量冲击下,冲击能量可以由支护中特设的装置实施吸收,同时支护进行一定程度的让位,故冲击能量不同,支护的让位的幅度与吸能量不同。支护吸能过程使围岩冲击能量被迅速消耗,进而保护支护整体结构不受损坏,从而保障整个巷道支护体系的稳定和安全。

8.5 三级防冲支护方法 >>>

巷道冲击地压的防治,在考虑远场控制应力、降低释放能量,以及近场调控围岩、吸收能量的基础上,还应选择合理的支护方式与支护强度,以实现对不同释放能量的冲击地压进行合理有效的防控。不同矿井的地质条件与采掘条件不同,巷道周围煤岩体积聚能量不同,发生冲击时释放的能量也不同,因此造成巷道冲击破坏范围与破坏程度不同。所以,巷道防冲支护也需要进行合理分级,按照冲击地压释放能量大小,将冲击地压分为 10~100 kJ、100~1000 kJ、1000 kJ 以上三个能量级,对此分别实行"锚-网-索""锚-网-索"+U 型钢支架及"锚-网-索"+U 型钢支架+液压支架三级防冲支护。

8.5.1 防冲支护分级

一级支护,即利用"锚-网-索"实现巷道围岩主动支护,及时控制巷道变形,保障巷道基本功能;二级支护,即利用"锚-网-索"支护与 U 型钢支架联合作用实现了功能互补,"锚-网-索"支护充分发挥了围岩性能,在冲击时对巷道围岩实现径向位移可控,吸收消耗冲击能,同时有效弥补 U 型钢支架支护强度不足问题,而 U 型钢支架对围岩在整个断面上均具有控制作用,不但弥补了"锚-网-索"支护无法维护巷道浅部破碎围岩、冲击护表能力不足的问题,而且将围岩径向冲击转化为自身环向均匀收缩消耗冲击能,维持巷道环向均部变形。液压支架具有强力支撑作用,在巷道轴向间隔布置后形成强稳定结构,可有效避免强冲击条件下"锚-网-索"支护与 U 型钢支架的整体失稳,保障巷道整体稳定性。三级支护则利用"锚-网-索"支护、U 型钢支架或液压支架,通过径向—环向—轴向对巷道进行三维立体支护,如图 8-9 所示,充分利用巷内支护体与锚固岩体,共同抵抗吸收冲击能,实现不同能量级别的冲击地压防冲支护,能够有效避免冲击造成巷道顶板下沉,底板鼓起,两帮收敛,甚至闭合。

最新研究已形成了三级吸能支护技术和装备,即每一级支护装备中都带有特别设计的吸能装置或吸能功能,能够使巷道支护体系的防冲性能达到最佳效果,如河南省义马耿村矿、抚顺市老虎台矿、内蒙古自治区鄂尔多斯纳林河二号井等,应用吸能支护装备发挥了非常理想的防冲作用。

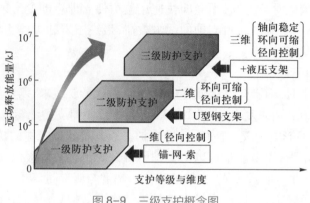

图 8-9　三级支护概念图

8.5.2　防冲支护等级的选择

依据冲击地压类型及主控因素,选择不同等级的支护方式。对于煤体压缩型冲击地压优先选择一级支护,特厚煤层条件下选择二级支护或三级支护;对于顶底板断裂型冲击地压优先选用二级支护,如果冲击地压危险性较高则需选择三级支护。对于断层错动型冲击地压优先选用三级支护。此外,对于煤体压缩型、顶板断裂型、断层错动型以及复合型冲击地压应选择二级支护或三级支护。

1. 一级支护主要参数

根据巷道围岩地质与生产条件,常用的锚杆基本支护参数宜按表 8-1 选取。

表 8-1　锚杆基本支护参数

序号	参数名称	单位	参数值
1	锚杆长度	m	不低于 2.2
2	锚杆公称直径	mm	不低于 20
3	锚杆预紧力	kN	锚杆屈服力的 30%~60%
4	锚杆设计锚固力	kN	锚杆屈服力的标准值
5	锚杆间距	m	0.6~1.0
6	锚杆排距	m	0.6~1.0
7	锚杆锚固长度	—	加长锚固或全长锚固

根据巷道围岩地质与生产条件,锚索基本支护参数宜按表 8-2 选取。

表 8-2　锚索基本支护参数

序号	参数名称	单位	参数值
1	锚索长度	m	下限值不低于 4.0,上限根据实际情况选取
2	锚索公称直径	mm	不低于 20
3	锚索间距	m	0.6~2.0
4	锚索排距	m	1.2~3.0
5	锚索锚固长度	—	加长锚固或注浆锚固

2. 二级支护主要参数

二级支护在一级支护的基础上,可采用可缩金属支架(U 型钢支架)或单元液压支架、垛式液压支架、迈步式液压支架、自移式液压支架等。根据巷道围岩地质与生产条件,常用的二级支护主要参数宜按表 8-3 选取。

表 8-3 二级支护主要参数

序号	参数名称	单位	参数值
1	可缩金属支架排距	m	0.6~2.0
2	单元液压支架列间距	m	2.0~3.0
3	单元液压支架排距	m	0.5~1.5
4	垛式液压支架列间距	m	2.0~3.0
5	垛式液压支架排距	m	0.5~1.5
6	迈步式液压支架	m	—

3. 三级支护主要参数

三级支护在二级支护的基础上增加单元液压支架、垛式液压支架及门式液压支架等。根据巷道围岩地质与生产条件,常用的三级支护主要参数宜按表 8-4 选取。

表 8-4 常用的三级支护主要参数

序号	参数名称	单位	参数值
1	单元液压支架列间距	m	2.0~3.0
2	单元液压支架排距	m	0.5~1.5
3	垛式液压支架列间距	m	2.0~3.0
4	垛式液压支架排距	m	0.5~1.5
5	门式液压支架排距	m	3.0~5.0
6	迈步式液压支架	m	—
7	自移式液压支架	m	—

8.6 吸能装置与吸能支护装备 ▶▶▶

8.6.1 吸能装置

吸能装置是在冲击地压矿井支护装备上用于吸收冲击能量的防冲装置总称。支护吸能装置能够与多种传统支护合理配合,显著增加支护的吸能能力,其既具备静载作用下的巷道支护能力,又能够在冲击地压发生时支护受冲击载荷作用下通过自身结构的屈曲变形、撕裂变形或滑动摩擦变形等快速吸收岩体冲击能量,削弱临近岩体的震动响应幅值,快速平息巷道围岩震动,保护支护不受冲击地压破坏。

图 8-10 所示为一种用于巷道防冲液压支架中的
预折纹诱导式吸能装置,主体由加强环、防偏柱、防偏
缸、防偏座、铰接头和吸能构件组成。其中,吸能构件
是一种具有特殊几何形状的预折纹薄壁金属筒状结
构,在轴向压缩或冲击作用下可以利用预先设计的折
纹引导自身结构屈曲,使其产生薄壁金属圆管的"钻
石模式"变形和方管的"渐进折叠模式"变形,所有的
折纹率先进入塑性阶段,然后带动全部板块逐渐进入
塑性区,进而将外载做功或外来的冲击动能吸收,并
转化为非弹性耗散。

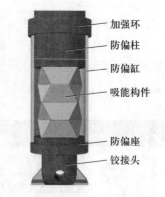

图 8-10　预折纹诱导式吸能装置

如图 8-11 所示,预折纹吸能构件利用预折纹引
导整体结构的稳定屈曲,可以实现一个很长距离的可
缩行程,满足支护装备较大的吸能需求。其防冲吸能的优越性具体体现在以下四点:

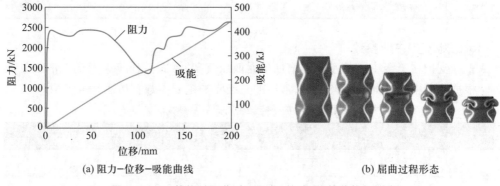

(a) 阻力-位移-吸能曲线　　　　　(b) 屈曲过程形态

图 8-11　吸能构件屈曲过程阻力-位移-吸能曲线与形态

（1）明确的屈曲临界力,即轴向压缩下预折纹方筒从弹性阶段进入屈曲阶段有一
个明显的转折点,使预折纹方筒可以利用自身弹性为支架提供支撑力,而在外载一旦
超过这个转折点时,利用预折纹方筒屈曲让位、迅速降低支架所受载荷,从而保护支架
结构不被损伤。

（2）较高的让位阻力,即预折纹方筒屈曲让位全过程的阻力(压力)不是快速下
降,而是可以保持较高的状态,进而能够支持支架在让位过程中仍不失去支护作用。

（3）可靠的变形模式,即预折纹方筒能够按照预想进行屈曲,变形模式是稳定可
靠的,从而确保其屈曲吸能作用不会与预期差距较大。

（4）较高的材料吸能比率,即预折纹方筒能够将外载做功绝大部分转化为自身内
能耗散掉,而不是转换为弹性能积聚起来,且单位质量所吸收、转化的能量非常大。

为衡量吸能装置吸收能量的标准,以冲击能量指数 K_C 为指标进行表征,以压缩屈
曲变形型吸能装置为例,即冲击能量指数 K_C = 弹性压缩阶段吸能量 A_E/塑性压缩阶段
吸能量 A_P,其中 A_E 和 A_P 可表示为

$$A_E = \int_0^{x_1} F(x)\,\mathrm{d}x \tag{8-3}$$

$$A_{\mathrm{P}} = \int_{x_1}^{x_2} F(x)\,\mathrm{d}x \qquad (8-4)$$

式中,$F(x)$ 为让位阻力,kN;x 为压溃位移,mm;x_1 为弹性压缩阶段压溃位移峰值;x_2 为塑性压缩阶段压溃位移峰值。

以单节、双节防冲构件为例,根据单、双节防冲构件压缩屈曲过程中阻力-位移-吸能量曲线,如图 8-12 与图 8-13 所示,可以求出两种防冲构件的冲击能量指数 K_{C} 分别为 0.06 和 0.02,是冲击能量指数特别低的一种结构,对于冲击地压巷道的支护作用是非常可靠和安全的。

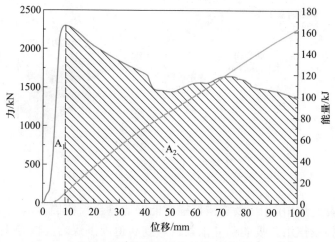

图 8-12 单节防冲构件的 A_{E} 与 A_{P}

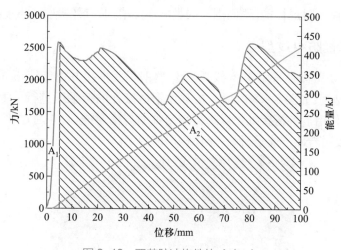

图 8-13 双节防冲构件的 A_{E} 与 A_{P}

8.6.2 吸能锚杆锚索

图 8-14 所示,为具有径向分布吸能功能的吸能锚杆索,其由普通锚杆、锚索、吸能套筒与吸能托盘四部分组成。普通锚索位于首端,悬吊在巷道围岩深部;吸能套筒将普通锚索与锚杆首尾连接,锚杆全长锚固巷道浅部围岩,在其尾部巷道表面安设吸能

托盘。冲击地压发生时,锚杆在吸能套筒内径向滑移吸收能量,尾部吸能托盘径向压缩变形吸收能量,能够解决普通锚杆尾部破断、杆体断裂、锚固脱粘及失去托锚基础等问题。与普通锚杆相比,吸能锚杆索的吸能量提高了 2 倍,且在保持一定承载力的情况下产生较大变形而不至破坏,从而继续支护可能已震松动的围岩;对于处于高地应力状态、会发生静态大变形破坏的软弱围岩,也可在保持其设计锚固力的前提下与围岩协调变形,从而使围岩中的地应力得以缓慢平稳地释放。

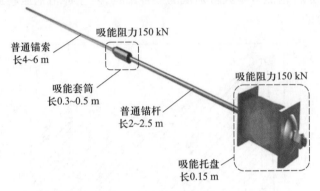

图 8-14 吸能锚杆索

从巷道防冲支护角度上,吸能锚杆锚索能够通过全长锚固方式或注浆锚固,增强锚杆对围岩的控制作用。吸能锚杆锚索植入到巷道周围煤岩体内与围岩形成的锚固岩体,能够保持围岩完整性,改善巷道围岩应分布,增加围岩承载能力,且冲击倾向性大大降低,从而提高围岩抵抗冲击破坏的能力。同时,全长锚固或注浆锚固增加了锚杆与围岩接触面的阻尼性能,锚固围岩的吸能性能增加,有效吸收冲击能量。

8.6.3 吸能防冲 O 型棚

吸能防冲 O 型棚是采用 4~6 段弧形 U 型钢相互搭接并由卡缆紧固,组成的圆形支架,简称 O 型棚,如图 8-15 所示。在 U 型钢搭接处的接触面进行了增阻处理,使支架在冲击载荷作用下各搭接处可以进行均匀收缩与稳定滑移,并通过比较恒定的阻力收缩让位,吸收围岩冲击能量,保持整体构形的稳定。

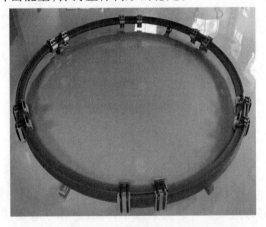

图 8-15 吸能防冲 O 型棚

如图 8-16、图 8-17 所示,5 m 直径的单架吸能 O 型棚支架最大环向收缩量达 1.2 m,吸能量为 120~200 kJ。在巷道支护中,沿巷道轴向按照一定间距布置吸能 O 型棚,支架支设完成后,需在支架与煤壁之间填充具有吸能缓冲功能的填充体,起到增强支架与围岩接触耦合度以及冲击条件下吸能缓冲作用。在巷道围岩静压下,壁后填充体只产生弹性变形或者较小的塑性变形,可增大支架与围岩的耦合性,使支架均匀受载,提高承载力;当巷道突发冲击地压发生时,壁后填充体变形破坏吸收冲击能,增大冲击载荷作用在支架上的时间,降低作用于支架上的冲击载荷,防止支架过载破坏。

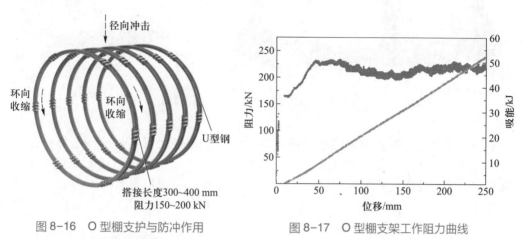

图 8-16　O 型棚支护与防冲作用　　　　图 8-17　O 型棚支架工作阻力曲线

8.6.4　吸能防冲液压支架

用于冲击地压巷道的液压支架必须要满足既可以在正常支护状态下具有较高支护阻力,又能够在突发围岩冲击时快速变形让位,在静态、动态双重情况下都可以实现对巷道围岩的有效控制。同时,支架在变形让位过程中对围岩的反作用力尽可能保持恒定或有所提高,但不能因为变形让位过程而使支护体系趋于极限承载状态。支架变形让位过程中不可以将外来的动能或势能转化为自身的弹性势能积蓄起来,而是及时将其消耗掉。

如图 8-18 所示,为用于拱形巷道的一种门式吸能防冲液压支架,其主体由高强度的顶梁、抗底鼓底座和三支吸能液压立柱组成。高强度的顶梁能够有效控制顶板或顶煤的稳定性;底座可以抑制巷道底鼓;吸能装置安装于液压立柱下部,与立柱一起承担支架的静载或冲击动载。支架在巷道慢变形过程中,支护阻力会逐渐增加,当达到液压支柱工作阻力时,支柱的安全阀会自行开启进行排液泄压,此时液压支柱通过慢速让位,可以保护支架静态压力下不超载,从而避免巷道围岩-支架系统达到失稳临界点。而巷道一旦突发围岩冲击,使支架支护阻力瞬时增加、超过吸能装置让位阻力阈值时,吸能装置立即启动变形让位,吸收冲击能,通过一个快速的、不超过 200 mm 的让位过程,迅速缓解自身受到的冲击载荷作用,保护立柱及整个支架结构不被冲击载荷损坏,进而避免巷道严重变形或垮塌。

如图 8-19 所示,依次为门式吸能液压支架、垛式吸能液压支架、自移式吸能液压支架、单元式吸能液压支架等四种类型,也是最常见的巷道液压支架架型,以适用

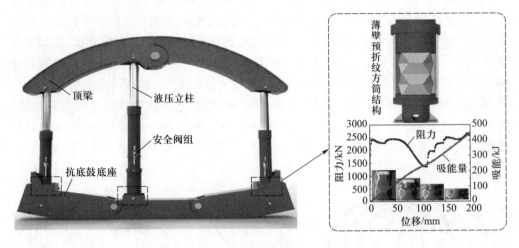

图 8-18　门式吸能防冲液压支架示意图

于不同巷道断面与支护防冲需求。吸能防冲液压支架最大可吸收的冲击能量超过 1.0×10^6 J，是同类型普通液压支架的 11 倍，如表 8-5 所示。其中门式吸能液压支架和自移式吸能液压支架为主支护的巷道，最大可抵御释放能量为 1.0×10^8 J 以上的冲击地压。

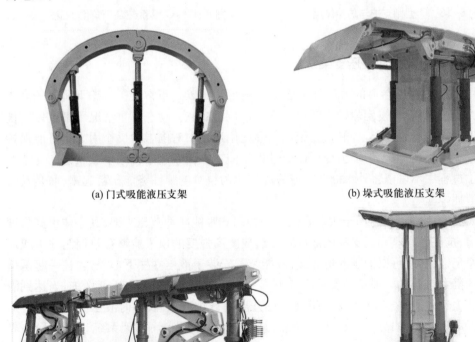

(a) 门式吸能液压支架　　　　　　　　(b) 垛式吸能液压支架

(c) 自移式吸能液压支架　　　　　　　(d) 单元式吸能液压支架

图 8-19　防冲液压支架系列

表 8-5 普通液压支架与吸能防冲液压支架性能对比

支架类型	有吸能装置	无吸能装置	比值
门式吸能液压支架	940 kJ	140 kJ	6.71 倍
垛式吸能液压支架	800 kJ	175 kJ	4.57 倍
自移式吸能液压支架	1056 kJ	96 kJ	11.0 倍
单元式吸能液压支架	760 kJ	135 kJ	5.63 倍

8.7 防冲支护工程设计 >>>

8.7.1 支护参数设计方法

1. 按照应力安全系数设计支护参数

（1）获取待支护设计巷道围岩的主要岩石力学参数与巷道几何参数。

（2）测算巷道所处的实际地应力 P。

（3）设定合理的防冲支护应力安全系数 N_s 与能量安全系数。

（4）通过式(8-4)计算出保证巷道防冲安全的临界地应力 P_{cr}。

（5）由临界地应力 P_{cr} 计算巷道所需支护强度 p_s。

（6）根据支护强度计算方法，进行冲击地压巷道的防冲支护方式选型。

2. 按照能量安全系数设计支护参数

（1）调研获取矿井冲击地压造成巷道破坏情况。

主要包括：矿井历次冲击地压造成巷道破坏长度；历次冲击地压造成巷道顶板下沉、巷道底鼓、两帮收敛情况，巷道表面位移 R；巷道支护（锚杆、锚索、支架等）的破坏情况；冲击时微震系统监测到的能量值 E_L；微震震源距离巷道破坏点的距离 L_0；待支护设计巷道的地质与开采条件，巷宽，巷高等。若矿井未发生过冲击地压，采用工程类比法选取相邻矿井或者地质条件与煤层冲击倾向性相似，且已经发生过冲击地压矿井的相关参数。

（2）估算出巷道松动圈层半径。

依据类似条件下冲击地压造成的巷道表面位移 R 估算巷道松动半径 R_0。$R_0 = \dfrac{R}{\varepsilon}$，$\varepsilon$ 为煤样在三轴加载条件下总应变值，一般取 $1\% \sim 1.5\%$。

（3）计算巷道松动范围围岩体冲击速度。

利用监测到的震源能量、震源到围岩软化区 R_0 处的距离 $L_0 - R_0$，采用关系式 $\lg(L_0 - R_0)v' = 3.95 + 0.57 M_L$ 计算得到冲击地压发生时巷道松动范围外边界 R_0 处的围岩振动质点峰值速度 v'，式中 M_L 为震源能量 E_L 对应的微震震级，取巷道松动范围冲击速度为 $v = 2v'$。

（4）计算围岩冲击产生动能。

假设单位走向长度内松动围岩体的质量为 m，$m = \gamma R_0 B$，γ 为松散煤岩的容重，则巷道走向单位长度内、松动半径 R_0 内的围岩冲击产生动能为 $E_{sur} = \dfrac{1}{2}mv^2$。

（5）逐次递进法进行吸能支护参数计算。

令单位走向长度内松动围岩体产生动能 E_{sur}，乘以防冲支护的能量安全系数 N_e，刚好被单位走向长度内的吸能支护结构所吸收,按照能量平衡原则,采用逐次递进法进行吸能支护参数计算。

如图 8-20 所示,采用逐次递进法进行吸能支护参数计算时,对于同一类型冲击地压不同释放能量时,首先按照相关国家标准选取锚杆支护参数,计算单位走向长度内吸能防冲锚索的支护间距 N_c。当单位走向长度内吸能防冲锚索的支护计算间距 $N_c <$ 0.8 m 时,采取二级吸能支护方式。进行二级吸能支护设计时,取单位走向长度内吸能防冲锚索间距 N_c 为 0.8 m,进行巷内 U 型钢支护参数计算,确定巷内可缩支护(U 型钢支架)的排距 U_0。当巷内 U 型钢的排距 U_0 小于 0.6 m 时,选择三级吸能支护方式。进行三级吸能支护设计时,取单位走向长度内吸能防冲锚索间距 N_c 为 0.8 m、巷内 U 型钢的排距 U_0 为 0.6 m,进行吸能液压支架支护参数计算,确定吸能液压支架排距。

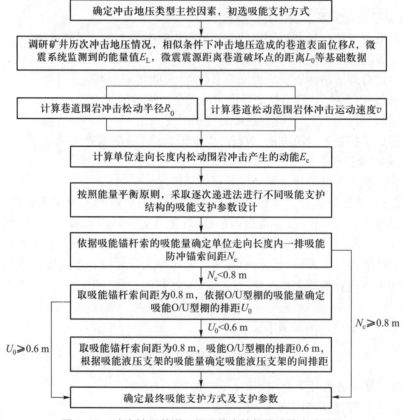

图 8-20　冲击地压巷道三级吸能支护能量计算方法流程

根据防冲支护原理,防冲支护的作用主要集中在两个方面:一是加强支护控制巷道冲击启动;二是增加支护吸能促使冲击停止。通过加强支护提升煤岩发生冲击地压的临界载荷,冲击地压启动后所释放的弹性能应尽最可能通过吸能支护结构的变形作用加以耗散,减小破坏巷道的剩余冲击能量。因此,进行防冲支护设计时,应分别考虑应力安全系数 N_s 和能量安全系数 N_e 的双安全系数防冲支护设计方法。分别从应力和能量两个角度实现巷道支护方式和支护参数的确定。

从应力安全角度,根据冲击地压扰动响应失稳理论,考虑支护时,巷道冲击地压发生的临界载荷为

$$\frac{P_{cr}}{\sigma_c}=\frac{n}{2}\left(1+\frac{1}{K_E}\right)\left(1+\frac{4p_s}{\sigma_c}\right) \tag{8-5}$$

基于冲击地压发生的临界应力理论公式,定义特定地应力 P 条件下巷道支护的防冲安全系数 N_s:

$$N_s=\frac{P_{cr}}{P} \tag{8-6}$$

从能量安全角度,基于冲击地压巷道释放的最大能量 E_{max} 经围岩耗散 E_c 后剩余冲击能量 E_{sur} 和支护装备吸能能力 E_{sup},定义巷道支护的止冲安全系数 N_e:

$$N_e=\frac{E_{sup}}{E_{max}-E_c}=\frac{E_{sup}}{E_{sur}} \tag{8-7}$$

从应力角度,当 $N_s>1$,即临界应力大于实际地应力,发生冲击地压的可能性相对小;当 $N_s<1$,发生冲击地压的可能性相对高。

从能量角度,当 $N_e>1$,即支护吸能量大于巷道剩余冲击能量,冲击地压的致灾危害性相对小;当 $N_e<1$,冲击地压的致灾危害性相对大。

8.7.2　工程设计实例

1. 工程概况

某矿为冲击地压矿井,采深接近 1000 m,煤层为特厚煤层,矿井井田断层发育,且具有坚硬顶板。煤层回采巷道跨度为 5 m,高度为 3.8 m。矿井 305 工作面发生冲击地压时,微震监测系统所监测的能量为 1.5×10^8 J,微震震源距离巷道破坏点的距离 80 m,冲击地压造成巷道表面位移 $R=0.6$ m。

矿井恢复生产后,与 305 事故面地质及开采条件相似的 513 工作面采用防冲吸能支护作为冲击地压治理手段之一,计划采用的吸能防冲锚索的单根吸收能量为 175 kJ,单架吸能 O 型棚的吸收能量为 200 kJ,单架吸能支架的吸收能量为 800 kJ。

进行上述设计后,矿井需要选择三级吸能支护方式满足安全需要。具体支护参数选取巷道锚杆支护参数为锚杆长度 2.2 m,直径 22 mm,间距 0.8 m,排距 0.8 m;防冲锚索长度 8 m,间距 0.8 m,排距 0.8 m;吸能 O 型棚排距为 0.8 m,吸收能量为 800 kJ 的吸能液压支架排距为 5.0 m。

2. 应用情况

513 工作面的回采巷道两巷超前 200 m 范围内采用吸能锚索+O 型棚+巷道防冲液压支架三级吸能支护,如图 8-21 所示,采用锚网、吸能锚索、O 型棚支架、液压抬棚和 ZHDF4150/52/36 型防冲液压支架进行三级支护。2021 年 513 工作面开采过程中先后发生两次能量大于 3×10^7 J 的微震事件,巷道完好,无人员伤亡。

图 8-21　巷道防冲支护应用

思考与练习

习题 8-1   试述冲击地压巷道的载荷与能量特征,以及冲击载荷作用下巷道冲击破坏显现特征。

习题 8-2   简述巷道防冲支护的静力学与动力学原理及其对巷道防冲支护设计思路的指导作用。

习题 8-3   阐述冲击地压巷道对支护技术装备的要求,对比分析锚杆(索)、O 型棚和液压支架等在防治冲击地压功能上的差异性。

习题 8-4   简述冲击地压巷道防冲支护工程设计需要遵循的一般原则、方法及其主要流程。

习题 8-5   简述三级防冲支护方法、原理及基本流程。

第 9 章

冲击地压复合灾害

学习目标

1. 了解冲击地压复合灾害的概念及危害。
2. 掌握冲击地压复合灾害的类型及相应的预测和防治方法。

重点及难点

1. 冲击地压复合灾害的类型、成因及影响因素。
2. 各种冲击地压复合灾害的监测预警方法。

9.1 冲击地压复合灾害基本概念 >>>

冲击地压复合灾害是指冲击地压和煤与瓦斯突出、冒顶、自然发火、矿井突水等灾害互为诱导而出现两种灾害复合的现象。矿井在浅部开采阶段,冲击地压、瓦斯突出、冒顶、自然发火、矿井突水等灾害往往是单独发生,进入深部开采后,采场围岩应力显著增加,煤体裂隙发育、破坏程度加剧,会出现冲击地压与其他灾害共生的现象。

9.2 冲击地压与瓦斯突出复合灾害 >>>

截至 2022 年 3 月,我国冲击地压矿井数量达 154 处,其中高瓦斯煤层的矿井 34 处,受瓦斯突出威胁的矿井 32 处。同时,我国瓦斯突出矿井数量达 757 处,这些矿井进入深部开采都面临着冲击地压与瓦斯突出相复合的威胁。

某矿为高瓦斯突出矿井,平均开采深度已达 1100 m。己 13 水平煤层具有弱冲击倾向性,瓦斯含量较大,约 25 m^3/t,瓦斯压力为 2.85 MPa。煤层顶板和底板为深灰色砂质泥岩,透气性较差,不利于瓦斯释放。2005 年 6 月 29 日,该矿己 13 水平回风下山煤巷掘进过程中由于放炮引起一起冲击地压与瓦斯突出复合灾害。灾害导致回风巷道瓦斯浓度为 9.9%,抛出煤岩达 81 t,涌出瓦斯约 1605 m^3,吨煤平均涌出量为 19.8 m^3/t。灾害发生时伴随巨大声响,且顶底板有较大震动和掉渣现象,巷道顶板发生明显下沉,左帮和底板外鼓,支架弯曲变形,抛出物上部全为岩石块,无明显分选性,内部有少量碎煤,且在煤层中未见瓦斯通道,抛出物表面未见煤尘堆积,是典型的冲击地压和瓦斯突出复合灾害。2006 年 3 月 19 日,己 15-31010 工作面机巷在施工至标高 -755 m、埋深 1015 m 时,发生一起冲击地压引起的瓦斯突出动力现象,伴随着巨大响声且顶底板较大震动掉渣,抛出煤炭总量约为 46 t,涌出瓦斯 1280 m^3,吨煤平均涌出量为 27.83 m^3/t,接近煤层瓦斯含量,从这些特征来看,该动力现象既不符合纯粹的瓦斯突出的特征,也不符合冲击地压的特征,属于冲击地压与瓦斯突出复合灾害。

2007 年 11 月 12 日,己 15-16-24110 回采工作面在靠近回风巷一侧发生了一起冲击地压主导的瓦斯突出事故,造成多名矿工遇难。该煤层瓦斯放散初速度为 $4.76 \times 10^{-2} m^3/t$,煤的坚固性系数 0.29,瓦斯压力为 2 MPa,局部存在软煤,具有突出危险性。工作面开切眼斜长 256 m,走向长度 785 m,平均采高 3.0 m。2007 年 8 月 28 日开始回采,至事故发生时工作面已推进约 90 m。首先,本次事故具有冲击地压的特征,顶底板出现大量裂缝、底鼓、巷道支护损毁等破坏情况。其次,通过现场勘察测算,抛出煤炭 2243 t,煤流堆积长度 280 m,煤尘最远沉积范围为 369.7 m,具有瓦斯突出的特征。然而,此次事故涌出瓦斯量仅 47509 m^3,吨煤平均涌出量仅为 21.18 m^3/t,远小于一般意义上瓦斯突出的 80~150 m^3/t,回风巷瓦斯传感器显示最大浓度仅为 9.95%,也远低于一般瓦斯突出的 80%~100%。从以上特征来看,是冲击地压与瓦斯突出复合灾害。

9.2.1　发生特征

冲击地压与瓦斯突出复合灾害,具有冲击地压的特征,但不同于典型冲击地压,与冲击地压相比,瓦斯释放量较大,导致煤壁的破坏形状呈口小腔大,煤体搬运及分选特征明显,突出煤体多、破坏持续时间较长等特征。复合灾害有瓦斯突出特征,但也不同于瓦斯突出,与瓦斯突出灾害相比释放的瓦斯含量较少、释放能量大、破坏持续短、破坏范围大等特征。具体来看特征如下:

(1)该类型复合灾害具有一定的冲击地压特征,发生时伴有巨大的声响、震动、巷道破坏、顶板下沉断裂、顶底板出现裂缝、底鼓或有煤壁片帮、外移、支架歪斜、折损等现象,且影响和波及的范围较大。

(2)与典型的瓦斯突出灾害相比,瓦斯的参与程度较低,灾害发生后,吨煤瓦斯涌出量一般不大,远小于一般意义上的瓦斯突出灾害的 80~150 m^3/t,巷道内瓦斯浓度不高,低于瓦斯突出灾害的 80%~100%,如老虎台矿、新义矿等发生的复合灾害导致回风巷瓦斯浓度仅有 10% 左右,下峪口矿的一起复合灾害导致回风巷瓦斯浓度仅为 3.2%。

(3)与冲击地压或瓦斯突出现象相比,复合灾害发生的过程可连续演化数次,如某矿"6·29"事故中躲避在洞室中的工人听到连续三次脆性破坏的声音。

(4)复合灾害具有明显的突发性,灾害发生前无人体感观可接收的各种征兆,当听到响声,感觉到振动,看到气浪粉尘时,灾害已经发生。

(5)复合灾害发生地点一般处在地质构造区附近,如淮北芦岭矿"5·13"事故发生在 II1046 工作面回采期间,遇到一个大断层,重新开切眼后的初采期间;鹤岗南山矿发生的一次复合灾害也是处于断层带附近。

9.2.2　灾害分类

根据煤岩固体和瓦斯气体组成的复合材料体失稳破坏释放能量情况,将冲击地压与瓦斯突出复合灾害分为以冲击为主的复合灾害和以瓦斯突出为主的复合灾害,如图 9-1 所示。瓦斯助推煤岩释放能量超过动力破坏所需总能量,为冲击-突出复合灾害;煤岩助推瓦斯释放能量超过动力破坏所需总能量,为突出-冲击复合灾害。因此,瓦斯含量、煤岩变形破坏所产生的信息可作为复合灾害类型的预测信息。

1. 冲击-突出型复合灾害

冲击-突出复合灾害破坏现象为瓦斯含量较少,支柱损坏,破坏持续时间很短,破坏能量很大,破坏范围很大等特征。

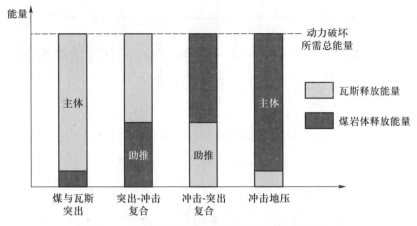

图 9-1　冲击地压与瓦斯突出复合灾害类型划分

2. 突出-冲击型复合灾害

突出-冲击复合灾害破坏现象为瓦斯含量很大,破坏形状呈口小腔大,煤体搬运特征及分选明显,突出煤体很多,破坏持续时间较长等特征。

9.2.3　监测预警

对于冲击地压与瓦斯突出复合灾害的监测,既要监测煤体应力,又要监测瓦斯,要同时兼顾冲击地压与瓦斯突出两种灾害的监测预警,从而实现复合灾害一体化监测。

1. 钻屑法多指标一体化监测

钻屑法能够同步监测钻屑量、钻屑粒度、钻杆扭矩、钻屑温度以及孔底温度多种指标。当监测冲击地压时,钻杆钻进过程中由于摩擦受力会导致钻头、钻孔及钻粉煤体温度的升高;当监测煤与瓦斯突出时,突出发生前由于瓦斯的解吸会产生降温现象,因此温度测量是冲击地压和瓦斯突出复合灾害一体化监测的一个重要敏感指标。因此,可以将钻屑量、钻屑粒度、相对钻屑温度及孔底温度衰减作为评价复合灾害发生的敏感指标,实现冲击地压与瓦斯突出复合灾害监测预警一体化。

2. 微震法一体化监测

微震监测可以实现对复合灾害一体化监测,是依据冲击地压微震波形和瓦斯突出微震波形存在的较大差别。图 9-2 所示是典型的冲击地压微震波形,图 9-3 所示为典型的瓦斯突出微震波形,可以看出,冲击地压微震信号具有一次释放能量大,呈现高频短周期,持续时间短等特征,瓦斯突出微震信号具有阵列式断续发生,间隔越来越短,能量越来越大,低频长周期等特征,这与瓦斯在煤体中解吸,瓦斯压力升高,煤体渐进破坏过程密切相关。因此,微震法不仅可以对复合灾害的危险性进行监测,而且可以区分出冲击地压、瓦斯突出及其复合灾害。

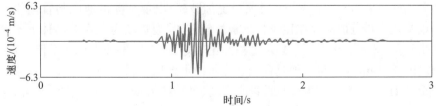

图 9-2　典型的冲击地压微震波形

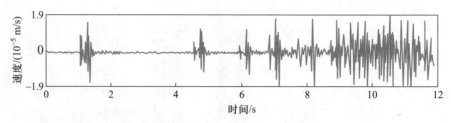

图 9-3　典型的瓦斯突出微震波形

9.2.4　防治方法

治理冲击地压与瓦斯突出复合灾害,如果只采取瓦斯突出的防治方法,有可能会发生冲击地压,如果只采取冲击地压的防治方法,还有可能发生瓦斯突出。所以,采取的防治方法需要兼顾瓦斯突出和冲击地压两种灾害,避免因防治一种灾害而忽略了另一种灾害的发生危险或直接诱发另一种灾害,实现复合灾害的一体化防治。

1. 瓦斯抽采-煤层注水

瓦斯抽采后,瓦斯压力和瓦斯含量降低,瓦斯突出危险性随之降低。但由于瓦斯压力和瓦斯含量降低后,煤体变硬,冲击倾向性会增加,进而冲击地压危险性增大,因此必须进行一体化防治。煤层注水是防治冲击地压有效的方法,故采用瓦斯抽采和煤层注水相结合的方法是复合灾害的一体化防治重要方法。

2. 瓦斯抽采-断顶断底

对于高地应力、高瓦斯含量的复合灾害危险区域,在抽采达标的基础上,可采用断顶断底方法防止复合灾害的发生。

2006 年 3 月 19 日,某矿发生一次典型冲击地压与瓦斯突出复合灾害。为了防止再次发生,该矿在己 15-31010 工作面回采时,采用断顶、煤层注水、超前瓦斯抽放等联合防治措施,采取措施后再未发生冲击地压和煤与瓦斯突出复合灾害。

3. 瓦斯抽采-钻孔卸压

对于具有冲击地压危险与瓦斯突出危险的矿井,在瓦斯抽采达标的基础上,再采用钻孔卸压,可防治冲击地压与瓦斯突出复合灾害。

某矿是典型的冲击地压与瓦斯突出复合灾害矿井,该矿己 16-17-22161 工作面在瓦斯抽采达标的基础上,又采取了钻孔卸压措施。钻孔卸压使煤体产生大量裂隙,扩大了煤体的软化区范围,降低了煤层的冲击危险性,从而起到防治冲击地压的作用。同时,通过钻孔卸压释放了大量的煤层瓦斯,防止了煤与瓦斯突出的发生。

9.3　冲击地压与冒顶复合灾害　▶▶▶

随着煤矿开采向深部发展,煤层顶板更加破碎,出现了冲击地压与冒顶相复合的现象。以往认为巷道顶部存在顶煤且顶板比较破碎、裂隙较为发育的条件下不会发生巷道冲击地压;相反,如果巷道围岩完整性比较好,存在发生冲击地压危险,则不会发生冒顶。因此,冲击地压与冒顶复合同以往对冲击地压和冒顶的独立发生这一认识相背离。深埋的冲击地压巷道处于原岩应力场、采动应力场复杂地质力学环境,尤其在留顶煤掘进的厚煤层巷道中,巷道围岩锚杆索锚固基础采动损伤、力学性质劣化,锚杆索脱锚致巷道顶部煤岩体发生失稳漏冒,进而造成冲击地压与冒顶复合灾害的发生。

某矿主采 3 号煤层,煤层平均厚度 7.03 m,倾角 13°,平均埋深 984 m,断层构造发育。1303 工作面回采巷道高 4.0 m,沿底板托 3 m 顶煤掘进,巷道采用锚网索支护。2018 年 10 月 20 日,巷道掘进贯通期间,发生冲击冒顶灾害,灾后巷高 6.0~6.13 m,冒高 2.03~2.10 m。巷道两帮移近,可见底鼓,巷内破坏具有明显的冲击地压特征,冲击垮冒长度约 200 m,造成大面积顶煤冲击冒落。

某矿 I010203 综采放顶煤工作面位于一采区西翼 B2 煤层中,B2 煤层顶板具有强冲击倾向性,煤层具有弱冲击倾向性。巷道断面为圆弧拱形,宽度为 4.7 m,巷道断面中心高度 3.7 m,巷道采用锚杆+锚网+锚索+钢带的联合支护方式。顶板属于坚硬顶板,开采过程中有较长时间没有进行放顶工作,导致顶板在工作面后方形成悬顶,造成冲击地压灾害。巷内严重破坏段为 40 m,两帮收敛 1.2 m,顶板煤体出现垮冒现象,垮落高度最大为 2.6 m,宽度最大为 3.4 m,如图 9-4 所示。由于顶煤发生大面积冒落,导致顶板锚索梁呈现不同形式的扭曲变形,锚索梁发生开裂现象。

图 9-4 某矿冲击地压-冒顶复合灾害造成的巷道破坏情况

9.3.1 发生特征

巷道冲击地压与冒顶复合灾害一般为高应力环境下松动圈发育的深部煤巷,煤岩弹性能瞬时释放导致巷内顶煤冲击漏冒或巷内支护失效扰动巷道导致弹性能有害释放的围岩突然剧烈破坏的动力现象。巷道冲击地压与冒顶复合灾害主要有如下发生特征:

(1)从破坏特征上看,此类动力灾害既具有明显的巷内冲击帮鼓、顶底移近、煤体抛掷等典型冲击地压特征,又具有巷内顶部煤岩重力垮冒、冒后围岩界面分明、锚杆索竖向破断的典型冒顶特征。

(2)从冒顶致冲的致灾物理过程来看,为巷道冒顶诱发冲击地压的复合灾害类型,该类型多发生于深部厚煤层高应力采动损伤巷道,此类灾害以支护失效、冒顶破坏为先导,以冲击地压造成巷道整体破坏为特征。巷内浅表采动破碎围岩与支护体构成巷道破碎区子系统,浅部破碎区子系统与深部塑性软化区、弹性区煤岩构成巷道整体系统,子系统与系统产生复合作用并处于相对平衡状态,如图 9-5a 所示;巷道破碎区成为了巷道失稳的薄弱点,易发生漏冒失稳、支护失效,进而降低了巷道冲击地压发生的应力门槛值,如图 9-5b 所示。当巷道发生冒顶、支护失效,巷道系统动力失稳临界值下降,支护破坏构成系统内扰动,因此易诱发巷道整体系统冲击失稳,最终形成冒顶致冲的复合致灾链式反应,如图 9-5c 所示。

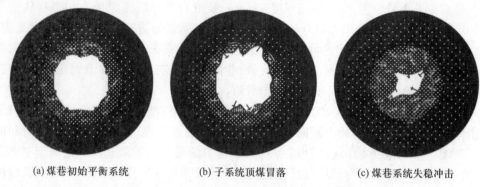

(a) 煤巷初始平衡系统   (b) 子系统顶煤冒落   (c) 煤巷系统失稳冲击

图 9-5   复合灾害的冒顶致冲灾变过程

（3）从冲击致冒的致灾物理过程来看,此类复合灾害以冲击地压显现为先导,以巷内冒顶破坏为主要特征。巷道破碎区子系统与深部塑性软化区、弹性区煤岩构成的巷道整体系统,处于相对平衡状态,如图 9-6a 所示;巷道破碎区在支护作用下能够保持静压环境中的稳定性,但当系统发生冲击失稳时,低能级冲击即可造成巷道破碎区冲击冒顶致灾。巷道破碎区成为了巷道薄弱点,易成为巷内冲击下围岩破坏的主要显现点,发生支护失效、冲击冒顶,形成冲击致冒的复合致灾链式反应,如图 9-6b 所示。

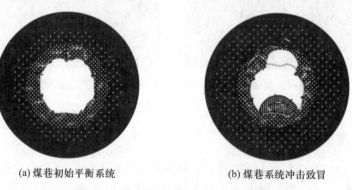

(a) 煤巷初始平衡系统   (b) 煤巷系统冲击致冒

图 9-6   复合灾害的冲击致冒灾变过程

根据我国近几年发生的几次典型冲击地压与冒顶复合灾害的发生原因可知,冲击地压与冒顶复合灾害主要影响因素包括地应力、煤岩力学性质、开采扰动、支护效能、巷道开挖尺寸、巷道顶煤结构等。

9.3.2   灾害分类

巷道冲击地压与冒顶复合灾害通常是以重力势能主导的冒顶诱发冲击地压启动或弹性能释放主导的冲击地压振动诱发冒顶的连锁致灾物理过程。从系统的角度分析,复合灾害是围岩弹性区、塑性软化区与破碎区的"三分区"系统的稳定与非稳定平衡的演化过程。巷道顶部破碎的煤岩为巷道冒顶的失稳主体,而巷道软化区和弹性区煤岩为冲击地压的失稳主体。从各分区系统失稳的诱发起因角度,冲击地压与冒顶复合灾害可分为冲击-冒顶型复合灾害和冒顶-冲击型复合灾害。其中,冲击-冒顶为破碎区失稳构成扰动,从而诱发弹性区和塑性软化区失稳的孕灾致灾过程;冒顶-冲击为弹性区和塑性软化区受扰动发生冲击而推动破碎区向巷内垮落的孕灾致灾过程。

9.3.3 监测预警

冲击地压与冒顶复合灾害的监测,需通过在巷道中安设顶底板位移计、顶板离层仪来监测巷道变形、顶板离层,同时采用锚杆锚索测力计来监测锚杆锚索受力情况,根据顶板下沉、顶板离层速度和锚杆锚索应力增速情况,再结合巷道应力集中程度的预警阈值,从而判断巷道冲击地压或冒顶的危险性。当顶板下沉、顶板离层和锚杆锚索应力增速较大时,表明围岩活动较剧烈,变形速率大,可能发生冲击地压,可诱发冒顶-冲击型复合灾害;当顶板下沉、顶板离层和锚杆锚索应力增长,但增速缓慢时,表明围岩运动增加,变形量增加,可能发生冒顶,可诱发冲击-冒顶型复合灾害。

1. 锚杆锚索测力计一体化监测

锚杆锚索测力计是通过在锚杆锚索尾部安装相关传感器,监测锚杆锚索受力变化来反映巷道支护情况。锚杆锚索测力计可以反映工作面回采不同阶段巷道围岩应力变化。冲击地压发生前,可近似视为围岩运动剧烈阶段。因此,通过大量监测数据的分析总结,可以实现冲击地压与冒顶复合灾害一体化监测。

2. 顶板离层一体化监测

顶板离层监测是通过在巷道顶板一定范围内安装顶板离层仪,监测锚杆和锚索长度范围内顶板岩层的离层情况,从而预测巷道冒顶和矿压显现规律。因此,通过总结大量顶板离层数据可以实现冲击地压与冒顶复合灾害一体化监测。

9.3.4 防治方法

冒顶致冲类复合灾害的巷道应侧重防冒的工程设计。强调高强度、高刚度、耦合改性支护围岩,确保静压巷道支护设计的合理性与有效性。冲击致冒类复合灾害的巷道应侧重防冲的工程设计。强调防冲吸能的支护技术,综合采用应力调控的主动防冲工程措施,确保动压巷道支护设计的合理性与有效性。

防治巷道冒顶通常以锚杆锚索支护为主。防控巷道冲击地压目前较为有效的方法为采用支护装备实施高强度支护,如采用门式液压支架、自移式液压支架以及各种形式的吸能液压支架等。对于冲击地压与冒顶复合灾害,可以采取上述两种支护的联合支护方式,即在主-被动联合支护下可以极大地提高巷道支护强度,进而增加冲击地压与冒顶复合灾害发生的临界条件。

老虎台矿早在20世纪70年代就有冲击地压发生,随着开采深度的不断增加,冲击地压灾害也越发严重,冒顶也时有发生。2015年开始,老虎台矿在强冲击危险区域采取"吸能锚杆锚索+O型棚+吸能液压支架"三级联合吸能支护,如图9-7所示。在联合支护后,强冲击危险区域在几次大能量冲击下均未发生大变形破坏,如2018年7月12日和2018年9月19日发生的两次分别为2.4级与2.8级的矿震,均未引发巷道冲击地压和冒顶事故。

9.4 冲击地压与自然发火复合灾害 >>>

在全国冲击地压危险性矿井中,如双鸭山矿、辽源矿、抚顺矿、大同矿、新汶矿、义马矿等自然发火期短,还同时存在着自燃危险,这些矿井在煤层采掘过程中通常会采

图 9-7 三级联合吸能支护在老虎台矿应用

取快速推进的方式防止自然发火的发生,而加快工作面开采速度正和防治冲击地压需要控制开采速度要求相矛盾。煤层开采过程中采取的深孔卸压爆破、大直径钻孔卸压等措施进行冲击地压防治时,也易造成煤层自燃。因此,冲击地压与自然发火相互复合,使得灾害防控更加复杂。

义马矿主采煤层为易自燃煤层,自然发火期 3 个月,最短 1 个月,其中 21201 工作面从 2008 年 5 月因自然发火而出现井下火灾,灭火工作安排了大量人力、物力,并因此加快工作面推进速度。6 月 5 日下午 16 时,工作面下巷突发冲击地压,切眼前方 725~830 m 段巷道严重变形,断面瞬间由 10 m² 缩小到 1 m² 左右,在此之前未发生过冲击地压,由此可以确定,此次冲击地压发生的直接原因是为解决发火问题加快了推进速度而引发的,属于典型的自然发火与冲击地压复合灾害。事故发生后,工作面无法推采而停滞多日,结果再次引发了工作面自然发火,又造成了冲击地压与自然发火复合灾害。

9.4.1 发生特征

开采速度对煤层冲击与自然发火复合灾害具有重要影响,开采速度快可能诱发冲击地压,开采速度慢虽然有利于防冲,但采空区自然发火风险加剧。冲击地压危险区域与煤层易自燃区域有叠加影响。开采线附近、停采线附近、上下端头老空浮煤、后部老空浮煤、顺槽顶部离层碎煤等区域容易发生自然发火,而这些区域中大多也是冲击地压的重灾区。

从防冲角度出发,降低工作面推进速度以及在采掘巷道内大量施工卸压工程增加煤体裂隙发育,会加剧煤层自然发火危险,一旦自燃,采空区蓄存了大量热能,造成周围煤(岩)体的温度亦相当高,高温条件下煤体的力学性质发生改变,冲击倾向性会改变,进而冲击危险程度也会改变。

9.4.2 灾害分类

根据冲击地压与自然发火复合灾害发生地点不同,可分为三种情况:巷道冲击地压与自然发火复合灾害,煤柱型冲击地压与自然发火复合灾害,以及采空区自然发火与冲击地压复合灾害。

根据冲击地压与自然发火的主导地位不同,可以将冲击地压与自然发火复合灾害分为冲击-发火型复合灾害和发火-冲击型复合灾害。

1. 冲击-发火型复合灾害

该类复合灾害是以冲击地压为主导诱发的自然发火。冲击地压一般发生在巷道中,冲击发生后巷道表面围岩破碎严重,裂隙增加,围岩透气性加剧,导致煤层发火。因此,此类复合灾害一般发生在巷道中。

2. 发火-冲击型复合灾害

该类复合灾害是以自然发火为主导诱发的冲击地压。自然发火一般发生在采空区中,采空区着火后,附近煤岩体温度升高,促使围岩应力场发生改变,煤岩应力在一定程度增加,同时也导致围岩力学性质发生改变,造成顶板损伤严重,进而诱发顶板断裂型冲击地压。

9.4.3　监测预警

煤岩体在受载变形破坏过程中,有不同程度的电荷感应信号产生。煤岩破裂面上分离电荷量的异常升高或降低与应力大小具有较好相关性。因此,可以通过煤岩体变形破坏过程中产生的感应电荷信号规律对煤岩体应力递增趋势与区域进行间接的监测,从而在一定程度上能够实现对冲击地压危险性进行预测预报。

煤的自然发火过程一般要经过潜伏期、自热期、燃烧期三个阶段。从第一个阶段到第三个阶段,煤体温度逐渐升高。而温度变化对煤体电荷感应信号具有明显影响,30 ℃时开始有微弱电荷感应信号产生;30~150 ℃时随温度的升高电荷感应信号增幅较小;150 ℃后电荷感应信号随温度的升高,增加幅度较快。因此,通过监测不同温度下煤岩电荷感应信号规律,可以确定煤处于自然发火发展的不同阶段,再结合煤体冲击失稳过程电荷信号规律,可对冲击地压与自然发火复合灾害进行电荷感应监测预警一体化。

9.4.4　防治方法

1. 煤层注水

煤层注水能够改变煤体的力学性质,降低煤体的冲击倾向性,从而间接地降低工作面煤层的应力集中程度,起到防治冲击地压的作用。同时,煤层注水时,如果在水中加入了防火阻化剂,还能够对煤体产生降温阻燃的作用,增加自然发火期,使工作面推进过程中难以发生煤体自然发火。因此,煤层注水可实现对冲击地压与自然发火复合灾害一体化防治。

2. 吸能锚杆与锚索加注浆锚固

冲击地压发生时,吸能锚杆索能够快速吸收冲击能,降低冲击能对支护结构与巷道围岩的破坏程度。注浆锚固能增强巷道围岩中煤体区域的强度,同时封堵煤体裂隙,降低煤体的透气性,有效减少与氧气接触的面积,进而起到避免自然发火的效果。因此,采取吸能锚杆索加注浆锚固可以实现冲击地压与自然发火复合灾害一体化防治。

9.5　冲击地压与突水复合灾害 >>>

目前,我国154处冲击地压矿井中,水文地质条件类型为复杂和极复杂的有41处,这些矿井同时面临着冲击地压和突水两种灾害的威胁。在浅部开采时,冲击地压与矿井突水表现为单一模式发生,相互作用较小。随着煤炭开采深度逐渐增加,复杂的地质条件与高地应力共存环境造成冲击地压与矿井突水相互复合,使矿井灾害治理难度增大。

某矿的 1301 工作面曾由于 2 号水仓煤柱失稳,发生了顶板突水,最大涌水量达到 $500\sim600\ \mathrm{m^3/h}$,总排水量达到了 $5.2\times10^5\ \mathrm{m^3}$。突水后约 15 d,1301 工作面回采至距 2 号水仓约 120 m 时,在工作面前方回风巷内发生了一起冲击地压,冲击位置距采煤工作面 $90\sim143\ \mathrm{m}$,主要表现为巷道局部冒顶、收缩严重,且帮部漏网、片帮。这是一起典型的突水与见方两个效应叠加的复合型冲击地压。顶板疏水和突水后,打破了岩层中原有的应力平衡,应力发生转移,可使出水点周边出现应力集中,外加工作面见方效应,形成复合致灾效应。

该矿的一个工作面推采至 53 m 时,上覆坚硬顶板运动造成冲击,在冲击载荷作用下工作面 $50\sim100$ 号支架安全阀开启,应力达到 $40\sim42\ \mathrm{MPa}$,并将 57 号、58 号支架压死。冲击后,$57\sim73$ 号支架底板底鼓出水,水量约为 $70\ \mathrm{m^3/h}$,2 h 后底鼓处底板出水量增大到 $160\ \mathrm{m^3/h}$,之后最大水量达到 $210\ \mathrm{m^3/h}$,经 10 d 自然疏放后水量稳定在 $130\ \mathrm{m^3/h}$,1 个月之后水量开始出现衰减。疏水前底板水压约为 5MPa,工作面回采前已对底板进行疏放水,防治水参数均已达到安全标准,但冲击地压加剧了底板裂隙扩展,导通了突水通道,造成底板突水。

9.5.1　发生特征

冲击地压和突水复合灾害主要表现为冲击地压的发生导致隔水岩层或挡水煤柱的裂隙贯通,引起突水;矿井突水发生后,附近岩层和煤体出现应力集中,进而导致围岩裂纹扩展,进而引发冲击地压。

9.5.2　灾害分类

冲击地压与突水复合灾害可以分为突水-冲击型复合灾害和冲击-突水型复合灾害。其中,突水-冲击型复合灾害一般表现为先发生冲击地压,导致围岩裂隙场发生变化,进而促进突水的发生;冲击-突水型复合灾害一般表现为先发生突水,导致围岩应力场发生变化,进而促进冲击地压的发生。

9.5.3　监测预警

煤岩体破裂过程伴随着电荷感应信号和声发射信号的产生。因此,可以利用电荷感应信号和声发射信号变化特征判断导水通道的形成、底板的破坏深度,以及底板阻水能力。由此进行底板突水的预报,进而可以监测预警冲击-突水型复合灾害的发生。

煤岩体应力水平逐渐增加的过程中,电荷感应信号和声发射信号均具有增强的趋势,且表现出较好的一致性。因此,可以应用电荷感应信号和声发射信号反映煤体应力水平,由此进行冲击地压预报,进而可以监测预警突水-冲击型复合灾害的发生。

9.5.4　防治方法

对于具有突水危险的工作面,在工作面回采前一般需对工作面顶底板富水异常区进行超前疏放水,减小富水区水量和水压,以避免突水灾害的发生。对顶底板富水区进行超前疏放水后,由于富水区水量和水压的减小,以及富水区岩体力学性质的改变,将导致富水区应力降低,富水区边缘出现应力升高区。对于富水区,由于应力减小,不易发生冲击地压,但仍有发生突水的可能;对于富水区边缘应力升高区,不易发生突水,但由于应力增加,易发生冲击地压。因此,可将富水区及其边缘区域分为突水-冲击型复合灾害易发区和冲击-突水型复合灾害易发区,如图9-8所示。

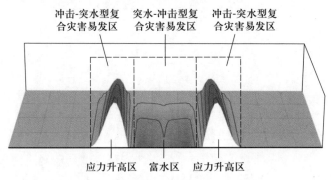

图9-8　冲击地压与突水复合灾害易发区分类

1. 冲击-突水型复合灾害防治

对于冲击-突水型复合灾害易发区,主要针对冲击地压进行防治,其措施主要包括:

(1)顶底板卸压。顶底板富水区疏水(突水)后,首先在顶底板岩层中出现应力升高区,因此对应力升高区的顶底板进行卸压,可从根源上减小工作面回采时顶板断裂释放的能量,可防止顶板断裂型冲击地压的发生。

(2)煤层钻孔卸压。在工作面回采前,对富水区边缘一定范围煤层进行钻孔卸压,改变煤体力学性质,降低煤层应力集中程度,防止工作面回采超前支承压力与突水造成的集中应力叠加而发生高静载型冲击地压。

(3)控制回采速度。当工作面回采至富水区边缘的应力升高区时,可通过减小工作面回采速度,控制围岩能量的积聚与释放,防止动-静载叠加型冲击地压的发生。

2. 突水-冲击型复合灾害防治

对于突水-冲击型复合灾害易发区,应主要针对突水进行防治,其措施主要为当工作面回采至富水区边缘时,加强对富水区水量和水压的探测,必要时进行二轮深度疏放水。防止冲击造成底板破坏,进而导致底板裂隙发育形成导水通道而发生突水。

目前,我国冲击地压与突水复合灾害事故发生次数相对较少,相关的研究报道也比较少见。随着煤矿开采深度的增加,深部采场围岩破裂程度加剧,煤层底板承压水水压增大,高地应力环境和复杂水文地质条件使两者相互影响程度增加,因此,该类复合灾害需加以重视。

思考与练习

习题9-1　某矿井开采的煤层具有强冲击倾向性,顶板岩层具有弱冲击倾向性;煤层自燃倾向性等级为I类容易自燃煤层,自然发火期为35 d;矿井瓦斯绝对涌出量为89.13 m³/min,相对涌出量为 10.38 m³/t,为高瓦斯矿井。矿井需要考虑哪些灾害的防治? 请给出该矿井灾害防治的建议。

习题 9-2   煤层注水既是自然发火防治的常用方法也是冲击地压防治方法,试分析煤层注水防冲和防火的原理。

习题 9-3   一体化防治冲击地压与冒顶复合灾害的方法有哪些?

第 10 章 »»»

冲击地压矿井管理

学习目标

了解冲击地压防治机构及管理制度,矿井安全防护及应急管理体系等相关管理规定。

重点及难点

冲击地压防治管理制度、系统防护及应急管理体系。

10.1 防治机构及管理制度 »»»

10.1.1 防治机构

冲击地压治理是一个系统工程,从冲击地压矿井鉴定,冲击地压危险性评价,冲击地压危险区划分,冲击地压危险监测预警,冲击地压防治设计到防治措施现场落实每个环节都必须严格管理。加强组织领导是冲击地压治理工程有效落实的根本保证。

随着煤矿开采深度和开采强度的不断增加,煤矿冲击地压灾害逐渐向全国扩展,原有的冲击地压矿井逐步提高了对冲击地压的认识,先后设立了防冲机构和配备了专业技术人员,加强了对冲击地压防治的组织领导,冲击地压治理取得了明显效果。但一些新的冲击地压矿井还存在认识不足、重视不够等问题,防冲机构和防冲人员由其他专业人员兼职,防冲管理薄弱,使得冲击地压治理工程不能有效落实。近几年的冲击地压事故均存在管理不到位问题。

有冲击地压矿井的煤矿企业必须明确分管冲击地压防治工作的负责人及业务主管部门,配备相关的业务管理人员,设立专门的防冲机构,并配备专业防冲技术人员与施工队伍。防冲机构专业技术人员应不少于 5 人,矿井防冲队伍人员一个工作面生产的应不少于 30 人,两个工作面同时生产的应不少于 60 人。防冲管理机构及人员配备如图 10-1 所示。

冲击地压矿井应设置冲击地压防治领导小组,作为矿井防治冲击地压管理的最高组织领导机构,对矿井冲击地压防治工作涉及的技术保障、资金投入、培训教育、现场实施等进行全方位统一组织管理和协调。

矿长是冲击地压防治工作的第一责任人,负责防冲的全面管理工作。总工程师是冲击地压防治工作的技术负责人,负责防冲的技术管理工作。副矿长是分管系统内的冲击地压防治工作负责人,负责组织落实防冲设计及专项技术措施。矿各系统副总工程师及相关各部门和区队负责人在分管范围内负责落实责任。

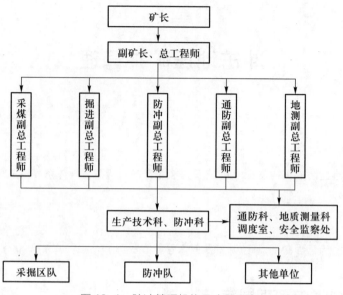

图 10-1　防冲管理机构及人员配备

10.1.2　防治管理原则

1. 静态管理原则

冲击地压静态管理也称冲击地压常规管理,是指冲击地压现场防治的各个阶段实施安全管理,主要包括冲击地压管理制度、冲击地压监测预警、开采设计原则以及防冲设施设计、施工、验收与归档等。

(1) 冲击地压防治管理。

根据《矿山安全法》《煤矿安全规程》《防治煤矿冲击地压细则》等法律法规及行业规范,制定冲击地压管理规定。明确冲击地压防治基本要求、防治目标及应建立健全的防冲相关制度,规定冲击地压监测预警、开采设计原则,冲击地压治理的措施方法、系统防护、个体防护、岗位责任及监督管理等。

(2) 防冲设施设计、施工、验收与归档。

防冲设施必须实行挂牌管理,注明用途、施工人员、施工时间、技术参数、维护人员等。防冲设施施工单位必须随施工随建立施工台账,防冲设施经验收合格后将原始施工台账交生产技术部整理保存。生产技术部将随时整理各类监测、治理钻孔记录,除保留文本资料外,还应及时建立电子档案。一项防冲设施完工后,生产技术部应将防冲设施设计(及变更)、施工记录(台账)、验收记录、竣工图统一归档。

2. 动态管理原则

冲击地压与采掘工程密切相关,采掘是动态过程,因此冲击危险也是动态变化的,冲击地压现场综合管理也应是动态管理。冲击地压动态管理是指在采掘工作面冲击危险性评价、防冲设计的基础上,根据采掘过程中实际地质条件揭露情况、监测的数据等,及时对防冲工作进行调整,将冲击地压防治工作贯穿于规划、设计、生产、管理各个环节,实现全过程防范。

(1) 采掘及地质资料动态更新。

加强对冲击地压煤层赋存条件的探测工作,及时探明对冲击地压有影响的褶曲和断层等地质构造带、煤层结构变化、煤层厚度变化、煤层顶底板结构、上覆坚硬岩层岩性及厚度等情况,为防冲工作提供准确的地质资料。

(2)冲击地压危险区域及危险等级动态调整。

开采条件、设计等发生变化时,必须根据变化情况对冲击危险性进行补充评价,及时调整冲击危险区域的范围及等级,编制冲击地压防治补充措施,确保防冲措施有效实施后方可作业。

(3)防冲措施及参数动态调整。

由于地质条件或者其他原因造成防冲措施无法执行的或冲击地压危险等级发生变化时,由分管副总工程师组织有关人员现场调查,研究制定修改补充措施。

(4)冲击危险监测预警指标动态修正。

冲击地压矿井对新煤层、新采掘或地质条件变化较大的工作面,冲击地压危险性监测指标不能满足防冲监测需要的,应该根据实际情况及时调整各个监测指标。

(5)生产组织动态调整。

在监测到采掘工作面冲击危险增加或现场生产条件发生较大变化时,防冲部门经研判分析有必要的,应该重新编制该采掘工作面的《生产组织通知单》,基于防冲安全角度调整生产组织工序及工作面的采掘速度。

(6)防冲动态巡回检查。

防冲动态巡回检查范围为全矿井下冲击危险区域内的所有回采及掘进工作面。检查内容包括物料和设备捆绑、超前支护、防冲监测设备完好性及卸压措施的执行和落实等。

10.1.3 防治管理制度

矿井冲击地压防治各项管理制度是冲击地压防治工作的行动准则,是冲击地压防治在管理和技术层面上的操作系统。建立完善的冲击地压防治管理制度,对冲击地压治理系统工程各环节提出具体要求,使冲击地压防治工作步入正轨,实现系统化、标准化、规范化防冲管理。

近年来,国家有关部门对冲击地压防治工作十分重视,颁发了一系列冲击地压防治的相关规定,各省级煤矿监察、监管部门和煤矿企业也都制定了冲击地压管理制度。这些制度的落实对冲击地压防治工作起到了积极的推动作用。

冲击地压矿井应当建立完善的各项防冲管理制度,主要包括:

(1)冲击地压防治岗位责任制,明确各级管理人员及部门在防冲工作中的职责。

(2)冲击地压防治技术管理制度,明确防冲危险性评价、防冲设计、防冲专项措施的编制、评审、审批等管理程序。

(3)冲击地压防治教育培训制度,明确各类人员培训内容及培训学时。

(4)冲击地压监测预警制度,明确监测数据分析、预警办法、处置调度、处理结果反馈等要求。

(5)冲击地压事故(事件)报告制度,明确发生冲击地压事故(事件)后的报告程序与处置方法。

(6)防冲例会制度,冲击地压防治技术负责人应按期组织防冲科室及相关技术人员开展防冲例会,总结分析冲击地压治理情况,包括冲击地压监测数据、现场矿压显现情况等。

（7）冲击危险区域排查制度，分析采掘工作面地质与开采条件变化情况，进行冲击危险区域排查。

矿井在防冲工作中的其他管理制度，如生产组织通知单制度、防冲工程验收制度、防冲监测设备维护维修制度等。目前防冲管理好的矿井冲击地压防治管理制度在 20 项左右。

10.1.4 防治管理流程

10-1 拓展阅读 防冲技术分析案例

作为系统工程的冲击地压管理，冲击地压矿井鉴定、冲击危险性评价、冲击危险区划分、冲击地压防治设计、防治工程现场落实的每个环节都应该按照程序逐步实施，形成规范的管理体系，使冲击地压防治工程能够规范化、制度化、标准化、系统化管理，冲击地压防治工程管理流程如图 10-2 所示。

1. 进行煤层冲击倾向性鉴定

按照《防治煤矿冲击地压细则》进行冲击危险性鉴定，煤矿企业应当委托具备执行国家标准（GB/T 25217.1 和 GB/T 25217.2）能力的机构开展煤层（岩层）冲击倾向性的鉴定工作。鉴定单位应当在接受委托之日起 90 天内提交鉴定报告，并对鉴定结果负责。煤矿企业应当将鉴定结果报省级煤炭行业管理部门、煤矿安全监管部门和煤矿安全监察机构。

2. 开展冲击危险性评价

《防治煤矿冲击地压细则》规定：开采具有冲击倾向性的煤层，必须进行冲击危险性评价；开采冲击地压煤层必须进行采区、采掘工作面冲击危险性评价。煤层（矿井）、采区冲击危险性评价及冲击地压危险区划分可委托具有冲击地压研究基础与评价能力的机构或由具有 5 年以上冲击地压防治经验的煤矿企业开展，编制评价报告，并对评价结果负责。采掘工作面冲击危险性评价可由煤矿组织开展，评价报告报煤矿企业技术负责人审批。

3. 中长期规划及年度计划

冲击地压防治中长期规划及年度计划应明确规划期内和年度的采掘接续，冲击地压危险区域划分，冲击地压监测与治理措施指导性方案，冲击地压防治科研重点，安全费用和防冲安全技术措施等。

4. 编制防冲设计

新建矿井和冲击地压矿井的新水平、新采区、新煤层有冲击地压危险的，必须编制防冲设计。防冲设计应当包括开拓方式，保护层的选择，巷道布置，工作面开采顺序，采煤方法，生产能力，支护形式，冲击危险性预测方法，冲击地压监测预警方法，防冲措施及效果检验方法，安全防护措施等内容。

新建矿井防冲设计还应当包括防冲必须具备的装备，防冲机构和管理制度，冲击地压防治培训制度和应急预案等；新水平防冲设计还应当包括多水平之间相互影响，多水平开采顺序，水平内煤层群的开采顺序，保护层设计等；新采区防冲设计还应当包括采区内工作面采掘顺序设计，冲击地压危险区域与等级划分，基于防冲的回采巷道布置，上下山巷道位置，停采线位置等。

5. 防冲专项措施编制

有冲击地压危险的采掘工作面作业规程中必须包括防冲专项措施，防冲专项措施

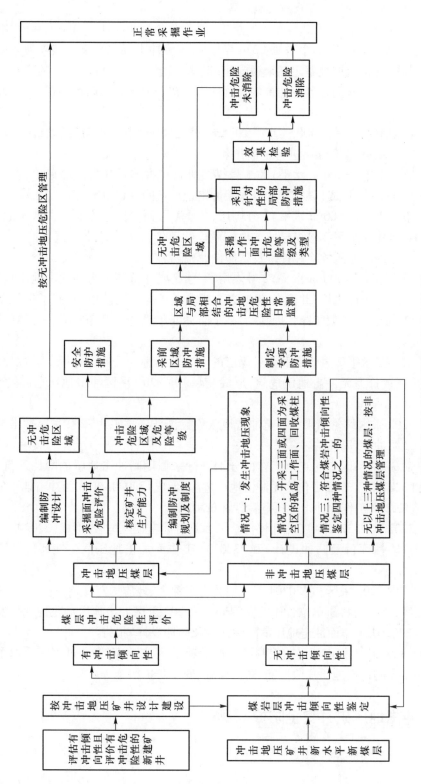

图10-2　冲击地压防治工程管理流程

应当依据防冲设计编制,主要包括采掘作业区域冲击危险性评价,冲击地压监测方案,防冲措施及效果检验方法以及避灾路线等。

某矿为新建矿井,主采 2 号和 3 号煤层,划分 2 个开采水平(-400 m 水平和-600 水平)。第一水平(-400 m 水平)的 2 号煤层(煤岩)冲击倾向性鉴定结果为无冲击,3 号煤层(煤岩)冲击倾向性鉴定结果为弱冲击。第二水平(-600 m 水平)的 2 号煤层、3 号煤层(煤岩)冲击倾向性鉴定结果均为弱冲击。按照冲击地压防治管理流程,开展如下工作:

(1) 根据第一水平(-400 m 水平)的 2 号煤层冲击倾向性鉴定结果,该矿对第一水平(-400 m 水平)2 号煤层进行正常开采。

(2) 第一水平(-400 m 水平)的 3 号煤层进行了冲击地压危险性评价,评价结果为无冲击地压危险,形成《某矿井 3 号煤层冲击地压危险性评价》报告。

(3) 第二水平(-600 m 水平)2 号煤层、3 号煤层评价结果为弱冲击地压危险,形成《某矿井-600 m 水平 2 号煤层冲击地压危险性评价及防冲设计》与《某矿井-600 m 水平 3 号煤层冲击地压危险性评价及防冲设计》报告。

(4) 第二水平(-600 m 水平)2 号煤层、3 号煤层评价结果为弱冲击地压危险,后矿井设立专门的防冲机构,并配备专业防冲技术人员与施工队伍,编制了中长期规划及年度计划,制定了各项防冲管理制度,基于防冲要求调整了开拓布局、采区划分及采掘接续。

(5) 对第二水平 2 号煤层和 3 号煤层的 2 个采区进行了冲击地压危险性评价,其中 3201 采区评价为无冲击地压危险,形成《某矿井 3201 采区冲击地压危险性评价》报告。

(6) 3202 采区评价结果为具有冲击地压危险,形成《某矿井 3202 采区冲击地压危险性评价及防冲设计》报告。

(7) 对 3202 采区中的 4 个工作面分别进行采掘期间冲击地压危险性评价,其中 320201 和 320202 工作面评价为无冲击地压危险,形成《320201 工作面冲击地压危险性评价》和《320202 工作面冲击地压危险性评价》报告。

(8) 320203 和 320204 工作面评价结果为具有冲击地压危险,形成《320203 工作面冲击地压危险性评价及防冲设计》和《320204 工作面冲击地压危险性评价及防冲设计》报告。

(9) 其中 3202 采区和 320204 工作面具有采深大、地质构造复杂等特点,冲击地压危险性较高,该矿与科研单位合作完成《某矿井 3202 采区冲击地压危险性评价及防冲设计》和《320204 工作面冲击地压危险性评价及防冲设计》报告。

(10) 320204 工作面开采前编制了防冲专项措施,工作面生产过程中采取了区域与局部相结合的冲击地压危险监测、防治措施、安全防护措施等。

10.2　冲击地压矿井安全防护　▶▶▶

10.2.1　系统防护

在冲击地压发生时,波及区域内的避灾系统和通风设施可能会被损坏,给抢险救援带来困难,甚至会引发次生灾害。同时,材料设备会突发移位、倒伏或掀翻,处于冲击区域的人员,即使没有受到冲击波的直接伤害,也有可能会受到材料设备的打击伤害。采取系统防护,提高抗冲击能力是保护人员生命安全、减少财产损失最为有效的措施。

1. 通信系统防护

采掘工作面都安装有通往地面调度室的电话和语音呼救系统,为防止冲击地压造成通信电缆损坏使通信系统中断,应选用铠装电缆或带有高韧性、高强度外包装的电缆。

2. 通风系统防护

在有冲击地压危险的巷道中建设通风设施时,要尽可能提高通风设施的抗冲击能力,防止冲击地压摧毁通风设施造成通风系统破坏引发次生灾害,必要时可在采掘工作面巷道口备用局部通风机,一旦冲击地压破坏通风系统时立即采用局部通风措施。

2008 年 6 月 5 日,某矿 21201 工作面发生冲击地压事故,事故造成 21201 采煤工作面进风巷有 105 m 巷道严重变形破坏,断面由原超过 10 m² 瞬间缩小到不足 1 m²,巷道基本合拢,工作面进风量不足 150 m³/min,风流瓦斯浓度达到 20%,由于两巷道口都备有局部通风机,在短时间内恢复了局部通风,为抢险救援创造了有利条件,避免了次生灾害事故发生。

3. 压风自救系统

有冲击地压危险的采掘工作面必须设置压风自救系统。应当在距采掘工作面 25~40 m 的巷道内、爆破地点、撤离人员与警戒人员所在位置、回风巷有人作业处等地点,至少设置 1 组压风自救装置。

压风自救系统管路可以采用耐压胶管,每 10~15 m 预留 0.5~1.0 m 的延展长度,防止冲击地压事故造成对压风管路的破坏。压风自救装置数量满足区域作业人员需求;压风管路主管路直径不小于 100 mm,采掘工作面管路直径不小于 50 mm,压风管路上设置的供气阀门间隔不大于 50 m。压风管路在巷道口处可与其他管路(供、排水管路)用三通联接,采用阀门控制,一旦发生灾变可增大灾区的供风量。

压风自救装置的操作应简单、快捷、可靠。避灾人员在使用压风自救装置时,应感到舒适、无刺痛和压迫感。压风自救系统适用的压风管道供气压力为 0.3~0.7 MPa;在 0.3 MPa 压力时,压风自救装置的供气量应在 100~150 m³/min 范围内。压风自救装置工作时的噪声应小于 85 dB。压风自救系统应定期进行维护和管理,每天巡检 1 次,确保设施能够正常使用,建立技术档案及使用维护记录。

2011 年 11 月 3 日,某矿 21221 进风巷掘进工作面冲击地压事故,事故造成 350 m 巷道严重破坏,有 38 m 巷道顶底板基本合拢,风筒被撕裂,有多人被困在掘进工作面端头处。事故发生后在第一时间将巷道内敷设的注浆管、供水管、排水管改为压风管路,和原有的供风管路一起向掘进工作面供风,保留原有的瓦斯抽采管路回风,为被困人员提供了生存条件,经过 30 多小时的抢险救援,人员全部脱险。

4. 环境防护

有冲击地压危险的采掘工作面供电、供液等设备应当放置在采动集中应力影响区外,且距离工作面不小于 200 m;评价为强冲击地压危险的区域不得存放备用材料和设备;冲击地压危险区域锚网支护的锚杆、锚索托盘应当采取防崩措施。

有冲击地压危险的采掘工作面巷道内的所有物料和设备,必须采取捆绑固定限位措施,防止冲击地压造成物料和设备颠覆、散落伤人。物料码放高度不得超过 0.8 m,

各类管路吊挂高度不应超过 1.2 m,否则也要采取固定限位措施。电缆吊挂要留有一定的垂度。小件物料(如锚盘、卡兰、铁锨、手镐)必须装箱,箱子必须用钢丝绳捆绑固定在巷道帮上。

所采取的捆绑固定限位措施必须牢固可靠,确保冲击地压发生后物料、设备、管线、矿车等不颠覆,不移位,不伤人。

有冲击地压危险的巷道内,矿车应使用锁轨器与轨道联接固定,轨道应采用地锚固定在底板上。

有冲击地压危险的采掘工作面要严格执行人员准入制度和禁员、限员制度,井下要设置限员管理站,实行挂牌禁员、限员管理。采掘作业规程中应当明确规定人员进入的时间、区域和人数。掘进工作面 200 m 范围内进入人员不得超过 9 人,采煤工作面及两巷超前支护范围内进入人员生产班不得超过 16 人,检修班不得超过 40 人。

据统计,采煤工作面巷道冲击地压有 90% 以上是生产班扰动发生的,因此采煤工作面两巷严禁扩修、卸压与工作面生产平行作业,应实行禁员管理。工作面生产班两巷严禁有人进入,转载机实施远程可视化操控。

2018 年 4 月 8 日,某矿 3102 工作面回风巷发生冲击地压事故,事故造成超前工作面 133 m 巷道破坏,其中大部分巷道顶底板合拢,由于落实了工作面生产班巷道禁员管理措施,本次事故没有造成人员伤害。

2019 年 6 月 9 日,某矿 305 采煤工作面发生冲击地压事故,事故造成进风巷超前工作面 220 m 巷道破坏,其中严重破坏段 170 m。本次事故是发生在生产班,由于在工作面进风巷超前支护范围内有人作业,造成多人死亡。

有冲击地压危险的采掘工作面实施卸压措施时(包括预卸压),必须撤出与防治冲击地压措施施工无关的人员。撤离的最小距离为强冲击地压危险区域不得小于 300 m,中等冲击地压危险区域不得小于 200 m,其他区域不得小于 100 m。

有冲击地压危险的区域进行爆破作业时,必须制定专项安全措施,起爆点及警戒点到爆破地点的直线距离不得小于 300 m,躲炮时间不得小于 30 min。

某矿 2008 年到 2014 年有 8 次由于放炮诱发冲击地压。2008 年 1 月 30 日第一次放炮诱发冲击地压,由于躲炮距离不够造成多人受伤,吸取教训之后,躲炮距离大于 400 m,其余 7 次再未有人受伤。

10.2.2　个体防护

冲击地压发生时能量突然释放,多数情况会造成煤岩体瞬间抛出,抛出时产生的现象有局部煤岩体的弹射和煤岩体的整体瞬间移位,同时由于振动波的释放和巷道空间骤变会产生较强的冲击波。人体在巷道内及工作面空间是处于被动受伤害地位。冲击地压发生时,其震动持续时间极短,较大的震动加速度和冲击波是人体受伤或死亡的主要原因。配备功能完善的个体防护装备,可以避免或减轻人员受到伤害。个体防护装备主要有防冲背心、防冲头盔如图 10-3 所示。

个体防护的具体要求:

(1)人员进入冲击地压危险区域必须接受有关冲击地压知识教育和培训,熟悉冲击地压发生的原因、条件、征兆及应急措施,现场发现异常现象必须立即撤出,并服从人员的指挥和安排。

(2)在冲击地压危险区域作业时,施工前必须认真检查作业地点及出口的安全情

图 10-3 防冲背心及防冲头盔

况,发现问题及时处理,确保后路通畅。

（3）人员进入冲击地压危险区域必须穿防冲背心,佩戴防冲头盔,并要系好防冲背心腰带和系紧头盔带。

（4）人员在工作面内行走时必须在架内行走,严禁在架前行走,防止冲击地压引起煤壁片帮伤人。特殊情况需要进入架前工作时(清浮煤、看电缆等)必须分散站位,时刻关注顶板及工作面煤壁变化,一有响动必须立即撤到架内。

（5）人员在施工卸压孔时严禁正对着钻杆操作,防止钻杆外窜伤人。

（6）人员进入冲击地压危险区域不得在巷道高度不够、人行道安全间隙不够、设备或物料附近、铁质管路附近等处逗留。

（7）在冲击地压危险区域任何人员不得坐在轨道、设备列车、防爆开关、电缆槽、前部刮板输送机机头等设备上操作电气设备或休息。

（8）高空作业时,必须系好安全带。不得站在皮带、风水管路等设施上进行高空作业。

（9）采煤机司机、架间清煤工等工作面工作人员应加强自保意识,严防工作面矿压显现时煤壁大面积片帮。维修采煤机时必须首先采取护帮措施。

（10）发现巷道顶板压力增大、煤炮频繁、顶板突然下沉、底鼓、围岩活动明显加剧等异常现象时,必须立即撤人并汇报。

10.3 冲击地压应急管理 ▶▶▶

10.3.1 应急预案

为增强应对和防范煤矿冲击地压事故的能力,迅速有效处置冲击地压事故,有效预防和降低冲击地压事故造成的人员伤亡和财产损失,冲击地压矿井必须编制冲击地压事故应急预案。冲击地压防治应急预案分为防冲专项应急预案和现场处置方案。防冲专项应急预案是指矿井为应对和防止冲击地压生产安全事故而制定的专项性工作方案。现场处置方案是指冲击地压矿井针对冲击地压事故所制定的应急处置措施。

冲击地压应急预案和现场处置方案编制应包括:事故特征(危险性分析、事故易发地点及事故前可能出现的预兆)、应急处置基本原则、组织机构及职责(应急组织体系及指挥机构及职责)、应急程序、应急处置(响应分级、响应程序及处置措施)、应急物资与装备保障(应急物资及保障措施)、现场恢复、预案管理与评审改进等。

冲击地压事故发生后,应立即启动应急救援预案,防止发生次生灾害,并根据发生冲击区域的冲击特征、地质情况、开采情况及监测数据分析发生冲击的诱发因素,评价冲击地压危险性。待煤岩体应力分布平稳后,可采用电磁辐射检测、便携式微震检测和钻屑法监测等方法进一步检验事故区域的应力集中范围和程度,为恢复生产方案提供技术支撑。恢复生产前,必须查清事故原因,制定恢复生产方案,根据发生冲击诱发因素及应力分布特征制定防冲措施和效果检验措施,并由专家进行论证。主要卸压解危措施包括煤体钻孔爆破卸压、煤层注水、顶板预裂、水压致裂、底板卸压等方法。采取防冲措施后,采用微震监测、电磁辐射监测、钻屑法监测等方法对冲击地压危险区域防治措施的效果进行检验,经检验各项预警指标均在临界值以下,消除冲击地压危险后,方可恢复生产。

10.3.2　应急组织

1. 应急指挥机构

冲击地压事故应急救援组织体系由应急救援指挥部、救护大队和各应急救援专业组组成,如图 10-4 所示。煤矿成立事故应急救援指挥部,地点设在矿调度室。

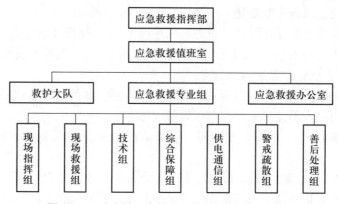

图 10-4　冲击地压事故应急救援组织体系结构图

2. 应急处置程序

信息报告程序:冲击地压事故发生后,当事人或事故现场有关人员应立即汇报矿调度室,并采取自救、互救措施。现场的跟班队长、班长、安监员或瓦检员均有权下令撤人。矿调度室接到事故汇报后,调度员应根据事故的危害程度、影响范围下达撤人指令,同时按事故汇报程序进行汇报,并根据矿长的命令启动应急预案。

应急响应程序:

(1)响应分级。按照事故灾难的可控性、严重程度和影响范围,将事故应急响应级别分为Ⅰ级(特别重大事故)响应、Ⅱ级(重大事故)响应、Ⅲ级(较大事故)响应、Ⅳ级(一般事故)响应。冲击地压事故发生后,应立即启动应急预案,并根据事故等级及时上报上级公司,超出本矿应急救援处置能力时,及时报请上级公司实施救援。

(2)应急指挥。矿井发生冲击地压事故,应急救援指挥部启动并实施预案,组织实施应急救援,需要上级部门应急力量支援的,通知相关部门,现场应急指挥部负责现场应急救援的指挥,全力控制次生、衍生和耦合事故的发生。

(3)应急救援。启动应急预案后,矿调度室立即通知应急救援指挥部成员和有关部门及单位。应急救援指挥部在进一步核实事故灾害性质、发生地点、涉及范围、受害人员分布,并根据不同事故类型、救灾人力和物力以及现场自救开展情况,确定营救人员和处理事故的救援计划。各应急救援工作组根据指挥部的命令,开展应急救援工作;调配救援所需的应急资源,现场应急救援人员及时进入事故现场,积极开展人员救助、工程抢险、人员疏散等有关应急救援工作。

（4）资源调配。在应急救援过程中,充分调动和利用本单位的救援队伍、物资、设备等,当本单位的抢险救援资源不能满足需要时,应急救援指挥部负责向上级公司汇报,确保抢险救灾工作顺利进行。

（5）应急避险现场。发生冲击地压事故,而当时又难以采取措施防止围岩冒落时,要迅速离开危险区,撤退到安全地点。现场负责人应立即组织人员撤离至通风畅通的安全地点,并随时清点人数,无法撤离到安全地点时,就近到安装有供水施救和压风自救装置且顶板稳定的安全区域紧急避险,等待救援;矿调度室按照应急救援指挥部的指令,立即利用电话或应急广播系统通知受威胁区域的人员按照指定的避灾路线撤离到安全地点,进行紧急避险;所有应急救援人员必须携带安全防护装备或在安全监护状态下,采取有效安全防护措施,才能进行事故抢险区实施应急救援工作,保证救援人员的安全。

（6）应急救护。医疗机构开展医疗救护和现场卫生处置,提供紧急救护装备、药品并派专家和医护人员进行支援。

（7）扩大应急。当事态无法得到有效控制,确认事故响应级别需提高时,应急救援指挥部立即向上级公司汇报。

3. 应急处置基本原则

（1）统一指挥原则。抢险救援必须在应急救援指挥部的统一领导下和具体指导下开展工作。

（2）自救互救原则。事故发生初期,应积极组织抢救,并迅速组织遇险人员沿避灾线路撤离,防止事故扩大。

（3）安全抢救原则。在事故救援过程中,应采取措施确保救护人员安全,严防救援过程中发生事故。事故现场勘察工作由专业救护人员完成,其他任何人员未经指挥部许可严禁进入险区。

（4）通讯通畅准则。井上下应设立专线指挥电话,并保持畅通。

（5）规范有序。采用先进技术,充分发挥专家作用,实行科学民主决策。采用先进的救援装备和技术,增强应急救援能力。坚持事故灾难应急与预防工作相结合,做好预防、预测、预警和预报工作,做好常态下的风险评估、物资准备、队伍建设、完善装备及预案演练等工作。

10.3.3　避灾路线

冲击地压矿井应制定采掘工作面冲击地压避灾路线,冲击地压灾害避灾路线的制定应遵循就近原则,根据灾害发生地点,使灾害影响区域人员用尽量短的时间,从最近的距离撤到安全地点,确保受冲击地压灾害影响区域的作业人员,能够按照预先设定的避灾路线,迅速撤离至安全地点。

井下所有巷道、作业地点必须设置醒目的冲击地压灾害避灾路线指示,避灾路线指示应当设置在不易受到碰撞的显著位置,在矿灯照明下清晰可见,并注明其所在地点、风流方向、安全出口方向等安全提示信息,采区巷道标识间隔不大于 200 m,矿井主要巷道标识间隔不大于 300 m;矿井必须定期检查避灾路线指示,维护避灾路线沿线巷道,确保避灾路线指示完好,提示信息准确无误,保持避灾路线通畅。

冲击地压避灾路线应在冲击地压事故应急预案和采掘工作面作业规程中明确,作业人员必须熟悉避灾路线和安全避险知识,熟练掌握自救器和紧急避险设施的使用方法,能够在发生险情后第一时间自救互救和安全避险;新作业人员、外来人员,必须经过有关灾害避灾路线和安全避险的相关知识培训,经考试合格后方能入井。

10.3.4　成功应急案例

1. 事故发生经过

某矿 2015 年 7 月 29 日夜班 2:45 左右,1305 综采放顶煤工作面采煤机正在机头割煤,工作面突然出现连续煤炮,跟班副队长和安监员 2 人立即下达停止生产,回风巷和进风巷超前 120 m 范围内的巷道 19 名工人立即撤往工作面,4 min 后,微震系统在 2:49:34 监测到能量为 $2.5×10^6$ J 的震动事件,在工作面内 19 名工人受到不同程度的冲击,但只有 2 人受轻伤。

2. 事故报告及抢险经过

7 月 29 日 2:59,1305 综采放顶煤工作面现场安监员立即向矿调度室汇报,矿调度员接到事故汇报后,立即启动冲击地压专项应急处置预案,安排现场安监员及跟班副队长 2 人组织撤出综采放顶煤工作面及两巷所有人员,并组织现场自救;通知驻矿救护队值班室、井口急救站值班医生参加救援,通知夜班跟班矿领导安监处长立即赴 1305 工作面现场组织人员进行救护,同时向矿领导、公司及集团领导进行汇报。

7 月 29 日 3:10,调度员向属地监察分局、当地煤炭管理局汇报 1305 综采放顶煤工作面发生冲击地压事故。6:37 所有受灾区域人员共计 26 人包括伤者全部安全升井。

由于跟班副队长和安监员 2 人在 1305 综采放顶煤工作面突然出现连续煤炮,跟班副队长及安监员立即下达停止生产,19 名工人立即撤往工作面安全区域,从而避免了大范围人员伤亡,是一次成功的预警及应急处置。

10.4　冲击地压培训　▷▷▷

冲击地压防治是一项整体工程,从防到治再到后续管理是环环相扣缺一不可的系统性工程,除了充分发挥矿井防冲专业队伍及相关各部门的领导、组织、协调、指导和监督的职能作用,还必须让广大职工充分认识冲击地压危害程度,熟练掌握防冲保安措施,营造出全员抓防冲的浓厚氛围。

1. 培训目标

掌握冲击地压发生的原因、条件和前兆,主要危害方式,主要防治措施,目前矿井受冲击威胁的区域,个体防护措施等内容以及冲击地压事故避灾路线、自救措施等防冲基本技能培训。

2. 培训范围

冲击地压培训的对象为煤矿全体人员。根据从事工种不同,可分为相关管理人员培训、相关专业施工人员培训及非相关专业人员培训等。

(1)防冲相关管理人员。各级安全生产管理人员、工程技术人员要深入学习有关冲击地压的理论知识和各级主管部门关于防治冲击地压的各项规定,掌握冲击地压发生的规律、预测预报方法和应采取的综合防治各项措施,并能在生产过程中正确运用。

（2）防冲相关专业施工人员。采取办班培训、岗位练兵等多种方式对施工人员进行培训,使其熟知易发生冲击的地点,冲击地压发生的现象和特征,存在的危害和需要采取的防护措施,避灾路线和应急救援预案等,具备防治冲击地压的安全意识和自我保护意识,做到自主保安。

（3）非防冲相关专业人员。了解冲击地压现状及已采取措施,机构建设情况,熟知冲击地压的现象、特点、分类、成因及事故危害等,熟知存在危害和需要采取的防护措施、避灾路线和应急救援等。

3. 培训时间

防冲相关管理人员每年必须接受培训,培训时间原则上为 1~2 周。其他相关人员的冲击地压防治安全知识和技能培训应满足相关规定。

思考与练习

习题 10-1　冲击地压矿井应当建立完善的各项防冲管理制度,主要包括哪些内容?

习题 10-2　冲击地压个体防护装备有哪些? 个体防护有哪些具体要求?

习题 10-3　防冲应急预案的编制应当符合哪些基本要求?

习题 10-4　简述冲击地压防治应急预案的基本要求。

习题 10-5　自行查阅和学习冲击地压防治方面的法律法规管理制度。

主要参考文献

拓展阅读
其他参考
文献

[1] 潘一山.煤矿冲击地压[M].北京:科学出版社,2018.

[2] 赵阳升.岩体力学发展的一些回顾与若干未解之百年问题[J].岩石力学与工程学报,2021,40(7):1297-1336.

[3] 齐庆新,窦林名.冲击地压理论与技术[M].徐州:中国矿业大学出版社,2008.

[4] 章梦涛.冲击地压机理的探讨[J].阜新矿业学院学报,1985,6(s1):65-72.

[5] 潘一山.冲击地压发生和破坏过程研究[D].北京:清华大学,1999.

[6] 赵本钧.冲击地压及其防治[M].北京:煤炭工业出版社,1994.

[7] 钱鸣高,石平五,许家林.矿山压力与岩层控制[M].徐州:中国矿业大学出版社,2010.

[8] 谢和平,PARISEAU W G.岩爆的分形特征和机理[J].岩石力学与工程学报,1993,12(1):28-37.

[9] 谢和平.深部岩体力学与开采理论进展[J].煤炭学报,2019,44(5):1283-1308.

[10] 窦林名,田鑫元,曹安业,等.我国煤矿冲击地压防治现状与难题[J].煤炭学报,2022,47(1):152-171.

[11] 阿维尔申.冲击地压[M].朱敏,汪伯煌,译.北京:煤炭工业出版社,1959.

[12] 齐庆新,潘一山,李海涛,等.煤矿深部开采煤岩动力灾害防控理论基础与关键技术[J].煤炭学报,2020,45(5):1567-1584.

[13] 姜耀东.煤岩冲击失稳的机理和实验研究[M].北京:科学出版社,2009.

[14] 潘俊锋,毛德兵.冲击地压启动理论与成套技术[M].徐州:中国矿业大学出版社,2016.

[15] 钱七虎.岩爆、冲击地压的定义、机制、分类及其定量预测模型[J].岩土力学,2014,35(1):1-6.

[16] 齐庆新,陈尚本,王怀新,等.冲击地压、岩爆、矿震的关系及其数值模拟研究[J].岩石力学与工程学报,2003,22(11):1852-1858.

[17] 宋振骐,蒋金泉.煤矿岩层控制的研究重点与方向[J].岩石力学与工程学报,1996,15(2):128-134.

[18] 钱鸣高,缪协兴,许家林.岩层控制中的关键层理论研究[J].煤炭学报,1996,21(3):2-7.

[19] 彭苏萍,凌标灿,郑高升,等.采场弯曲下沉带内部巷道变形与岩层移动规律研究[J].煤炭学报,2002,27(1):21-25.

[20] 张铁岗.平顶山矿区煤与瓦斯突出的预测及防治[J].煤炭学报,2001,26(2):172-177.

[21] 袁亮.煤矿典型动力灾害风险判识及监控预警技术研究进展[J].煤炭学报,2020,45(5):1557-1566.

[22] 王双明,孙强,乔军伟,等.论煤炭绿色开采的地质保障[J].煤炭学报,2020,

45(1):8-15.

[23] 窦林名,何江,曹安业,等.煤矿冲击矿压动静载叠加原理及其防治[J].煤炭学报,2015,40(7):1469-1476.

[24] 王恩元,冯俊军,张奇明,等.冲击地压应力波作用机理[J].煤炭学报,2020,45(1):100-110.

[25] 潘一山,李忠华,章梦涛.我国冲击地压分布、类型、机理及防治研究.岩石力学与工程学报[J]. 2003, 22(11):1844-1851.

[26] 姜福兴.采场覆岩空间结构观点及其应用研究[J].采矿与安全工程学报,2006, 23(1): 30-33.

[27] 姜耀东,潘一山,姜福兴,等.我国煤炭开采中的冲击地压机理和防治[J].煤炭学报, 2014, 39(2): 205-213.

[28] 潘一山.矿震的发生和破坏规律研究[R].北京:中国地震局,2003.

[29] COOK N G W, HOEK E, PRETORIUS J P G, et al. Rock mechanics applied to the study of rockbursts[J]. Journal-South African Institute of Mining and Metallurgy, 1965, 66(10):435-528.

[30] COOK N G W. A note on rockburst considered as a problem of stability[J]. Journal of the South African Institute of Mining and Metallurgy, 1965, (65): 437-446.

[31] PETUKHOV I M,LINKOV A M. The theory of post-failure deformations and the problem of stability in rock mechanics[J]. International Journal of Rock Mechanics & Mining Science & Geomechanics Abstracts,1979,(16):57-76.

[32] LIPPMANN H. Mechanics of "Bumps in coal mines: a discussion of violent deformations in the sides of roadways in coal seams[J]. Applied Mechanics Reviews, 1987, 40(8):1033.

[33] HUDSON J A, CROUCH S L, FAIRHURST C. Soft, stiff and servo-controlled testing machines: a review with reference to rock failure[J]. Engineering Geology,1972,6: 155-189.

[34] 李玉生,张万斌,王淑坤.冲击地压机理探讨[J].煤炭学报,1984,9(4): 81-83.

[35] 章梦涛,徐增和,潘一山,等.冲击地压和突出的统一失稳理论[J].煤炭学报, 1991,16(4): 48-53.

[36] 窦林名,陆菜平,牟宗龙,等.冲击矿压的强度弱化减冲理论及其应用[J].煤炭学报, 2005, 30(6):1-6.

[37] 潘一山,王来贵,章梦涛,等.断层冲击地压发生的理论与试验研究[J].岩石力学与工程学报, 1998, 17(6):642-649.

[38] 潘一山,章梦涛.冲击地压失稳理论的解析分析[J].岩石力学与工程学报, 1996, 15(s1):504-510.

[39] 潘立友, 段大勇, 张振扬.深部巷道留底煤区域冲击地压机理与防治[J].煤炭技术, 2016, 35(5):3-5.

[40] 潘一山.煤体钻粉理论的研究[J].阜新矿业学院学报, 1985(s1):91-97.

[41] 王恩元,何学秋,李忠辉, 等.煤岩电磁辐射技术及其应用[M].北京:科学出版社, 2009.

［42］潘一山,赵扬锋,官福海,等.矿震监测定位系统的研究及应用［J］.岩石力学与工程学报, 2007, 26(5):1002-1011.

［43］潘一山,赵扬锋,李国臻.冲击地压预测的电荷感应技术及其应用［J］.岩石力学与工程学报,2012,31(s2):3988-3993.

［44］潘一山.煤与瓦斯突出、冲击地压复合动力灾害一体化研究［J］.煤炭学报,2016,41(1):105-112.

［45］窦林名,蔡武,巩思园,等.冲击危险性动态预测的震动波 CT 技术研究［J］.煤炭学报,2014,39(2):238-244.

［46］姜福兴,魏全德,王存文,等.巨厚砾岩与逆冲断层控制型特厚煤层冲击地压机理分析［J］.煤炭学报, 2014, 39(7):1191-1196(6).

［47］唐巨鹏,潘一山,徐方军.上覆砾岩运动与冲击矿压的关系研究［J］.煤矿开采, 2002, 7(2):49-51.

［48］王爱文,潘一山,李忠华,等.断层作用下深部开采诱发冲击地压相似试验研究［J］.岩土力学, 2014(9):2486-2492.

［49］曹安业,窦林名,秦玉红,等.高应力区微震监测信号特征分析［J］.采矿与安全工程学报,2007,24(2):146-149.

［50］李学政,王海军,雷军.近场震级起算函数确定与爆炸余震震级计算.中国地震,2003,19(2):117-124.

［51］巩思园,窦林名,马小平,等.煤矿矿震定位中异向波速模型的构建与求解［J］.地球物理学报,2012, 55(5):1757-1763.

［52］陆菜平,窦林名,郭晓强,等.顶板岩层破断诱发矿震的频谱特征［J］.岩石力学与工程学报,2010,29(5):1017-1022.

［53］王传朋.煤矿静载型冲击地压地音监测预警技术［J］.煤炭科学技术,2021,49(6):94-101.

［54］刘晓斐,王恩元,何学秋.煤岩冲击电磁辐射时序特征与前兆信息识别研究［M］.徐州:中国矿业大学出版社,2018.

［55］郭惟嘉,孙文斌.强冲击地压矿井地表非连续移动变形特征［J］.岩石力学与工程学报, 2012, 31(s2):3514-3519.

［56］何学秋,王恩元,聂百胜,等.煤岩流变电磁动力学［M］.北京:科学出版社,2003.

［57］罗浩,潘一山,赵扬锋,等.基于电荷监测技术预测矿山动力灾害试验研究［J］.中国安全科学学报,2012,22(8):98-103.

［58］何满潮,马资敏,郭志飚,等.深部中厚煤层切顶留巷关键技术参数研究［J］.中国矿业大学学报,2018,47(3):468-477.

［59］康红普,张晓,王东攀,等.无煤柱开采围岩控制技术及应用［J］.煤炭学报,2022,47(1):16-44.

［60］刘金海,孙浩,田昭军,等.煤矿冲击地压的推采速度效应及其动态调控［J］.煤炭学报,2018,43(7):1858-1865.

［61］赵景礼.厚煤层错层位巷道布置采全厚采煤法的研究［J］.煤炭学报,2004(2):142-145.

［62］张俊文,宋治祥,刘金亮,等.煤矿深部开采冲击地压灾害结构调控技术架

构[J].煤炭科学技术,2022,50(2):27-36.

[63] 鞠文君.急倾斜特厚煤层水平分层开采巷道冲击地压成因与防治技术研究[D].北京:北京交通大学,2009.

[64] 章梦涛,宋维源,潘一山.煤层注水预防冲击地压的研究[J].中国安全科学学报,2003,13(10):73-76.

[65] 欧阳振华.多级爆破卸压技术防治冲击地压机理及其应用[J].煤炭科学技术,2014,42(10):32-37.

[66] 康红普,范明建,高富强,等.超千米深井巷道围岩变形特征与支护技术[J].岩石力学与工程学报,2015,34(11):2227-2241.

[67] 王国法,庞义辉.基于支架与围岩耦合关系的支架适应性评价方法[J].煤炭学报,2016,41(6):1348-1353.

[68] 潘一山,肖永惠,李忠华,等.冲击地压矿井巷道支护理论研究及应用[J].煤炭学报,2014,39(2):222-228.

[69] 唐治,潘一山,王凯兴.冲击地压巷道围岩支护作用动力学分析[J].岩土工程学报,2015,37(8):1532-1538.

[70] 康红普,林健,吴拥政.全断面高预应力强力锚索支护技术及其在动压巷道中的应用[J].煤炭学报,2009,34(9):1154-1159.

[71] 王爱文,潘一山,李忠华,等.冲击危险巷道锚杆支护防冲原理解析[J].中国安全科学学报,2016(8):110-115.

[72] 潘一山,齐庆新,王爱文,等.煤矿冲击地压巷道三级支护理论与技术[J].煤炭学报,2020,45(5):1585-1594.

[73] POTVIN Y, WESSELOO J, HEAL D. An interpretation of ground support capacity submitted to dynamic loading[J]. Transactions of the Institution of Mining & Metallurgy, 2010, 119(4):233-245.

[74] LI C C. A Practical problem with threaded rebar bolts in reinforcing largely deformed rock masses[J].Rock Mechanics and Rock Engineering, 2007,40(5):519-524.

[75] HE Manchao,GONG Weili,WANG Jiong,et al.Development of a novel energy absorbing bolt with extraordinarily large elongation and constant resistance [J].International Journal of Rock Mechanics and Mining Sciences,2014,67.

[76] 王爱文.吸能锚杆防治巷道冲击地压研究及应用[D].阜新:辽宁工程技术大学,2016.

[77] 吴拥政,付玉凯,何杰,等.深部冲击地压巷道"卸压-支护-防护"协同防控原理与技术[J].煤炭学报,2021,46(1):132-144.

[78] 菊文君.冲击矿压巷道支护能量校核设计法[J].煤矿开采,2011,16(3):81-83.

[79] 高明仕,张农,窦林名,等.基于能量平衡理论的冲击矿压巷道支护参数研究[J].中国矿业大学学报,2007,36(4):426-430.

[80] 张铁岗.矿井瓦斯综合治理技术[M].北京:煤炭工业出版社.2001.

[81] ZHAO Tongbin, GUO Weiyao, TAN Yunliang, et al. Case studies of rock bursts under complicated geological conditions during multi-seam mining at a depth of 800m[J]. Rock Mechanics and Rock Engineering, 2018, 51(5): 1539-1564.

[82] 赵同彬，郭伟耀，谭云亮，等. 煤厚变异区开采冲击地压发生的力学机制[J]. 煤炭学报，2016，41(7)：1659-1666.

[83] TAN Yunliang, ZHAO Tongbin, XIAO Yaxun. In situ investigations of failure zone of floor strata in mining close distance coal seams[J]. International Journal of Rock Mechanics and Mining Sciences, 2010, 47(5)：865-870.

[84] 谭云亮，郭伟耀，辛恒奇，等. 煤矿深部开采冲击地压监测解危关键技术研究[J]. 煤炭学报，2019，44(1)：160-172.

冲击地压工程学

数字课程网站

网址：http://abook.hep.com.cn/1264631
http://abook.hep.edu.cn/1264631
数字课程账号　使用说明详见书内数字课程说明页

ISBN 978-7-04-058943-6

9 787040 589436 >

定价 37.40 元